中国当代小城镇
规划建设管理丛书

小城镇发展与规划概论

汤铭潭　宋劲松
刘仁根　李永洁　主编

中国建筑工业出版社

图书在版编目（CIP）数据

小城镇发展与规划概论/汤铭潭等主编.—北京：
中国建筑工业出版社，2004
（中国当代小城镇规划建设管理丛书）
ISBN 978-7-112-05867-9

Ⅰ.小… Ⅱ.汤… Ⅲ.①城镇—城市规划—研究
—中国②城市建设—研究—中国 Ⅳ.TU984.2

中国版本图书馆 CIP 数据核字（2004）第 013075 号

中国当代小城镇规划建设管理丛书
小城镇发展与规划概论
汤铭潭　宋劲松
刘仁根　李永洁　主编

*

中国建筑工业出版社出版、发行（北京西郊百万庄）
各地新华书店、建筑书店经销
北京富生印刷厂印刷

*

开本：850×1168 毫米　1/32　印张：11¾　字数：315 千字
2004 年 7 月第一版　2010 年 6 月第七次印刷
印数：9601—10800 册　定价：**28.00** 元
ISBN 978-7-112-05867-9
　　　（11506）

版权所有　翻印必究
如有印装质量问题，可寄本社退换
（邮政编码 100037）

本书为"中国当代小城镇规划建设管理丛书"的基础资料篇，也是一本"小城镇与小城镇发展认识论"。

全书内容分为与小城镇发展密切相关的小城镇及体系、城镇化与城乡一体化、小城镇发展模式与方向、规划与建设、标准及体系、国外相关借鉴与启示六大部分。全面论述小城镇分类、特点及其在推进中国特色城镇化道路与城乡一体化中的战略地位与重要作用；系统分析研究国内外不同国情、不同地区的小城镇规划建设动态、机制、发展模式与趋势，以及发展规划建设相关的基础资料。

本书内容丰富，资料详实，集系统性、先进性、实用性、可读性和参考借鉴价值于一体。可同时作为从事小城镇规划建设管理的研究技术人员、行政管理人员以及建制镇与乡镇领导学习工作的指导、参考用书和工具书。

责任编辑：姚荣华　胡明安
责任设计：孙　梅
责任校对：黄　燕

中国当代小城镇规划建设管理丛书

编审委员会

主 任 委 员：王士兰
副主任委员：白明华　单德启
委　　　员：王士兰　王　跃　白明华　刘仁根
　　　　　　汤铭潭　张惠珍　单德启　周静海
　　　　　　蔡运龙

编写委员会

主 任 委 员：刘仁根（主编）
副主任委员：汤铭潭（常务主编）　王士兰（主编）
委　　　员：王士兰　白明华　冯国会　刘仁根
　　　　　　刘亚臣　汤铭潭　李永洁　宋劲松
　　　　　　单德启　张文奇　谢映霞　蔡运龙
　　　　　　蔡　瀛

本书主编：汤铭潭　宋劲松　刘仁根　李永洁

序 一

从历史的长河看,城市总是由小到大的。从世界的城市看,既有荷兰那样的中小城市为主的国家;也有墨西哥那样人口偏集于大城市的国家;当然也有像德国等大、中、小城市比较均匀分布的国家。从我国的国情看,城市发展的历史久矣,今后多发展些大城市、还是多发展些中城市、抑或小城市,虽有不同主张,但从现实的眼光看,由于自然特点、资源条件和历史基础,小城市在中国是不可能消失的,大概总会有一定的比例,在有些地区还可能有相当的比例。所以,走小城市(镇)与大、中城市协调发展的中国特色的城镇化道路是比较实际和大家所能接受的。

《中共中央关于制定国民经济和社会发展第十个五年计划的建议》提出:"要积极稳妥地推进城镇化","发展小城镇是推进城镇化的重要途径"。"发展小城镇是带动农村经济和社会发展的一个大战略"。应该讲是正确和全面的。

当前我国小城镇正处在快速发展时期,小城镇建设取得了较大成绩,不用说在沿海发达地区的小城镇普遍地繁荣昌盛,即使是西部、东北部地区的小城镇也有了相当的建设,有一些看起来还是很不错。但确实也还有一些小城镇经济不景气、发展很困难,暴露出不少不容忽视的问题。

党的"十五大"提出要搞好小城镇规划建设以来,小城镇规划建设问题受到各级人民政府和社会各方面的前所未有的重视。如何按中央提出的城乡统筹和科学发展观指导、解决当前小城镇面临急需解决的问题,是我们城乡规划界面临需要完成的重要任务之一。小城镇的规划建设问题,不仅涉及社会经济方面的一些理论问题，还涉及规划标准、政策法规、城镇和用地布局、生态、人居环境、产业结构、基础设施、公共设施、防灾减灾、规划编制与规划管理以及规划实施监督等方方面面。

从总体上看，我国小城镇规划研究的基础还比较薄弱。近年来虽然列了一些小城镇的研究课题。有了一些研究成果，但总的来看还是不够的。特别是成果的出版发行还很不够。中国建筑工业出版社拟在2004年重点推出中国当代小城镇规划建设管理这套大型丛书，无疑是一件很有意义的工作。

这套丛书由我国高校和国家城市规划设计科研机构的一批专家、教授共同编写。在大量调查分析和借鉴国外小城镇建设经验的基础上，针对我国各类不同小城镇规划建设的实际应用，论述我国小城镇规划、建设与管理的理论、方法和实践，内容是比较丰富的。反映了近年来中国城市规划设计研究院、清华大学、北京大学、浙江大学、华中科技大学等科研和教学研究最新成果。也是我国产、学、研结合，及时将科研教研成果转化为生产力，繁荣学术与经济的又一成功尝试。虽然丛书中有的概念和提法尚不够严谨，有待进一步商榷、研究与完善，但总的来说，仍不失为一套适用的技术指导参考丛书。可以相信这套丛书的出版对于我国小城镇健康、快速、可持续发展，将起到很好的作用。

中国科学院院士
中国工程院院士
中国城市科学研究会理事长

序 二

  我国的小城镇,到 2003 年底,根据统计有 20300 个。如果加上一部分较大的乡镇,数量就更多了。在这些小城镇中,居住着 1 亿多城镇人口,主要集中在镇区。因此,它们是我国城镇体系中一个重要的组成部分。小城镇多数处在大中城市和农村交错的地区,与农村、农业和农民存在着密切的联系。在当前以至今后中国城镇化快速发展的历史时期内,小城镇将发挥吸纳农村富余劳动力和农户迁移的重要作用,为解决我国的"三农"问题作出贡献。近年来,大量农村富余劳动力流向沿海大城市打工,形成一股"大潮"。但多数打工农民并没有"定居"大城市。原因之一是:大城市的"门槛"过高。因此,有的农民工虽往返打工 10 余年而不定居,他们从大城市挣了钱,开了眼界,学了技术和知识,回家乡买房创业,以图发展。小城镇,是这部分农民长居久安,施展才能的理想基地。有的人从小城镇得到了发展,再打回大城市。这是一幅城乡"交流"的图景。其实,小城镇的发展潜力和模式是多种多样的。上面说的仅仅是其中一种形式而已。

  中央提出包括城乡统筹在内的"五个统筹"和可持续发展的科学发展观,对我国小城镇的发展将会产生新的观念和推动力。在小城镇的经济社会得到进一步发展的基础上,城镇规划、设计、建设、环境保护、建设管理等都将提到重要的议事日程上来。2003 年,国家重要科研成果《小城镇规划标准研究》已正式出版。现在将要陆续出版的《中国当代小城镇规划建设管理丛书》则是另一部适应小城镇发展建设需要的大型书籍。《丛书》内容包括小城镇发展建设概论、规划的编制理论与方法、基础设施工程规划、城市设计、建筑设计、生态环境规划、规划建设科学管理等。由有关的科研院所、高等院校的专家、教授撰写。

小城镇的规划、建设、管理与大、中城市虽有共性的一面，但是由于城镇的职能、发展的动力机制、规模的大小、居住生活方式的差异，以及管理运作模式等很多方面的不同，而具有其自身的特点和某些特有的规律。现在所谓"千城一面"的问题中就包含着大中小城市和小城镇"一个样"的缺点。这套"丛书"结合小城镇的特点，全面涉及其建设、规划、设计、管理等多个方面，可以为从事小城镇发展建设的领导者、管理者和广大科技人员提供重要的参考。

希望中国的小城镇发展迎来新的春天。

中国工程院院士
中国城市规划学会副理事长
原中国城市规划设计研究院院长
邹德慈
2004年3月

丛书前言

两年前，中国城市规划设计研究院等单位完成了科技部下达的《小城镇规划标准研究》课题，通过了科技部和建设部组织的专家验收和鉴定。为了落实两部应尽快宣传推广的意见，其成果及时由中国建筑工业出版社出版发行。同时，为了适应新的形势，进一步做好小城镇的规划建设管理工作，中国建筑工业出版社提出并与中国城市规划设计研究院共同负责策划、组织这套《中国当代小城镇规划建设管理丛书》的编写工作，经过两年多的努力，这套丛书现在终于陆续与大家见面了。

一

对于小城镇概念，目前尚无统一的定义。不同的国度、不同的区域、不同的历史时期、不同的学科和不同的工作角度，会有不同的理解。也应当允许有不同的理解，不必也不可能强求一律。仅从城乡划分的角度看，目前至少有七八种说法。就中国的现实而言，小城镇一般是介于设市城市与农村居民点之间的过渡型居民点；其基本主体是建制镇；也可视需要适当上下延伸（上至20万人口以下的设市城市，下至集镇）。建国以来，特别是改革开放以来，我国小城镇和所有城镇一样，有了长足的发展。据统计，1978年，全国设市城市只有191个，建制镇2173个，市镇人口比重只有12.50%。2002年底，全国设市城市达660个，其中人口在20万以下设市城市有325个。建制镇数量达到20021个（其中县城关镇1646个，县城关镇以外的建制镇18375个）；集镇22612个。建制镇人口13663.56万人（不含县城关镇），其中非农业人口6008.13万人；集镇人口

5174.21万人，其中非农业人口1401.50万人。建制镇的现状用地面积2032391hm^2（不含县城关镇），集镇的现状用地面积79144hm^2。

党和国家历来十分重视农业和农村工作，十分重视小城镇发展。特别是党的"十五"大以来，国家为此召开了许多会议，颁发过许多文件，党和国家领导人作过许多重要讲话，提出了一系列重要方针、原则和新的要求。主要有：

——发展小城镇，是带动农村经济和社会发展的一个大战略，必须充分认识发展小城镇的重大战略意义；

——发展小城镇，要贯彻既要积极又要稳妥的方针，循序渐进，防止一哄而起；

——发展小城镇，必须遵循"尊重规律、循序渐进；因地制宜、科学规划；深化改革、创新机制；统筹兼顾、协调发展"的原则；

——发展小城镇的目标，力争经过10年左右的努力，将一部分基础较好的小城镇建设成为规模适度、规划科学、功能健全、环境整洁、具有较强辐射能力的农村区域性经济文化中心，其中少数具备条件的小城镇要发展成为带动能力更强的小城市，使全国城镇化水平有一个明显的提高；

——现阶段小城镇发展的重点是县城和少数有基础、有潜力的建制镇；

——大力发展乡镇企业，繁荣小城镇经济、吸纳农村剩余劳动力；乡镇企业要合理布局，逐步向小城镇和工业小区集中；

——编制小城镇规划，要注重经济社会和环境的全面发展，合理确定人口规模与用地规模，既要坚持建设标准，又要防止贪大求洋和乱铺摊子；

——编制小城镇规划，要严格执行有关法律法规，切实做好与土地利用总体规划以及交通网络、环境保护、社会发展等各方面规划的衔接和协调；

——编制小城镇规划，要做到集约用地和保护耕地，要通过改造旧镇区，积极开展迁村并点，土地整理，开发利用基地和废弃地，解决小城镇的建设用地，防止乱占耕地；

——小城镇规划的调整要按法定程序办理；

——要重视完善小城镇的基础设施建设，国家和地方各级政府要在基础设施、公用设施和公益事业建设上给予支持；

——小城镇建设要各具特色，切忌千篇一律，要注意保护文物古迹和文化自然景观；

——要制定促进小城镇发展的投资政策、土地政策和户籍政策。

……

上述这些方针政策对做好小城镇的规划建设管理工作有着十分重要的现实意义。

在新的历史时期，小城镇已经成为农村经济和社会进步的重要载体，成为带动一定区域农村经济社会发展的中心。乡镇企业的崛起和迅速发展，农、工、商等各业并举和繁荣，形成了农村新的产业格局。大批农民走进小城镇务工经商，推动了小城镇的发展，促进了人流、物流、信息流向小城镇的集聚，带动了小城镇各项基础设施的建设，改善了小城镇生产、生活和投资环境。

发展小城镇，是从中国的国情出发，借鉴国外城市化发展趋势作出的战略选择。发展小城镇，对带动农村经济，推动社会进步，促进城乡与大中小城镇协调发展都具有重要的现实意义和深远的历史意义。

二

在我国的经济与社会发展中，小城镇越来越发挥着重要作用。但是，小城镇在规划建设管理中还存在着一些值得注意的问题。主要是：

（一）城镇体系结构不够完善。从市域、县域角度看，不少地方小城镇经济发展的水平不高，层次较低，辐射功能薄弱。

不同规模等级小城镇之间纵向分工不明确,职能雷同,缺乏联系,缺少特色。在空间结构方面,由于缺乏统一规划,或规划后缺乏应有的管理体制和机制,区域内重要的交通、能源、水利等基础设施和公共服务设施缺乏有序联系和协调,有的地方则重复建设,造成浪费。

(二)城镇规模偏小。据统计,全国建制镇(不含县城关镇)平均人口规模不足1万人,西部地区不足5000人。在县城以外的建制镇中,镇区人口规模在0.3~0.6万人等级的小城镇占多数,其次为0.6~1.0万人,再次为0.3万人以下。以浙江省为例,全省城镇人口规模在1万人以下的建制镇占80%,0.5万人以下的占50%以上。从用地规模看,据国家体改委小城镇课题组对18个省市1035个建制镇(含县城关镇)的随机抽样调查表明,建成区平均面积为176hm^2,占镇域总面积的2.77%,平均人均占有土地面积为108m^2。

(三)缺乏科学的规划设计和规划管理。首先是认识片面,在规划指导思想上出现偏差。对"推进城市化"、"高起点"、"高标准"、"超前性"等等缺乏全面准确的理解。从全局看,这些提法无可非议。但是不同地区、不同类型、不同层次、不同水平的小城镇发展基础和发展条件千差万别,如何"推进"、如何"发展"、如何"超前","起点"高到什么程度,不应一个模式、一个标准。由于存在认识上的问题,有的地方对城镇规划提出要"五十年不落后"的要求,甚至提出"拉大架子、膨胀规模"的口号。在学习外国、外地的经验时往往不顾国情、市情、县情、镇情,盲目照抄照搬。建大广场、大马路、大建筑,搞不切实际的形象工程,占地过多,标准过高,规模过大,求变过急,造成资金的大量浪费,与现有人口规模和经济发展水平极不适应。

针对小城镇规划建设管理工作存在的问题,当前和今后一个时期,应当牢固树立全面协调和可持续的科学发展观,将城乡发展、区域发展、经济社会发展、人与自然和谐发展与国内发展和对外开放统筹起来，使我国的大中小城镇协调发展。以国家的方针政策为指引，以推动农村全面建设小康社会为中心，以解决"三农"问题服务为目标，充分运用市场机制，加快重点镇和城郊小城镇的建设与发展，全面提高小城镇规划建设管理总体水平。要突出小城镇发展的重点，积极引导农村富余劳动力、富裕农民和非农产业加快向重点镇、中心镇聚集；要注意保护资源和生态环境，特别是要把合理用地、节约用地、保护耕地置于首位；要不断满足小城镇广大居民的需要，为他们提供安全、方便、舒适、优美的人居环境；要坚持以制度创新为动力，逐步建立健全小城镇规划建设管理的各项制度，提高小城镇建设工作的规范化、制度化水平；要坚持因地制宜，量力而行，从实际需要出发，尊重客观发展规律，尊重各地对小城镇发展模式的不同探索，科学规划，合理布局，量力而行，逐步实施。

三

近年来，小城镇的规划建设管理工作面临新形势，出现了许多新情况和新问题。如何把小城镇规划好、建设好、管理好，是摆在我们面前的一个重要课题。许多大专院校、科研设计单位对此进行了大量的理论探讨和设计实践活动。这套丛书正是在这样的背景下编制完成的。

这套丛书由丛书主编负责提出丛书各卷编写大纲和编写要求，组织与协调丛书全过程编写，并由中国城市规划设计研究院、浙江大学、清华大学、华中科技大学、沈阳建筑大学、北京大学、广东省建设厅、广东省城市发展研究中心、广东省城乡规划设计研究院、中山大学、辽宁省城乡规划设计研究院、广州市城市规划勘察设计研究院等单位长期从事城镇规划设计、教学和科研工作、具有丰富的理论与实践经验的教授、专家撰写。由丛书编审委员会负责集中编审，如果没有他们崇高的敬业精神和强烈的责任感、没有他们不计报酬的品德和付出的辛勤劳动，没有他们的经验、理论和社会实践，就不会有这套丛书的出版。

这套丛书从历史与现实、中国与外国、理论与实践、传统与现代、建设与保护、法规与创新的角度，对小城镇的发展、规划编制、基础设施、城市设计、住区与公建设计、生态环境以及小城镇规划管理方面进行了全面系统的论述，有理论、有观点、有方法、有案例，深入浅出，内容丰富，资料翔实，图文并茂，可供小城镇研究人员、不同专业设计人员、管理人员以及大专院校相关专业师生参阅。

这套丛书的各卷之间既相互联系又相对独立，不强求统一。由于角度不同，在论述上个别地方多少有些差异和重复。由于条件的局限和作者学科的局限，有些地方不够全面、不够深入，有些提法还值得商榷，欢迎广大读者和同行朋友们批评指正。但不管怎么说，这套丛书能够出版发行，本身是一件好事，值得庆幸。值此谨向丛书编审委员会表示深深的谢意，向中国建筑工业出版社的张惠珍副总编和王跃、姚荣华、胡明安三位编审表示深深的谢意，向关心、支持和帮助过这套丛书的专家、领导表示深深的谢意。

中国城市规划设计研究院副院长

刘仁根

2004年4月6日于深圳

前　言

本书是《中国当代小城镇规划建设管理丛书》的基础资料篇。小城镇既不同于城市，又不等同于村镇。我国小城镇更有不同于世界各国的其他许多独特的特点。近些年我国正在积极推进中国特色的城镇化道路，发展小城镇是带动中国农村经济和社会发展的大战略。小城镇在城镇化和城乡一体化中的作用和地位日益突出，按科学发展观统筹城乡协调发展日显重要。要搞好小城镇的发展规划与建设，必须充分认识小城镇，如果缺乏对小城镇，特别是对我国小城镇特殊性的深刻认识，小城镇发展战略和规划、建设就很难体现小城镇社会经济发展的特点和内在规律要求。一个高起点、高标准、高水平的小城镇规划、建设与管理，首先基于对小城镇的战略高度高层面、深层次的认识。"认识—实践—再认识"不但符合马克思主义辩证唯物论的基本原理，而且也适用于小城镇规划建设管理的每一项工作，从这一层意义上讲，本书也是一本"小城镇与小城镇发展的认识论"。

小城镇发展与规划建设紧密相关。论述小城镇发展离不开小城镇规划建设内容。本书作为丛书的基础篇和研究资料篇，绪论和上篇主要着墨于小城镇与小城镇建设发展；下篇着重编写发展相关的规划建设基础资料，除理顺当前急需解决和规划界共同关注的小城镇标准体系和标准外，还提供较多的主要规划技术指标和地方中心镇规划建设技术标准，以及国内外小城镇相关借鉴资料。这也同时出于发展小城镇，重点在于县城镇和中心镇的考虑；出于走中国特色城镇化道路，促进小城镇健康、快速、可持续发展需要的考虑；也基于本书不仅作为小城镇规划、建设、管理的技术、研究人员参考书，而且作为小城镇基层领导与管理人员的实用指导、工具书的考虑。

本书由中国城市规划设计研究院、广东省建设厅城乡规划处、广东省城市发展研究中心、广东省城乡规划设计研究院、中山大学区域与城市研究中心、广州市城市规划勘测设计研究院等单位近些年一直从事小城镇研究的人员共同编写。汤铭潭、宋劲松、刘仁根、李永洁主编。全书共分9章。执笔分工：第1章 李永洁、徐涵；第2章 蔡瀛、丁正琴；第3章 周春山、陈素素；第4章 吕晓蓓、李新；第5、6章 汤铭潭；第7章 宋劲松、罗彦；第8章 黄莉、刘萍；第9章 宋劲松、李永洁、张翔、李枝坚、吕晓蓓、徐涵。全书由汤铭潭策划、编写提纲，负责提出整个编写过程的修改意见，并作部分修改，宋劲松、汤铭潭、李永洁负责组织编写与落实改稿，最后由汤铭潭协调、统校、定稿，刘仁根审定。

本书与读者见面，应特别感谢中国建筑工业出版社领导、编辑和本套丛书编审委员会的关心、支持和帮助，以及为此付出的辛勤劳动，对吕晓蓓帮助整理编排大部分底稿，在此也一并谨致谢意。

汤铭潭 宋劲松

目 录

绪论 ·· 1
  0.1 城镇起源 ·· 1
    0.1.1 城乡聚落的形成 ··· 1
    0.1.2 小城镇的历史沿革 ··· 1
    0.1.3 建国以后我国小城镇的建制演变 ·· 4
  0.2 城镇体系与小城镇体系 ·· 8
    0.2.1 城镇体系 ·· 8
    0.2.2 小城镇体系 ·· 10
  0.3 小城镇分类 ·· 15
    0.3.1 按地理特征分类 ··· 15
    0.3.2 按功能分类 ·· 16
    0.3.3 按空间形态分类 ··· 17
    0.3.4 按发展模式分类 ··· 19
  0.4 小城镇的基本特点 ·· 20
    0.4.1 "城之尾,乡之首" ··· 20
    0.4.2 量大、面广 ·· 21
    0.4.3 区域差异性明显 ··· 23

上篇 小城镇发展概论

1 小城镇,大战略 ··· 28
  1.1 中国城镇化发展历程 ··· 28
    1.1.1 城镇化概念及其发展机制 ·· 28
    1.1.2 城镇化发展特点及其发展历程回顾 ······································· 33
  1.2 小城镇在城镇化中的地位和作用 ·· 37
    1.2.1 小城镇在我国城镇化进程中的地位和作用 ····························· 37

1.2.2 小城镇在城乡一体化发展中的地位和作用 …………… 39
　1.3 城镇化发展趋势及其对小城镇发展的要求 ………………… 52
　　1.3.1 向城市趋同的小城镇在城镇体系中的地位与作用 …… 52
　　1.3.2 小城镇对农村现代化的带动作用 …………………… 57

2 小城镇发展模式与发展方向 …………………………………… 65
　2.1 小城镇主要发展模式 ………………………………………… 65
　　2.1.1 外源型发展模式 ……………………………………… 65
　　2.1.2 内源型发展模式 ……………………………………… 67
　　2.1.3 中心地型发展模式 …………………………………… 70
　2.2 沿海城镇密集区的小城镇发展 ……………………………… 71
　　2.2.1 珠江三角洲小城镇的发展 …………………………… 72
　　2.2.2 长江三角洲小城镇的发展 …………………………… 76
　　2.2.3 环渤海湾地区小城镇的发展 ………………………… 81
　2.3 小城镇的发展方向 …………………………………………… 86
　　2.3.1 不同发展模式的借鉴和融合 ………………………… 86
　　2.3.2 不同城镇密集区小城镇的发展重点 ………………… 87
　　2.3.3 小城镇发展方向和发展途径的基本选择 …………… 89

3 小城镇建设目标与实施对策 …………………………………… 96
　3.1 小城镇建设现状 ……………………………………………… 96
　　3.1.1 小城镇建设的范畴和机制 …………………………… 97
　　3.1.2 小城镇建设的基本情况 ……………………………… 100
　　3.1.3 小城镇建设中存在的问题 …………………………… 104
　3.2 小城镇建设的目标 …………………………………………… 113
　　3.2.1 小城镇建设的总体目标 ……………………………… 113
　　3.2.2 小城镇生态环境、人居环境建设目标 ……………… 116
　　3.2.3 若干地区小城镇建设的目标 ………………………… 118
　3.3 小城镇建设的实施对策 ……………………………………… 121
　　3.3.1 小城镇建设的指导思想 ……………………………… 121
　　3.3.2 小城镇建设的相关政策 ……………………………… 125
　　3.3.3 小城镇建设的相关机制 ……………………………… 131
　　3.3.4 经济发达地区小城镇建设的经验借鉴 ……………… 136

下篇 小城镇规划概论与国外相关借鉴

4 小城镇与相关集镇、村庄规划综述 ·············· 146
4.1 规划作用与任务 ·············· 146
4.1.1 小城镇规划的作用与地位 ·············· 146
4.1.2 小城镇规划任务和基本原则 ·············· 148
4.2 小城镇规划综述 ·············· 150
4.2.1 县（市）域城镇体系规划 ·············· 150
4.2.2 小城镇总体规划 ·············· 150
4.2.3 小城镇详细规划 ·············· 151
4.3 集镇、村庄规划综述 ·············· 151
4.3.1 集镇、村庄总体规划 ·············· 152
4.3.2 集镇建设规划 ·············· 152
4.3.3 村庄建设规划 ·············· 152
4.4 若干其他规划与相关规划综述 ·············· 152
4.4.1 小城镇镇域规划 ·············· 152
4.4.2 小城镇居住小区规划 ·············· 153
4.4.3 小城镇工业园区规划 ·············· 154
4.4.4 小城镇中心区规划 ·············· 154
4.4.5 小城镇（中心区）城市设计和景观风貌规划 ·············· 155
4.4.6 小城镇（工程）基础设施规划 ·············· 156
4.4.7 小城镇生态环境规划 ·············· 156
4.4.8 小城镇绿地规划 ·············· 157
4.4.9 土地利用总体规划 ·············· 157
4.4.10 历史文化名镇保护规划 ·············· 158
4.4.11 小城镇旅游发展总体规划 ·············· 159

5 小城镇规划标准体系与主要规划标准技术指标 ·············· 160
5.1 小城镇规划标准、标准体系的作用 ·············· 160
5.2 现有小城镇规划相关法规与标准 ·············· 161
5.3 小城镇规划标准体系的制定 ·············· 162
5.3.1 关于小城镇规划标准体系制定的若干建议 ·············· 162
5.3.2 小城镇规划标准体系制定研究 ·············· 164

5.4 小城镇主要规划技术指标 ………………………… 173
　5.4.1 小城镇建设用地规划技术指标 ………………… 173
　5.4.2 小城镇道路交通规划技术指标 ………………… 177
　5.4.3 小城镇公共建筑规划技术指标 ………………… 179
　5.4.4 小城镇居住小区规划技术指标 ………………… 183
　5.4.5 小城镇基础设施规划合理水平和定量化指标 … 188
　5.4.6 小城镇环境保护规划技术指标 ………………… 203

6 地方中心镇规划标准与实施要求 ……………………… 207
6.1 广东省中心镇规划标准的制定 …………………… 207
　6.1.1 中心镇规划基本原则 …………………………… 208
　6.1.2 中心镇规划的主要内容和层次 ………………… 211
　6.1.3 规划阶段 ………………………………………… 213
　6.1.4 中心镇规划内容与深度 ………………………… 214
6.2 广东省中心镇规划的实施管理 …………………… 229
　6.2.1 规划实施管理的基本原则 ……………………… 229
　6.2.2 规划的组织编制与审批 ………………………… 230
　6.2.3 规划的实施 ……………………………………… 233
6.3 《广东省中心镇规划指引》的各类用地规划建设
　　 标准 ………………………………………………… 236
　6.3.1 居住用地 ………………………………………… 236
　6.3.2 公共服务设施 …………………………………… 239
　6.3.3 交通设施 ………………………………………… 245
　6.3.4 市政公用设施 …………………………………… 247
　6.3.5 绿化用地 ………………………………………… 260
　6.3.6 工业用地 ………………………………………… 261
　6.3.7 历史文化保护区 ………………………………… 266
　6.3.8 自然保护区 ……………………………………… 268
　6.3.9 基本农田保护区 ………………………………… 269

7 国外小城镇对比 ………………………………………… 272
7.1 国外小城镇发展概述 ……………………………… 272
　7.1.1 国外城市化进程和特点 ………………………… 272
　7.1.2 国外小城镇发展 ………………………………… 275

7.2 国外小城镇规划建设概况 283
 7.2.1 国外小城镇建设模式和经验 283
 7.2.2 国外小城镇规划动态 303
7.3 国外小城镇发展机制借鉴与启示 315
 7.3.1 国外小城镇建设模式和经验 315
 7.3.2 国外小城镇规划建设借鉴与启示 319

参考文献 322

8 小城镇图片资料汇集 ...... 彩图
8.1 国内小城镇图片资料 ...... 彩图
8.2 国外小城镇图片资料 ...... 彩图

绪 论

0.1 城镇起源

0.1.1 城乡聚落的形成

居民点，又称聚落，是由居住生活、生产、交通运输、公(共)用设施和园林绿化等多种体系构成的一个复杂的综合体，是人们共同生活与经济活动而聚集的定居场所。居民点的形成与发展是社会生产力发展到一定阶段的产物和结果。

原始社会开始，人类过着完全依赖于自然采集的经济生活，还没有形成固定的居民点。人类在与自然的长期斗争中发现并发展了种植业，引发了人类社会的第一次社会大分工——农业与渔牧业分离，从而出现了以原始农业为主的固定居民点——原始村落。随着生产力的进一步发展，出现了第二次社会大分工——手工业、商业与农业、牧业分离，同时带来了居民点的分化，形成了以农业为主的乡村和以商业、手工业为主的城镇。

0.1.2 小城镇的历史沿革

从世界范围来看，早在5000多年以前，随着私有制的产生，商业、手工业从农业中的分离，在埃及的尼罗河流域和美索不达米亚平原上的两河流域（底格里斯河、幼发拉底河）出现了人类历史上第一批小城镇。

我国的小城镇是在村落的基础上随着商品交换的出现而逐步形成发展的。早在原始社会，随着农业与渔牧业的分离，人类对土地产生依赖，形成了最早的村落。在2000多年前的奴隶制社会初期，由于生产工具不断改进，生产力不断发展，劳动产品有了剩余，出现了产品交换。尤其在周代，我国由奴隶社会开始进入封建社会，私有制进一步发展，随着商品交换的更为频繁，集市贸易应运而生。这些自发出现的较小范围的物物交换中心，是附近村寨居民物流集散的场所，称"有市之邑"。这些集市贸易只是在露天的交易广场，只有一定的交换地点而没有固定的建筑围墙和店铺，而且数量较少。在我国《礼记》中所记载的"货力为己，大人世及以为礼，城郭沟池以为固"，就是小城镇兴起的象征。南北朝时期，北方先进的生产工具和技术与南方优越的农业自然条件相结合，极大地促进了农业生产力的提高。加上河网密布的便利的水运条件，集市贸易扩大并日趋活跃，开始出现规模稍大的农副产品和手工业产品的定期交换场地——草市。唐中叶后，草市普遍发展，促进了集市贸易活动的普及推广。商人、手工业者逐渐在集市中聚集，工商业者增多，商品种类和数量增加，经营范围扩大，此时的小城镇形成了全国性的网络。虽然这时的市还没有形成常居人口的聚集，但它作为基层经济中心的作用日趋明确，集期也依各地经济发展状况而定。到北宋，随着分工、分业的发展，集市贸易的兴旺，定期集更改为常日集，小城镇有了更大的发展。由于集市贸易的规模不断扩大，人流不断集聚，统治阶级为了收税和防守的需要，在一些集市修筑围墙，派官吏监守市门，于是市升级为镇。此时的镇已不仅是先前"朝满夕虚"的交易场所，而成为一个颇具规模的地理实体和经济实体。据《元丰元域志》记载，当时已有小城镇

1884个，除此之外，尚有草市上万个，形成了全国性的集镇网络。宋代的一些小城镇已有相当规模，据宋代高承所写的《事物记原》记载，北宋元丰年间，仅开封府就有35个较大的集镇，有的集镇所交的商税达万贯以上，超过了州县。宋时的镇归于知县管辖。宋代以后镇是指县以下的以商业、聚居为主的小都市，这个概念沿袭至今。所以现代意义上的镇应该追溯到10世纪前后的宋代，是在唐末乡村出现的大量居民聚居地和草市的基础上形成的日常生活、商业、社交的场所。明清时期，由于社会经济进一步发展，各地新兴小城镇陆续出现，各镇发展较快，密度规模都有所增加，尤其在一些商品经济发达的地区，民族资本主义工商业和银行的出现，大大地促进了小城镇的繁荣，小城镇的发展进入兴盛时期，出现了景德镇、佛山镇、朱仙镇、武汉三镇等一批中外闻名的城镇。江南每隔十里就有市，每隔二三十里就有镇。根据《明清江南市镇探微》记载，当时我国小城镇已达到37500个，每个镇平均人口7870人，每个镇的平均面积为52.5km^2，镇与镇之间的平均市场间隔为7.9km。由于1840年鸦片战争和帝国主义的侵入，小城镇尤其是城市经济处于半殖民地化，使小城镇经济转入衰败时期。

不难看出，我国小城镇形成和演变过程是在低级的草市、墟、场的基础上发展起来的，这是与我国手工业和产品交换的发展相适应的。小城镇的初期形式是草市，随着集市贸易的扩大，统治阶级在集市设置官吏，征收市税，出现了镇一级的建制。镇是比集市更高一级的经济中心和经济区划，居民明显多于集市，一般在千户以上，甚至可达万户。镇介于城市和乡村之间，自古以来就是乡村手工业、农副产品生产加工的集中地，商品交换的集散地，小城镇是沟通城市与乡村的桥梁。

受到政治、宗教等的影响，我国的一些小城镇并非顺着

"草市——集镇——小城镇"的轨迹形成发展的,而是具有特殊的形成过程,主要有:

(1) 起源于政治军事中心

这类小城镇早的建于汉代,晚的则于清代建立,一般位于落后地区或人口稀少地区的边境地区,历史上多属于少数民族与中原政权相互争夺的地区,建立的目的在于维持社会安宁,组织、控制和征收乡村赋税,小城镇本身就是一道军事防线。

(2) 起源于宗教寺庙

这类小城镇是作为集政治和宗教于一体的中心而建立起来的,城镇的兴起是源于寺院经济的需要。信徒在完成宗教义务后在寺院周围安营扎寨,逐渐形成了一个人口相对密集、经济活动相对集中的较大聚落。

(3) 起源于现代工业开发

工业小城镇的出现是城市化的结果,我国内地的大多数小城镇属于这种情况。这些小城镇形成速度快,相对独立,多数与周边地区缺乏联系。镇区行政政府的设立完全是为了适应工业开发的需要,比如青海的大柴旦镇就是为了开发柴达木而设置的。

(4) 起源于行政(管理)建制

这类小城镇多数是解放后根据行政建制建立的新兴城镇,之前多数只是聚集一定数量的人口。因此,这类型小城镇以行政职能为主。

(5) 其他起源

此外,在我国还存在着众多其他来源的小城镇,如在历史上的交通枢纽基础上形成的小城镇等,在此不一一赘述。

0.1.3 建国以后我国小城镇的建制演变

尽管城镇的发展具有上千年的历史,而作为现代行政区划建制意义上的镇,则是在20世纪初才出现。1909年,清政府颁

0.1 城镇起源

布《城镇乡地方自治章程》，第一次提出城乡分治。划分城镇乡的标准是：府厅州县所在地的城乡为城，城乡以外的集市地，人口满5万的为镇，不满5万的为乡。由于1911年辛亥革命，推翻了清政府，这个章程没有真正实施。1928年9月，南京国民政府公布的我国历史上第一个《县组织法》中，将源"村里"改为"乡镇"，镇作为行政区划建制首次列入法律。不过旧中国的乡镇是带有地方自治性质的组织，不是完全意义上的行政区划组织。当时镇的规模较小，一般约1000户左右。一般说来，真正意义上的镇的建制设置则是从建国后开始的，经历了三个演变阶段：

(1) 1949~1958年：中华人民共和国成立后，在全国范围(除个别少数民族区域以外)内逐步开展了土地改革和基层政权建设运动，建立了农会和民兵组织，在部分地区实行县、区、乡三级人民代表会议；1950年12月，政务院颁布《乡(行政府)人民政府组织通则》，强调了乡级政府组织的农村基层政权性质，并在1955年扩大了乡辖范围，乡级管理趋于成熟。这一时期的镇是同乡平级的行政区划建制，也有少数镇之下设有乡，还有少数镇行政级别定为县级，如通县镇、邯郸镇等。这个时期，由于镇的设置缺乏统一规定，各地掌握的设镇标准普遍偏宽，有些省设置镇建制过多。到1954年底，全国设有5400个镇，其中人口2000以下的920个，人口2000~5000的有2302个，人口5000~10000的1373个，人口10000~50000的有784个，人口50000以上的21个。这一阶段中，不仅小城镇作为城乡商品集散中心和联结城市与乡村纽带的经济功能得到正常发挥，而且城镇人民的生活也有改善，社会比较安定，小城镇呈现欣欣向荣的景象。

(2) 1954~1978：1954年颁布了第一部《中华人民共和国宪法》，规定镇和乡一样同为县辖基层行政区划建制。当时镇的平均人口为6000多人。1955年6月,国务院发布《关于设置市、镇建制的决定》,并于1963年颁布《关于调整市、镇建制,缩小城市和郊区的指示》,明确了"市、镇是工商业和手工业的集中地",并规定了设镇标准,要求调整和压缩建制镇。这一时期由于政策的作用,基本确定优先发展重工业基地的战略,产业倾斜及向大中城市倾斜发展,导致小城镇吸纳劳动力的能力受到巨大的影响,并最终导致这一阶段城镇数量和城镇人口规模的下降。到1956年,全国建制镇减少为3672个。1958年,受"大跃进"和"人民公社化"的影响,建制镇出现了超常规发展。全国建制镇由1958年的3621个增加到1961年的4429个。由于"左"的错误政策,国民经济遭受严重挫折,被迫进行调整,从而导致小城镇数量大幅度下降。到1965年,全国建制镇减少为2905个。此后,由于受到"文化大革命"期间的政治动乱所带来的严重影响,镇的发展受到抑制。虽然1975年和1978年的两部宪法均废除乡建制,而保留了镇建制,但小城镇的发展仍然非常缓慢。小城镇人口从1966年的接近4000万上升到1978年的5000多万,增加约30%,但同一时期全国人口从7.3亿增长到9.6亿,增长了约32%,高于小城镇人口的增长水平。至1978年底,全国仅有2173个镇。

(3) 1982年至今:改革开放以来,小城镇的发展进入了一个新的阶段。1983年开始开展"政社分开"和"建乡工作",随着取消人民公社制度、重新确立乡镇建制,建制镇的建设再次得到重视,镇从原先的城镇型建制转化为广域型建制,变成了人口较多、经济实力较强的"大乡"、"强乡"❶。国务院于1984年11月29日发出通知,同意民政部《关于调整建镇标准

---

❶ 镇建制的演变,中国社会报,2003

的报告》，对1955年和1963年规定的标准作了调整，提出"撤乡建镇，实行镇管村"的模式，也就是乡建制改镇的模式，从而使建制镇得到迅速发展。1993年10月，召开了全国村镇建设工作会议，确定了以小城镇为重点的村镇建设工作方针，提出了到20世纪末中国小城镇建设发展目标。1995年全国开展了推进乡村城市化进程的"625试点工程"，其中的"5"是指500个小城镇建设试点。截止1999年底，我国包括台湾省在内有702个市，1689个县城关镇，19756个建制镇，29118个乡集镇，总数超过5万个。近年来，根据行政区划的调整，地级行政单位中的地区被地级市取代，县级行政单位中县和镇被县级市取代，乡级行政单位中的乡也正在被镇逐步取代。2000年开始，各地加快了乡镇行政区划调整的步伐，乡镇撤并工作正在各地逐步展开。

小城镇进入新的发展阶段主要由三方面的原因促成。首先，家庭联产承包责任制的推行，使广大农民家庭重新获得土地经营权，农民拥有部分剩余产品可以在集市上自由出售，而且经营个体手工业、服务业及商业也均为政策所允许，城镇集市贸易由此得以恢复和发展。其次，乡镇企业迅速发展对小城镇的发展起了极其重要的作用。乡镇企业具有共同使用能源、交通、信息、市场及其他公共设施的客观需求，同时它在专业化协作方面也有相对集中的需要，乡镇企业因发展而不断向集镇集中，促进了乡镇基础设施和社会服务事业的发展，使其向小城镇快速转化。再次，在乡村集镇贸易和乡镇企业发展的基础上，1980年明确提出了"控制大城市规模，合理发展中等城市，大力发展小城镇"的城市发展方针，尽管这一城市发展方式随后经过多次修改，但其在当时却使中国小城镇进入了一个快速发展的新时期，全国各地普遍开始制定小城镇的规划，设置乡镇级财政，并普遍征收城镇维护费，以促进小城镇社区的发展。

0.2 城镇体系与小城镇体系

0.2.1 城镇体系

根据居民点在社会经济建设中所担负的任务和人口规模的不同，聚落(Human Settlements)可以分为两大类，即城市和乡村，图 0-1 对城市与乡村的主要构成要素进行了概念界定。

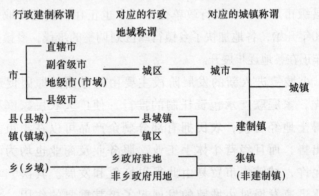

图 0-1 城市与乡村主要构成要素关系图

《城市规划基本术语标准》中界定城市(城镇)是"以非农产业和非农业人口聚集为主要特征的居民点，包括按国家行政建制设立的市和镇。"通常意义上的城市是指国家按行政建制设立的直辖市、市、镇，即包括直辖市、建制市、建制镇。城市居民以非农人口为主，主要从事工、商业和手工业。根据人口规模可将我国城市分为特大城市、大城市、中等城市、小城市、镇等几类。表 0-1 为我国不同城市类别的城市数量和人口统计表。

我国不同城市类别的城市数量和人口统计　　表 0-1

城市类别	规模标准（万人）（按非农业人口）	城市数量（个）	城市人口（万人）
特大城市	>100	34	7462.1
大城市	50~100	47	3241.1
中等城市	20~50	203	6096.0
小城市	10~20	384	4543.9
镇	<10	18402	12121.9

资料来源：引自顾文选："建立和完善全国城镇体系的几点思考"，《城市发展研究》2003.3

市区和镇区以外的地区一般称为乡村，设立乡和村的建制。乡村居民主要从事农、牧、副、渔业生产。乡村的聚落又有集镇和村庄之分。集镇通常是乡人民政府所在地或一定范围的乡村商业贸易中心。村庄又有自然村和行政村两个不同的概念。自然村由若干农户聚居一地组成，为行政便利把几个自然村划作一个管理单元，称为行政村。行政村又被分为村民小组，村民小组与自然村有密切关系，但也不是完全对应。

任何一个城市都不可能孤立地存在，当区域内的城市发展到一定阶段的时候，为了维持城市正常的活动，城市与城市之间、城市与外部区域之间就有了物质、能量、人员、信息交换的需要，这种交互作用将地理上彼此分离的城市结合为具有结构和功能的有机整体，即城镇体系。因此，城镇体系是指在一个相对完整的区域或国家中，由不同职能分工、不同等级规模、空间分布有序的联系密切、相互依存的城镇构成的城镇群体，简言之，就是一定空间区域内具有内在联系的城镇集合。❶

---

❶ 全国注册城市规划师执业考试应试指南，上海：同济大学出版社，2001

0.2.2 小城镇体系

0.2.2.1 不同学科的小城镇释义

(1) 行政管理学

从行政管理角度看，在经济统计、财政税收、户籍管理等诸多方面，建制镇与非建制镇都有明显区别，因此小城镇通常只包括建制镇这一地域行政范畴。

(2) 社会学

从社会学的角度看，小城镇是一种社会实体，是由非农人口为主组成的社区。1984年费孝通在《小城镇，大问题》一文中，把"小城镇"定义为"一种比乡村社区更高一层次的社会实体"，"这种社会实体是以一批并不从事农业生产劳动的人口为主体组成的社区。无论从地域、人口、经济、环境等因素看，它们都既具有与乡村相异的特点，又都与周围的乡村保持着不可缺少的联系。我们把这样的社会实体用一个普通的名字加以概括，称之为'小城镇'。"文中对小城镇性质的规定，作了严密的科学表述：小城镇"是个新型的正在从乡村性社区变成许多产业并存的向着现代化城市转变中的过渡性社区。它基本上已脱离了乡村社区的性质，但没有完成城市化的过程。"

(3) 地理学

将小城镇作为一个区域城镇体系的基础层次，或将小城镇作为乡村聚落中最高级别的聚落类型，认为小城镇包括建制镇和自然集镇。

(4) 经济学

从经济学的角度看，小城镇是乡村经济与城市经济相互渗透的交汇点，具有独特的经济特征，是与生产力水平相适应的一个特殊的经济集合体。

0.2.2.2　不同国家、地区对小城镇的界定

对于小城镇，世界各国有不同的界定。

美国的"小城镇"有两种概念，一种叫小城市，即"Small City"；还有一种叫小镇，即"Little Town"。美国的小城镇往往是由居民住宅区演变而来，一般200人的社区就可申请设"镇"，如有足够的税源，几千人的社区就可申请设"市"。因此，美国的城市大多规模不大。

日本的地方行政管理分为都道府县和市町村两级，市町村的规模控制在10万人以下，相当于我国的小城镇。市、町、村在行政上是一个级别，互不隶属，所有的市町村又可分为四个规模等级：3~10万人、1~3万人、0.5~1万人和0.5万人以下[1]。

前苏联的城市分为八级，其中10万以下人口规模的有四级，小城市的人口规模为2万人以下；朝鲜的城市分为六级，其中小城市的人口规模为5万人以下。

由此可见，国外小城镇的规模一般不大，多数由居民点演化而来。不同国家小城镇概念各不相同。

0.2.2.3　本丛书小城镇的界定

由于现阶段对小城镇的定义尚未形成统一的概念，也没有明文的规定，因此各界对小城镇的涵盖范围存在颇多争议。比如国家经济体制改革部门就把县级市列入了小城镇的范畴，而建设部门则把集镇列入了管理、统计的范围。

考虑到小城镇是介于城市与乡村居民点之间的、兼有城与乡特点的一种过渡型居民点，本丛书从小城镇规划及其研究角度，界定小城镇主要指县城镇和县城镇以外的建制镇以及规划期内将上升为建制镇的一般集镇。酌情延伸研究则包括上述建

---

[1] 陈友华，赵民．城市规划概论．上海：上海科学技术文献出版社，2000

制镇以外的乡人民政府所在地和国有农林牧渔场所在地具有一定规模的集镇。

如果按城乡二元的划分,县城关镇将有一部分发展成为小城市,属城市范畴;小城镇的主体建制镇也属城市范畴;现在属乡村范畴的集镇,其中条件较好的规划期内有可能上升为城市范畴的建制镇。可以认为小城镇位于我国城镇体系的尾部,是城镇体系中的重要环节和城乡联系的中介,主要应是县(市)以下(含县)、乡以上的城镇行政实体。

0.2.2.4 小城镇体系

小城镇体系是指在我国一定地域内,由不同等级、不同规模、不同职能而彼此相互联系、相互依存、相互制约的小城镇组成的有机系统。广义来说,目前我国的小城镇体系是由县城镇、县城镇以外的建制镇和集镇构成,结构如图0-2所示。

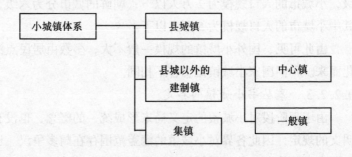

图0-2 小城镇体系结构

(1) 县城镇,即县域中心城,作为县人民政府所在地,具有多种便利,必然聚集县域各种要素。县城镇作为县域政治、经济、文化的中心,在发挥上连城市、下引乡村的社会和经济功能中起最重要的核心作用,因而是我国小城镇的最重要的组成部分。根据其在所处地区政治、经济、文化生活中所处地位的不同、建设条件和自然资源等因素的不同,又可分为以下三种情况❶：其一，重点发展型县城镇：这类型县城镇交通条件优越，能源、水、土地等资源丰富，或拥有一定规模的国家或省级大中型建设项目，可逐步发展为10万人以上的小城市；其二，适度发展型县城镇：这部分县城镇资源与建设条件不如前者，可适度发展至5~8万人规模；其三，一般县城镇：这部分县城镇缺乏进一步发展的条件，只是发展一些为农业服务的加工工业，远期可建设达到3~5万人的规模。

(2) 县城以外的建制镇是县域的次级小城镇，是本镇域的政治、经济、文化中心，又可分为中心镇和一般镇。中心镇是县（市）域内一定区域范围内的农村经济、文化中心，是与其镇域周边地区有着密切联系，并对以其为中心的区域村镇有较大经济辐射和带动作用的小城镇。一个县一般设有1~2个中心镇，对我国西部地区而言，中心镇也就是县城镇。就中心镇的地位和作用来说，中心镇也是我国小城镇的最重要的组成部分。一般镇是县城镇和中心镇以外的建制镇，是我国城镇体系中的最低一层，数量上在我国小城镇和建制镇中，一般镇占绝大部分。1998年全国共有19066个建制镇，其中一般镇约占95%。

建制镇是乡村一定区域内政治、经济、文化和生活服务的中心。1955年《关于设置市、镇建制的决定》和1963年《关于调整市、镇建制，缩小城市和郊区的指示》关于镇的建制的规定：工商业和手工业相当集中，聚居人口在3000人以上，其中非农业人口占70%以上；或聚居人口在2500人以上，不足3000人，其中非农业人口占85%以上，确有必要，由县级国家机关领导的地方，可以设镇的建制。少数民族地区的工商业和手工业集中地，聚居人口不足3000人，或者非农业人口

---

❶ 肖敦余，胡德瑞．小城镇规划与景观构成．天津：天津科学技术出版社，2001

不足 70%，但确有必要，由县级国家机关领导的，也可以设镇的建制。现由人民公社领导的集镇，凡是保持现有领导关系更为有利的，即使符合设镇的人口条件，也不要设镇的建制。规模较小的工矿基地，由县领导的，可设镇的建制。我国现行的设镇标准是 1984 年规定的。当时，民政部在进行认真调查研究的基础上提出，小城镇应成为乡村发展工副业、学习科学文化和开展文化娱乐活动的基地，逐步发展成为乡村区域性的经济文化中心；同时建议对 1955 年和 1963 年中共中央和国务院关于设镇规定进行调整。1984 年国务院批转的民政部关于调整建镇标准的报告中关于设镇的规定调整如下：

1) 凡县级地方国家机关所在地，均应设置镇的建制。

2) 总人口在 2 万以下的乡、乡政府驻地非农业人口超过 2000 的，可以建镇；总人口在 2 万以上的乡、乡政府驻地非农业人口占全乡人口 10% 以上的也可建镇。

3) 少数民族地区、人口稀少的边缘地区、山区和小型工矿区、小港口、风景旅游、边境口岸等地，非农业人口虽不足 2000，如确有必要，也可设置镇的建制。

实际上，现行的设镇标准偏低，而即使用现有的标准衡量，还有不少建制镇未达到现行的设镇标准。有些地区为设镇而设镇，人为扩大镇区范围、增加人口数量，将许多周边根本不具有城镇形态的地区也划入城镇范围中来。因此，一方面应强调新设行政建制"镇"应严格执行国家的设镇标准，另一方面对设镇标准进行一定调整，除了人口规模指标外，应增添人口密度、经济发展水平、基础设施条件等其他指标。

(3) 集镇通常是乡人民政府所在地或一定范围的乡村商业贸易中心，是本乡域的政治、经济、文化中心。1993 年国务院颁布的《集镇和村庄规划建设管理条例》中明确规定："集镇是指乡、民族乡政府所在地和经县人民政府确认的由集市发展而成的作为乡村一定区域经济、文化和生活服务中心的非建制镇。"集镇虽然规模和作用不如建制镇,但在我国数量不少,其中一部分随着乡村产业结构的调整和剩余劳动力的转移,当经济效益和人口聚集达到一定规模时,将上升为建制镇。

0.3 小城镇分类

由于自然、经济等条件的不同,各个小城镇表现为不同的特征类型。从经济角度看,总体而言,东部沿海地区,沿江、沿河、沿路城镇密集地区和大中城市周围地区小城镇,经济较为发达;东部沿海地带内的经济低谷地区,沿江、沿河、沿路经济隆起带的边缘地区,城市远郊区和中西部地区的平原地带的小城镇,经济中等发达;而西部地区以及中部地区的部分经济落后区域的小城镇,经济上欠发达。以下,依据不同地区的特点,多层面、多视角地对小城镇进行类型划分。

0.3.1 按地理特征分类

地形一般可分为山地、丘陵和平原三类,在小地区范围内地形还可进一步划分为山谷、山坡、滨水等多种形态。因此,按地理特征划分,小城镇可以分为以下几类:

(1) 平原小城镇:平原大都是沉积或冲积地层,具有广阔平坦的地貌,便于城市建设与运营,因此平原小城镇数量众多。

(2) 山地小城镇:这类型小城镇多数布置在低山、丘陵地区,由于地形起伏较大,通常呈现出独特的布局效果。

(3) 滨水小城镇:历史上最早的一批小城镇多数出现在河谷地带,此外滨水小城镇还包括滨海小城镇,这类型小城镇在城市布局、景观、产业发展等方面都体现着滨水的独特性。

0.3.2 按功能分类

按照小城镇的主要职能，可将小城镇划分为综合型小城镇、作为社会实体的小城镇、作为经济实体的小城镇、作为物资流通实体的小城镇和其他类型，这几类又可进一步细分，详见表0-2。

小城镇按功能分类表　　　　表0-2

划分类型	类型	特征
作为社会实体的小城镇	行政中心小城镇	是一定区域内的政治、经济、文化中心，包括县政府所在地的县城镇、镇政府所在地的建制镇和乡政府所在地的集镇。城镇内的行政机构和文化设施比较齐全
作为经济实体的小城镇	工业型小城镇	产业结构以工业为主，在农村社会总产值中，工业产值占的比重大，从事工业生产的劳动力占劳动力总数的比重大。工农关系密切，镇乡关系密切。工厂设备、仓储库房、交通设施比较完善，乡镇工业有一定规模
	工矿型小城镇	随着矿产资源的开采与加工逐渐形成，基础设施建设比较完善，商业、运输业、建筑业、服务业等也随之发展
	农业型小城镇	产业结构以第一产业为基础，多数是我国商品粮、经济作物、禽畜等生产基地，并有为其服务的产前、产中、产后的社会服务体系
	渔业型小城镇	沿江、河、湖、海的小城镇，以捕捞、养殖、水产品加工、储藏等为主导产业
	牧业型小城镇	以保护野生动物、饲养、放牧、畜产品加工为主导产业，主要分布在我国的草原地带和部分山区，同时又是牧区的生产、生活、交通服务中心
	林业型小城镇	分布在江河中上游的山区林带，由森林开发、木材加工基地转化为育林和生态保护区，以森林保护、培育、木材综合利用为主导产业，同时也是林区生产、生活、流通服务中心
	旅游服务型小城镇	具有名胜古迹或自然风景资源，城镇发展以名胜区为依托，通过旅游资源的开发及其配套设施的建设和为旅游提供第三产业服务，形成旅游服务型小城镇

0.3 小城镇分类

续表

划分类型	类型	特征
作为物资流通实体的小城镇	交通型小城镇	多位于公路、铁路、水运、海运的交通枢纽或沿海、沿路等交通便利地区，形成一定区域内的客流、物流中心。其形成和发展取决于优越的地理位置以及区域空间联系的方向、广度和强度等因素
	流通型小城镇	以商品流通为主，运输业和服务业比较发达，多由传统的农副产品集散地发展而来，服务半径一般在15～20km，设有贸易市场或专业市场、转运站、客栈、仓库等
	口岸型小城镇	位于沿海、沿江河的港口口岸，以发展对外商品流通为主，也包括那些与邻国有互贸资源和互贸条件的边境口岸的小城镇，这些小城镇多以陆路或界河的水上交通为主
其他类型小城镇	历史古镇文化名镇	历史悠久，有些从12世纪的宋朝或14世纪的明朝开始就已经聚居了上千人口。具有一些代表性的、典型民族风格的或鲜明地域特点的建筑群，有历史价值、艺术价值和科学价值的文物，"文、古"特色显著
综合型小城镇		同时具备上述全部或几种职能。县城镇和中心镇一般多为综合型城镇

表中体现的是小城镇的单一主导功能，实际上，大部分小城镇往往同时兼有多种职能，逐步向综合型方向发展。实践证明，小城镇的职能不是一成不变的，从单一职能型向综合职能型转化是小城镇职能演变的趋势。

0.3.3 按空间形态分类

从空间形态上划分，我国小城镇整体上可分为两大类：一类城乡一体、以连片发展的"城镇密集区"形态存在；一类城乡界线分明、以完整的独立形态存在。❶

0.3.3.1 以"城镇密集区"形态存在的小城镇

以这种形态存在的小城镇中，城与乡、镇域与镇区已经没

---

❶ 引自《小城镇规划标准研究》，2002年

有明确界线,城镇村庄首尾相接、密集连片。城镇多具有明显的交通与区位优势,以公路为轴沿路发展。这类型小城镇目前主要存在于我国沿海经济发达省份的局部地区。例如,珠江三角洲地区已经形成了全国连绵程度最高的城镇密集地区,城镇密度达到 100 个/万 km^2,城镇间平均距离不到 10km,许多城镇的建成区已连成一片,初步形成了大都市连绵区的雏形。2002 年珠三角内圈层约 1.5 万 km^2 的地域范围内,各类建设用地面积高达 4000km^2,是全国城镇建设用地密度最高的地区。❶

0.3.3.2 以完整、独立形态存在的小城镇

这类型小城镇广泛存在,按其所处空间位置又可大致分为以下三种类型:

(1)"城市周边地区"的小城镇

"城市周边地区"的小城镇包括大中城市周边的小城镇和小城市及县城周边的小城镇,这类型小城镇的发展与中心城紧密相关,互为影响。其中,大中城市周边的小城镇又可细分为以下三类:

1)位于大中城市规划建设用地范围内的小城镇:这类小城镇可就近接受大中城市的经济辐射,在资金、技术、信息等方面有独特的优势。虽然有的目前是独立发展的小城镇,但将来极有可能发展成为大城市的一个组团。

2)可作为大中城市卫星城的小城镇:这类小城镇与前一类小城镇类似,只是距离大中城市比前者略远。一般位于大中城市合理的卫星城距离(30~50km),与大中城市有较为便捷的交通联系,直接接受大中城市的辐射,且肩负着作为卫星城镇接受大中城市产业扩散和人口分流的任务。

3)介于上述两者之间的小城镇:这类小城镇位于前两类小城镇之间,接受中心城市和卫星城的双重辐射,其本身对镇域范

---

❶ 引自《珠江三角洲城镇群协调发展研究》。

围的辐射较弱。这类型小城镇的人口大量向卫星城和中心城市迁移，本身的人口规模较小，农业劳动力的非农化也将大量出现在这些地区。镇域的发展应主要是为中心城市和卫星城服务的第一产业（如蔬菜、水果、养殖业等）和为城市工业配套的第二产业。城镇的功能除重点为农业生产服务外，可发展一些小型的加工工业，其他较大型的产业应集中到卫星城去发展。

(2)"经济发达、城镇具有带状发展趋势地区"的小城镇

这类型小城镇主要沿交通轴线分布，具有明显的交通与区位优势，最具有经济发展的潜能，极有可能发展形成城镇带。

(3) 远离城市独立发展的小城镇

这类小城镇远离城市，目前和将来都相对比较独立。这类小城镇中除少部分实力相对较强、有一定发展潜力外，大部分小城镇的经济实力较弱，以为本地农村服务为主。

0.3.4 按发展模式分类

根据发展动力模式的不同，可将小城镇分为以下几类：

(1) 地方驱动型：指在没有外来动力的推动下，地方政府组织和依靠农民自己出钱出力，共同建设小城镇各项基础设施，同时共同经营和管理小城镇。这一模式又可分为股份型和聚资型两种形式。

(2) 城市辐射型：指城市的密集性、经济性和社会性向城市郊外或更远的农村地区扩散，城市的经济活动或城市的职能向外延伸，逐渐形成以中心城市为核心的中小城镇、卫星城镇群。此类小城镇发展模式体现的是一种"自上而下"发展的模式，政府充当城镇化进程的主要推动者，城市作为地域中心的特征明显，综合服务功能较为完善，并有较强的产业辐射和服务吸引作用。体现在空间拓展特征、中心城区的聚集效应十分明显，中心城区的建成区面积不断扩大，周边村镇与城区迅速融为一体。

绪 论

(3) 外贸推动型：这是沿海对外开放程度较高地区较为普遍的方式，这类小城镇抓住国家鼓励扩大外贸的机遇，发展特色产业，从而促进小城镇的经济发展。

(4) 外资促进型：指通过利用良好的区位优势，创造有利条件吸引外商投资兴办企业发展起来的小城镇。

(5) 科技带动型：这种类型小城镇的发展依靠科技创新带动，科技创新与产业发展结合紧密，对经济发展推动力非常强大，小城镇发展速度也较快。

(6) 交通推动型：这种类型的小城镇依托铁路、公路、航道、航空中枢，依靠交通运输业来发展城镇建设。

(7) 产业聚集型：这类型小城镇空间发展模式反映出"自下而上"以聚集为主体的城镇化发展模式。这一发展模式得益于上级政府的简政放权，使得乡镇级，乃至村级行政单位有充分的自主权招商引资，发展乡镇企业和三资企业，形成以工业厂房、厂区、工人集体宿舍为主的空间特征和以工业就业为主体的人口结构，社会服务设施配套不全，社会结构不稳定。相对城市型的发展模式而言，这种发展模式较为粗放，可持续性差。同时由于二元社会管理模式对城市和乡镇采用不同的管理体制，导致这类地区规划建设和环境保护管理力量薄弱、资金投入不够、基础设施建设滞后等问题的出现。❶

0.4 小城镇的基本特点

0.4.1 "城之尾，乡之首"

小城镇称为"城之尾，乡之首"，是城乡结合部的社会综

---

❶ 引自《珠江三角洲城镇群协调发展研究》。

合体，是镇域经济、政治、文化中心。因而它应该具有上接城市、下引乡村、促进区域经济和社会全面进步的综合功能。

从城镇体系看，小城镇是城镇体系和城市居民点中的最下一个层次。从乡村地域体系看，小城镇又是乡村地域体系的最上层次。目前大多数小城镇为镇行政机构驻地，也是乡镇企业的基地及城乡物资交流的集散点，一般都安排有商业服务业网点、文教卫生及公用设施等。在小城镇经济结构中，三种经济所有制（国家、集体、个体）并存，其中集体和个体经济占有一定的比重。20世纪80年代初期，费孝通先生考察苏南小城镇时，探讨了小城镇的等级体系、行政管理、不同区域经济发展之间的关系以及小城镇规划建设等问题，对小城镇进行了独到的概括："小城镇是由乡村中比乡村社区高一层次的社会实体组成，这群社会实体是以一批并不从事农业生产劳动的人口为主体组成的社区，无论从地域、人口、经济、环境等因素看，他们都具有乡村社区相异的特点，又都与周围乡村社区保持着不能缺少的联系"。因此小城镇既不同于乡村又不同于城市。在经济发展、信息传递等方面，小城镇都起着城市与乡村之间的纽带作用。

从"中间发展带"理论看，我国的小城镇介于大中城市和广大农村之间，是我国的中间发展带，其接触面最大，易引进大中城市的技术、资金和人才等；另外受计划经济体制的影响相对较小，易于改革。同时，作为广大农村地区的增长极，小城镇是促进农村工业化和农村经济结构转型的地域载体，城乡生产要素流动和组合的传承中介，也是加速推进农业和农村现代化的重要突破口。

0.4.2　量大、面广

我国小城镇数量多，分布广，增长快。

绪　论

图 0-3 为我国建制镇数目增长曲线图。截止 2002 年底，全国共有建制镇 19811 个，与 1978 年的 2176 个建制镇相比，增长了 8 倍。在数量增加的同时，我国小城镇在基础设施、科学教育、物质生活和文化生活各方面都有明显的提高和改善，在全国涌现了一批具有特色的名镇。

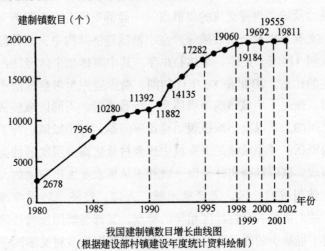

我国建制镇数目增长曲线图
（根据建设部村镇建设年度统计资料绘制）

图 0-3　我国建制镇数目增长曲线图

促进我国小城镇快速发展的原因，一是我国农业生产力水平提高，工业化进程加快，服务业增长迅速，城镇经济实力增强，基础设施初具规模，使城镇化的物质基础基本具备。二是我国的城镇人口不断增多，目前城镇人口占全国总人口 37.7% 多。有一部分农民以打工的方式进入小城镇，使小城镇人口增多，规模扩大。三是合并乡镇使镇的数量相对增多。我国在进行乡镇合并的过程中，遵循实现区位优势和资源优势互补原则，一般是乡并入经济实力比较强的镇。四是"村村冒烟，户户办厂"的乡镇企业分散布局逐渐走向集中，促进了城镇的发展。

小城镇作为区域城镇体系的基础层次，不仅数量众多而且分布面广。江苏、山东、湖南、广东和四川五省的建制镇个数分别为1142、1192、1002、1502和1933，都已超过1000。

0.4.3 区域差异性明显

长期以来，由于经济发展水平东高西低，经济实力东强西弱，乡村产业化进程和乡村市场经济发展东快西慢，乡镇企业发展东多西少，我国小城镇的发展存在明显的空间差异：从东到西小城镇建设水平和经济实力逐步递减。根据有关普查资料，东、中、西部小城镇平均拥有企业数和平均财政收入差别很大，一般，东部都在中、西部的2倍以上。东、中、西部地区小城镇平均拥有企业数、财政收入数的巨大差异，使得东、中、西部地区小城镇发展的数量和质量存在较大差距，这又造成了地区小城镇发展新的不平衡和新的差距，形成了经济发展的"流动陷阱"。❶

0.4.3.1 小城镇数量增长和人口增长差异

从总体看，我国小城镇的数量分布及发展层次都呈东高西低状态，即东部沿海地区数量多，层次高，效益大。同时，小城镇非农人口占全国的比率也呈现从东到西逐步递减的态势。由于经济社会发展相对滞后，加上受自然条件以及历史、人文等因素影响，中西部地区尤其是西部边远落后地区和少数民族地区，小城镇建设缓慢，小城镇的规模一般都比东部发达地区的小城镇小，对当地经济发展的带动、影响作用也比较小，2002年我国东、中、西部地区建制镇发展对比见表0-4。

即使在一个省的范围内，受自然条件、经济发展水平等因素影响，小城镇的发展也很不平衡。1998年广东全省1554个

---

❶ 引自西方发展经济学对发展中国家地区经济的描述。

— 绪 论 ——

2002 年我国东、中、西部地区建制镇发展对比　　表 0-4

	2002年		2002年建制镇数量 （个）	1985年建制镇数量 （个）
	建制镇数量 （个）	建制镇数量占 全国的比重（%）		
东部	8113	41	2.7	
中部	6207	31.3	2.1	
西部	5491	27.7	2.8	
全国	19811	100	2.5	

建制镇中，珠三角有 410 个，东翼有 203 个，西翼有 248 个，其余分布在广大的粤北山区。珠三角地区不仅建制镇密度大，而且小城镇普遍经济实力强，城镇建设步伐快，已形成密集的城镇网络，而粤北山区的小城镇各方面则明显落后。

0.4.3.2　建制镇密度差异

与小城镇的数量相对应，我国小城镇的密度从总体看也呈东高西低状态。1996 年，我国东部地区每千平方千米小城镇数为 8.5 个，而中部地区小城镇密度仅为 1.8 个/千 km^2，西部地区甚至只有 0.77 个/千 km^2，差异是何等悬殊。陕西的吴中平原平均每 $290km^2$ 有一个建制镇，陕北则平均每 $855km^2$ 才有一个建制镇；江苏南部平均每 $30km^2$ 有一个小城镇，而苏北则平均 $70km^2$ 才有一个。

即使在同一个省份内，这种密度差异也表现得非常明显。以山东省东部的青岛、烟台、威海、潍坊与西部的聊城、德州、滨州、菏泽为例，东部 4 市共设 528 个镇，平均每万 km^2 有 115 个镇，而西部 4 地市共设 264 个镇，平均每万 km^2 只有 67 个镇；建制镇个数占乡镇总数的比例，东部 4 市为 84%，其中威海达到了 100%，而西部仅为 38%；东部小城镇的整体经济实力和建设水平都远远高于西部小城镇，建设水平较高的一批小城镇也主要集中在东部。在省政府公布的经济实力

200强乡镇中,青岛、烟台、威海、潍坊4市占60%以上,而西部4地市还不足2%。

0.4.3.3 经济实力差异

在全国小城镇经济实力整体增强的同时,各地区小城镇经济实力的差异也在逐渐拉大,2002年全国财政超过亿元的建制镇达到357个。其中最高的高达19.4亿元,是西部边远地区小城镇的数百倍。这些经济发达小城镇主要分布在东部沿海地区,平均每个镇乡镇企业实交税金总额为1.7亿元,而全国平均水平仅为0.09亿元。这种差异在同各省份内部也普遍存在。2002年重庆市都市发达区平均每个建制镇实现财政收入543.35万元,分别比渝西经济走廊和三峡库区高1.7%和61.9%,人均存款余额都市发达区人均6417元,分别是渝西经济走廊和三峡库区的1.2倍和1.9倍。

上 篇

小城镇发展概论

1 小城镇，大战略

1.1 中国城镇化发展历程

1.1.1 城镇化概念及其发展机制

1.1.1.1 城镇化概念

国内对于"城镇化"和"城市化"的名称在一段时间内争论较多。按照我国《城市规划法》，对城市定义为"国家按行政建制设立的直辖市、市、镇"，建制镇属于城市范畴。城镇包括设市建制的"市"与市以外的其他建制的小城镇，城市化和城镇化二者的外延基本相同。我国走的是大中小城市和小城镇协调发展的中国特色城镇化道路，故本书采用"城镇化"提法。

(1) 概念

由于各学科的研究特点不同，对城镇化的理解也有差别。

1) 人口学认为：城镇化是乡村人口转化为城市人口，城镇数目和规模不断增加和扩大的过程。

2) 地理学认为：城镇化是产业空间集聚引发的地区产业结构转化、劳动力和消费区位转移的过程。城镇化是地域的土地和人的劳动相结合、丧失乡村性质、获得城市性质的过程，包括地域内城镇数量的增加和单个城镇范围的扩大。

3) 社会学认为：城镇化是在经济、人类文化教育、价值观念、宗教信仰等因素综合作用下乡村生活方式转化为城市生活方式的社会变迁、社会结构变化的过程。其本质不仅是人口向城市集中，还包括城市生活方式的扩散。城镇化包括了形态的城镇化、社会结构的城镇化和思想感情的城市化三个方面。城镇化是一个经济发展、经济结构和产业结构演变的过程，又是一个社会进步、社会制度变迁以及观念形态变革的持续发展过程。

4) 经济学认为：城市化是以工业化为原动力，人口经济活动由乡村向城市、由农业向非农业、生产方式由自然经济转化为城市社会化大工业生产的转移过程。

5) 生态学认为：城镇化是人类寻求最适宜生态区位的过程中印发的人口从乡村流向城市的过程。

上述从不同学科对城镇化概念进行解释，由于研究的侧重点不同而有不同的内容。严格说来，应将城镇化的概念与其内涵分开阐述，以求概念表述的言简意赅和科学准确。可以认为，城镇化是乡村人口和非农产业由乡村地区向城镇地区地域集中以及城镇数目和规模不断增加和扩大、城市化水平不断提高的过程。这个过程的内涵包括：

一是城乡人口分布结构的转换，人口由分散的乡村向城镇集中，城镇规模和数量不断增多，城镇人口比重提高；

二是产业结构和社会结构的转换，区域产业结构提升，劳动力从第一产业向第二、三产业转移，人类社会从传统的农业社会向工业化社会转变；

三是城镇空间形态和形态的优化，城镇建成区规模扩大，新的城镇地域、城镇景观形成，城镇基础设施服务设施不断完善；

四是人们价值观念和生活方式的转换，城市文明、城市生活方式和价值观念向乡村地区渗透和扩散，传统乡村文明走向现代城镇文明，最终实现城乡一体化和现代化；

五是经济要素集聚方式的变迁或创新，在技术创新和制度创新的双重推动下,人口、资本等经济要素更加合理、高效地在城乡之间流动、重组,经济发展和人均国民生产总值提高。内涵之外,城镇化引发了深度、广度上的拓展。从深度上看,城镇化体现了城市现代化,包括城市结构优化、质量提高、功能完善、中心作用强化。从广度上看,城镇化体现了乡村地区城镇化,原有乡村城镇的进一步发展,新城镇产生和产业、人口由原有城市中心向四周乡村扩散的逆城市化。

从城镇化的内涵与外延可以看出:从变化类型看,城镇化包括数量的城镇化和质量的城镇化。前者指人口和非农产业在城市中的地域集中,后者指乡村型景观逐渐转化为城市型景观,城市的经济、社会、技术体系等在城镇等级体系中扩散并进入乡村地区,城市文化、城市生活方式和价值观在乡村地域扩散。从形态看,城镇化包括物质形态的城镇化和非物质形态的城镇化。前者指人口、非农产业、地域景观向城市集聚和扩散;后者指生活方式、思想价值观念由城市向乡村扩散。

城镇化的本质特征先是集聚,其次才是扩散。聚集是城镇化的明显特征,城镇是技术、资金、商品、市场、能源、交通、通讯、人力等资源的集合中心,有着极大的聚集效应,是区域经济的主要增长点。

(2) 计算方法

目前,我国城镇化水平以城镇人口占总人口的比重来衡量,其中城镇人口以人口普查数为基数。我国2000年进行的第五次人口普查重新确定了城乡人口标准:一是按人口密度在1500人/km² 以上无论户口是乡村籍还是城镇籍均统计为城镇人口;二是引入了建设延伸区的概念,在城镇建设延伸区内的乡村户籍人口按城镇人口统计;三是在城镇居住半年以上的常住人口不论其原籍户口是否在本地均统计为城镇户口。

(3) 城镇化发展阶段

城镇化是人类的生产活动和生活活动随着社会生产力发展,由乡村向城镇转换和扩大的过程,其动力源于经济发展。经济发展是推动城镇发展的原动力,经济发展速度加快,加速城镇化发展,并体现在城镇化的不同发展阶段。

① 城镇化初始阶段,农业经济占主导地位,农业人口占有绝对优势,城镇化水平很低;

② 城镇化的加速阶段,现代化工业基础的逐步建立,经济得到相当程度的发展,主体逐步从工业经济转化为技术经济和知识经济,工业规模和发展速度加快,农业生产率也得到相应提高,解放乡村劳动力,加快乡村人口向城镇集中,加速城镇化发展。

③ 城乡一体化阶段,城乡之间生产要素自由流转,在互补性的基础上实现资源共享和合理配置,城乡经济、城乡生产、生活方式、城乡居民价值观念协调发展。这是城镇化的高级阶段。

1.1.1.2 城镇化发展机制

(1) 产业结构的演进

城镇化发展的一个基本特征是产业的非农化。农业的发展是城镇化的基础和前提,工业化是城镇化的"发动机",第三产业是城镇化的后劲力量。产业结构的演进改变了城镇的形态和规模进而影响城镇化的发展过程。

农业的发展使得大量农村剩余劳动力解脱出来,可以从事其他生产活动。工业化初期,主导产业为劳动密集型产业,需要大量的廉价劳动力,可以带动众多人口走向非农化,但这些产业间联系较少,依存度低,因此城镇发展的规模一般较小,城镇化的过程也相对较慢。工业化中期,以钢铁、机械、电力、石油、化工、汽车工业等资本密集型产业为主导,产业间联系紧密,导致产业在空间集聚范围上迅速扩大,引起城镇化加速发展,一般形成规模较大的城镇,城镇的带动作用也明显增强。工业化后期,技术的发展使得产业向技术密集型产业转化,生产效率的提高及工业生产手段、管理手段步入更现代化的阶段,致使工业生产部门对劳动力的吸纳能力大大降低。与此同时,第三产业随着人们对生活的新要求及现代化生产对基础设施、服务设施的新要求而发展壮大起来。第三产业继工业后继续吸纳大量的剩余劳动力,并赋予了城镇新的活力,使城镇化进程迈向更高层次。中国城镇化发展的区域差异明显,各地区处于不同的发展阶段,在不同地区的发展特征是极不相同的。在东部沿海地区,工业化后期的特征已相当明显,产业发展处于较高的阶段,传统的劳动密集型产业已经开始向外转移,在大中城市发展的辐射下广大小城镇也不断优化产业结构,促进城镇化的发展。而在广大中、西部地区的中小城市和城镇里,仍然存在着明显的工业化初期的特征,城镇化动力不足。

(2) 生产要素的空间集聚

生产要素的空间集聚是生产力发展到一定水平后的结果,是城市发展的最基本动力。工业化的根本特征是生产集中性、连续性和产品的商品性,所以要求经济过程在空间上要有所集聚。生产要素(产品、资本、劳动力)向城镇地区的空间位移,带来人口的集聚化、规模化。正是由于这种集聚的要求,促成资金、人力、资源和技术等生产要素在有限空间上的高度组合,从而促成城镇的形成和发展,使城镇化成为现实。例如,广东省在过去20年的工业化进程中,产业主要向珠江三角洲地区集聚,该地区吸引的外来人口占广东省所有外来人口的80%,近年实际利用外资占全省的80%左右,工业总产值为全省的近60%左右。正是由于产业高度集中于珠江三角洲地区,该地区城镇的发展处于全省的领先地位,城镇发展水平最为发达、城镇密度最高,城镇体系也最为完善。可见,生产要素的集聚是城镇发展的一个主要动力。

(3) 人口流动

实现城镇化最基本的是要实现人口的城镇化，中国农村人口数量大，而按照目前农村的经济条件，采取当地城镇化的模式是不可能有效加快城镇化进程的。只有通过乡村人口的异地城镇化才能更有效的促进城镇化进程，因此，乡村人口向城市迁移是实现人口城镇化的基本途径。中国目前有大量乡村流动人口，绝大部分生活在现有的大、中、小城镇中，尤以大城市和特大城市为主，这些流动人口是加快城镇化进程的巨大力量。受有限的城市发展空间的限制，大中城市的人口容量趋于饱和，小城镇从而成为新时期城镇化进程中吸纳农村剩余劳动力的主要据点，在城镇化进程起着不可替代的作用。

(4) 城乡间的相互作用

城乡间的相互作用，即农村地区的推力与城市地区的拉力，是城镇化发展的基本动力之一。这种相互作用主要体现在几个方面：一是城市地区对周边地区的辐射与带动作用；二是小城镇对中心城市辐射与扩散的吸纳能力，以及其作为"城之尾、乡之首"所起的传递力；三是农村地区由于农业的发展，而对人口向城市迁移的推动力；四是各种区域性的基础设施，尤其是连接城乡的空间交通网络对城乡间相互联系作用的加强。在几种作用力的综合作用下，农村人口不断流入城市，使城镇化持续提高，而城乡间的相互作用则会使一个地区形成新的城镇体系。小城镇作为连接城乡的桥梁，在城镇体系中起着承上启下的作用，对各种作用力起传递与加强的作用，使城镇体系结构更完善，相互间联系更紧密。

1.1.2　城镇化发展特点及其发展历程回顾

随着乡村经济体制改革的深化，农业生产力水平的提高，特别是乡镇企业的崛起，乡村产业结构发生了深刻变化，二、三产业大幅增加,有力推动了小城镇的发展。据国家统计局统计,1978年,我国有城镇人口1.72亿,1989年为2.95亿,1997年为3.69亿,到2001年底,我国城镇人口已达4.8064亿,城镇化率达到37.66%,城市数量达662个。

回顾我国城镇化发展历程,城镇化有以下特点:

1.1.2.1 城镇化历程阶段性明显

图1-1为我国1949~2001城镇化水平增长曲线。从该曲线可以看出,以1978年为界,我国的城镇化主要经历了两个不同的阶段。

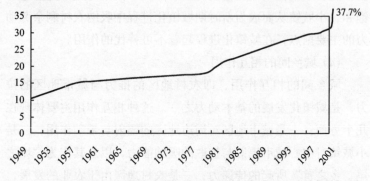

图1-1 我国1949~2001城镇化水平增长曲线

(1) 1978年以前城镇化低速增长时期

1978年以前,我国一直处于城镇化发展的初期阶段。这个阶段的城镇化水平非常低,波动大,进程缓慢。新中国成立以后,主要选择发展重工业的道路,而劳动密集型产业及第三产业的发展十分有限,因此这一时期工业化对农村剩余劳动力的吸纳能力十分有限。加上各种政策及户籍管理制度的限制,导致了城乡二元结构相当明显,城市与乡村之间形成了一条无形的鸿沟,农村人口长期被拒于工业化进程之外,城镇化的发展受到严重的阻碍。

由于政策的原因,城镇化的发展波动明显,期间又可以分为三个不同的子阶段：① 1950~1957 年的正常发展阶段，城镇化水平从 1950 年的 11.2% 发展到 1957 年的 15.4%；② 1958~1960 年的过度城镇化时期，受"大跃进"与人民公社化的影响，三年间城镇化水平迅速提高到 1960 年的 19.8%；③ 1961~1978 年的停滞发展阶段，受"文化大革命"的影响，这段时间的城镇发展基本停下来，1978 年城镇人口的比例只有 17.9%，低于 1960 年的水平。

(2) 1978 年后城镇化快速发展时期

1978 年以后，随着改革开放的深入，社会经济得到前所未有的大发展，城镇化也相应进入一个崭新的发展阶段。城镇化水平从 1978 年的 17.9% 发展到 2001 年的 37.7%，是改革开放前的近 3 倍，并且已经超过国际上一般的 30% 快速发展的临界值，说明目前中国的城镇化已经踏入快速发展的阶段。

这个时期的城镇化进程最初是因为家庭联产承包责任制的推行，使广大农民家庭重新获得土地经营权，农民拥有部分剩余产品可以在集市上自由出售，而且经营个体手工业、服务业及商业也均为政策所允许，城镇集市贸易由此得以恢复和发展，从而使得城镇化进程得以恢复。随后，乡镇企业的迅速发展，成为城镇化进程中的主要动力。乡镇企业具有共同使用能源、交通、信息、市场及其他公共设施的客观需求，同时它在专业化协作方面也有相对集中的需要，因而乡镇企业伴随其发展而不断向集镇集中，促进了乡镇基础设施和社会服务事业向城市的方向发展，加快了小城镇发展的步伐，从而促进了城镇化水平的提高。

1.1.2.2 城镇化滞后于工业化进程

城镇化是经济发展的必然结果和空间表现形式，城镇化的发展与工业化的发展是相辅相成的。在中国，由于受观念、体制、政策等方面的制约，城镇化进程仍严重滞后于经济发展水平和工业化的发展。目前我国的城镇化水平还远远低于国际上公认的城镇化标准(即一个国家或地区城镇人口占总人口的比重达到70%)。国际上通行的城镇化与工业化(工业增加值占GDP的比重)之比为1.4~2.5,而我国仅为0.608。这说明了中国的城镇化严重滞后于经济发展水平和工业化水平。也就是说,与中国当前相适应的城镇化水平应可以提高很多。中国城镇化水平滞后于工业化水平,必然对社会经济的发展产生一系列负面效应,严重限制中国工业化和现代化的进程。

1.1.2.3 部分地区形成城乡整体化发展的格局,但总的来说,城乡发展仍存在严重的空间失控

改革开放以来,珠江三角洲、长江三角洲等发达地区,城镇规模、数量不断增加,城镇的经济实力逐步增强,城乡间联系紧密。各个城镇的功能逐步实现多样化,网络化基础设施不断完善,使得城镇间交流更加密切化,初步形成了城乡协调、类型完备的多层次城镇体系,城乡整体发展格局日益清晰。

但总体而言,在全国范围内,城乡发展存在严重的空间失控,主要表现在:一是大城市、特大城市建成区不断向外蔓延,城乡接合部建设布局杂乱;二是小城镇规模不尽合理,一些发达地区小城镇已经达到小城市乃至中等城市的规模,但各种设施仍只按小城镇的标准建设,严重限制了这些小城镇的发展,而在一些地方小城镇的规模又过小,未能发挥规模效应及城镇应有的集聚效应;三是乡镇企业、开发区等过于分散,缺乏规划指导,资源没有得到有效的配置,导致对资源的利用呈现低效的状况;四是城镇间职能分工不明确,城镇间由于缺乏高度的产业关联和有效的协调机制,从而始终未能形成以功能性地域为基础的城镇职能的分工体系;五是城镇发展结构趋同、互相攀比、重复建设等现象严重;六是缺乏区域协调发展机制,基础设施的建设布局往往与城镇的布局不够协调。

1.2 小城镇在城镇化中的地位和作用

1.2.1 小城镇在我国城镇化进程中的地位和作用

1.2.1.1 小城镇在城镇化初期的地位与作用

城镇化初期的主要特征是以农业为主，城镇化水平低。一般来说，这一时期城镇体系的首位度较大，中小城市发展不多，城镇体系中主要由小城镇构成。这时的小城镇一般为镇域经济、政治、文化中心，作为小型的商品集散地，对城镇化进程的推动作用并不明显。

1.2.1.2 小城镇在城镇化加速发展阶段中的地位与作用

城镇化的加速发展阶段，经济得到相当程度的发展，工业化进程与城镇化进程齐头并进。这时工业规模和发展速度加快，现代化工业基础的逐步建立，主体逐步从工业经济转化为技术经济和知识经济，同时农业生产率也得到相应提高，加快乡村人口向城镇集中，加速城镇化发展。

在中国，小城镇在城镇化快速发展时期占有重要的位置，这一阶段小城镇对城镇化的作用主要体现在与乡镇企业共同发展，促进农村工业化进程。中国城镇化的快速发展很大程度是由乡镇企业带动起来的，而小城镇正是乡值企业发展的主要载体。小城镇的发展，为乡镇工业的发展提供了许多便利条件，更主要的是提供了市场条件，有利于采购原料、推销工业品、筹集资金，雇请劳动力，进一步加快工业发展步伐。有了星罗棋布的小城镇，才能真正把我国的大城市、中等城市、小城市以及农村连成一个有机的整体。全国统一市场才能有效地形成，千家万户的农民才能和城里的人一样进入市场，工农业二元结构的消亡才成为可能，整个国民经济才能建立在良性循环的轨道上健康发展。

以珠江三角洲为例，改革开放以来，珠江三角洲工业发展最为引人注目的是乡镇工业的迅速崛起，以乡镇企业和"三资"企业为主体的乡镇工业的快速发展，是珠江三角洲地区小城镇发展的共同特征，乡镇工业的增长速度及其对经济的贡献，已经超过了其他经济成分。很多小城镇通过培育主导产业，发展与之配套的关联产业，延伸产业价值链条，已经形成相当规模的企业集群或者是"准企业集群"，并利用其他城镇的企业资源与之配套协作，从而在更大的空间范围内拓展产业链条，共同形成了珠江三角洲产业配套优势和雄厚的制造产业平台，成为珠江三角洲下一步参与国际、国内竞争的核心竞争力所在。

小城镇的建设和繁荣又为乡镇工业创造了良好的活动空间，为工业的进一步发展提供了条件，从而促进工业化与城镇化的发展。小城镇规模的扩大和功能的完善，使其更有效地接受城市的新技术和信息的辐射，为乡镇工业发展提供支持。乡镇企业发展多年来的一个主要问题是布局过于分散。布局过于分散，不仅不利于节约土地、防治污染，而且给乡镇企业自身发展带来障碍和投资的不经济性，加大了经营管理难度。因此，乡镇企业自身发展要求集中布局，享受城镇内部功能，获得更好的经济效益。小城镇的建设正好可以解决乡镇企业的这些问题。一是发挥工业生产的聚集效应，收到聚集效益。由于在小城镇内的相关公共设施是合建共用的，这就大大减少了乡镇企业的投资成本，企业间互相传播技术、信息和经营管理经验，可以共同提高。二是发挥商品流通的集聚作用，许多乡镇工业采购的原料、销售的产品就在小城镇进行，这就畅通了乡镇工业的流通渠道。三是发挥城镇交通、邮电的枢纽作用，发挥农村科技、教育、文化、卫生和金融等服务中心作用，为乡镇企业生产提供良好的服务，同时，也改善居民的生活条件和文化教育条件，有利于提高乡镇企业职工及家属的身体素质、文化技术素质和思想政治素质❶。

1.2.1.3 小城镇在城乡一体化阶段中的地位与作用

城乡一体化阶段是城镇化发展的高级阶段，主要特征是城乡之间生产要素自由流转，在互补性的基础上实现资源共享和合理配置，城乡经济、城乡生产、生活方式、城乡居民价值观念协调发展。小城镇作为"城之尾、乡之首"的特征，在这一阶段中将得到充分的体现。

小城镇作为连接城市与乡村的纽带和桥梁，有助于城市的这两种作用力的发挥，加速城市与乡村之间各种要素的流动，进一步推进城镇化与城乡一体化进程。迅速发展起来的小城镇是城镇体系中的重要结点，小城镇的发展与城镇化及城乡一体化有密切的关系，小城镇的发展对加速农村城镇化、完善城镇体系和实现城乡一体化具有十分重要的作用。由于它处在特殊的位置——"城之尾、乡之首"，能真正起到联系城乡的作用，而以大城市为中心、中小城市为骨干、小城镇为基础的多层次城镇体系的形成又促进了小城镇的不断发展与壮大。广大的小城镇可以建设成为商品的集散地、农村剩余劳动力的中心基地、市场信息的发布基地以及农业社会服务的中心基地，从而激励农民离土、离乡，进入城镇，改变人口结构，加速农村城镇化、城乡一体化的进程。

1.2.2 小城镇在城乡一体化发展中的地位和作用

在城乡关系中，城乡一体化是城乡系统趋于协调发展的高级阶段。我国的小城镇介于大中城市和广大农村之间，是我国

---

❶廖伟权，邓伟根．试论中国特色的农村工业化、城镇化道路。南方经济，1997(5)

的中间发展带,其接触面最大,易引进大中城市的技术、资金和人才等;受计划经济体制的影响相对较小,易于改革。同时,作为广大农村地区的增长极,小城镇是促进农村工业化和农村经济结构转型的地域载体,城乡生产要素流动和组合的传承中介,也是加速推进农业和农村现代化的重要突破口。因此,小城镇在城乡一体化发展中起着重要的作用。

1.2.2.1 城乡一体化

(1) 城乡一体化的概念

对城乡一体化的概念存在不同的认识和理解,有的认为"所谓城乡一体化是指将城市的发展和规划、城郊的发展和建设,纳入整个经济社会发展的这个大系统,并使系统内的各个组成部分之间的关系趋于适应、协调、和谐"。也有认为"以功能多元化的中心城市为依托,在其周围形成不同层次、不同规模的城、镇、村及居民点,各自就地在居住、生活、设施、环境、管理等方面实现现代化。城市之间、城市与镇乡、村及居民点之间,均由不同容量的现代化交通设施和方便、快捷的现代通讯设施连接在一起,形成一个网状的、城乡一体化的复合社会系统……"。经济学家认为:城乡一体化是城乡之间生产要素的合理流动和优化组合,在互补性基础上,实现资源共享和合理配置。其他学者对城乡一体化也有不同认识和见解,不一一列举。

综合各类学科的研究,可以认为:城乡一体化是城镇化的高级阶段。它是城市与乡村在经济、文化、人口、生态、空间等要素上交融、协同发展的过程,消除城乡二元结构差别,使高度发达的物质文明和精神文明达到城乡共享。在这一过程中,并不是所有乡村都变成城市,更不是城市乡村化,城乡差异仍然存在,城乡分工与多样化也依然存在,是城乡高度相互依赖,最终实现以城带乡、以乡补城,互为资源、互为市场、互相服务、协调发展。

城乡一体化的内涵包括:

1) 城乡政治一体化:消灭城乡居民在参与国家政策、决策方面的差别,在生产关系上体现共同利益。

2) 城乡经济一体化:以小城镇为纽带,促进城乡生产要素的合理流动和优化组合,调整和优化城乡产业结构,城乡合理分工,促进城乡工农业发展的互补和企业的密切联系,逐步实现乡村现代化;调整城乡布局;建立城乡统一市场体系,改变城乡价格扭曲、确立比价关系。城乡经济一体化主要表现为三大产业在城乡之间进行广泛联合,城乡经济相互渗透,相辅相成,共同繁荣城乡经济局面。

3) 城乡人口一体化:促进城乡人口的合理流动,有效地利用城镇公共资源,并为农业规模经营创新条件。

4) 城乡文化一体化:提高乡村居民文化水平,传播现代精神文明,消除落后地区愚昧、穷困的状态。

5) 城乡空间一体化:城乡间建立完善通达和快捷的交通、通信网络,城乡联系有序。

(2) 实现城乡一体化的意义

城乡一体化促进了资源配置的最优化,减少了资源的不必要和盲目消耗,促进可持续发展;同时,城乡一体化有利于提高人口素质,特别是广大农村人口素质,使他们享受现代文明,从而有利于整个社会的进步。

(3) 城乡一体化的发展阶段

城乡一体化是一个动态的发展过程,它的发展大体可以分为三个阶段:

第一阶段:乡村工业化迅速发展阶段。乡村工业化是城乡一体化的物质基础,也是城乡差距缩小的基础,其突出表现就是产业集聚。产业集聚是城乡一体化的内核。

第二阶段：乡村工业结构升级和城乡产业的联合。乡村产业与城市产业的联合是城乡一体化的关键。

第三阶段：城乡社会经济政策的平等，城乡人民生活方式、思想观念、就业机会、政治机会的平等。

1.2.2.2 小城镇促进城镇化与城乡一体化的发展

党的十五届三中全会通过的《中共中央关于农业和乡村工作若干重大问题的决定》指出："发展小城镇，是带动乡村经济和社会发展的一个大战略。"《中共中央、国务院关于推进小城镇健康发展的意见》指出："加快我国城镇化进程，实现城镇化与工业化协调发展，小城镇占有重要的地位。发展小城镇，可以吸纳众多的乡村人口，降低乡村人口盲目涌入大中城市的风险和成本，缓解现有大中城市的就业压力，走出一条适合我国国情的大中小城市和小城镇协调发展的城镇化道路。"

以"自下而上"为主要特征的小城镇工业化发展模式，决定了小城镇是城镇化发展的主体。即使近年来区域发展重心逐步在向大、中城市偏移，但小城镇仍是劳动密集型产业和外来人口的主要集聚点。以珠江三角洲为例，2001年，小城镇总人口2173.85万，占珠江三角洲总人口的53.3%，其中包括近800万外来暂住人口，占总人口的1/3以上，一些发达地区城镇还普遍存在外来人口数量远高于本地人口的情况。以东莞市为例，"五普"统计，全市32镇区中，有5个镇的人口密度超过中心城区，莞城的人口密度和规模仅分别居各镇区人口密度和规模的第2位和第11位，这表明，该地区的城镇化不是以中心城区为核心的集聚式发展，而是以小城镇为主要载体分散发展的区域性城镇化。

1.2 小城镇在城镇化中的地位和作用

当前小城镇作为"城之尾，乡之首"，是联系城市与农村的纽带和桥梁，小城镇这种特殊的地理位置使得其在城镇化及城乡一体化进程中具有不可替代的作用。小城镇的发展促进了城乡间生产要素的合理流动和组合优化，消除城乡分割，促进城乡联合，使城乡和谐地实现一体化。通过发展小城镇，促进农副产品的加工、储运，促进乡村交通运输业的发展，加快农业产业化进程，可以有效增加农民收入，提高农民生活水平，扩充乡村市场的需求规模和容量，从而加快市场的开拓与培育，有利于改变当前国内需求不足和农产品阶段性过剩状况，也有利于改变长期存在的产业的城乡二元结构，改善农民的生活质量和传统的生活方式与思想观念，逐步缩小工农差别和城乡差别，进而提升农业、乡村和农民的现代化水平。

(1) 小城镇的发展吸纳大量乡村剩余劳动力，转变农民生产方式

农业劳动生产率的提高、乡村市场开拓和商品经济的发展及其所带来的乡村产业结构的调整，使乡村每年都有大量剩余劳动力需从农业部门转移出来。越来越多的农民走出了封闭的村落，走向城镇就业和落户。乡村剩余劳动力不仅关系到我国城市发展基本方针的贯彻落实、大城市发展规模的有效控制、区域城镇体系模式的建立；也关系到农村自身建设和小城镇的发展，因此是城镇化和城乡一体化的关键。

首先，小城镇成为吸纳乡村剩余劳动力的主体。

小城镇的发展由乡镇企业推动，乡镇企业向小城镇集中并带动了第三产业的发展，从而更快的带动小城镇的发展。乡镇企业及第三产业的发展将使得小城镇具有比过去更强的吸纳农村剩余劳动力的能力。小城镇为农民转业拓展新的空间，正逐步成为务工经商人口集聚的中心和村民传统生活方式转变的中心。乡村剩余劳动力的合理转移与小城镇发展之间的良性循环

1 小城镇,大战略

是城镇化、城乡一体化的根本保证。

1) 小城镇是珠江三角洲人口增长和城镇化发展的主要载体。以珠江三角洲为例,改革开放以来,珠江三角洲基本上完成了一般工业国家 200 年才完成的从以农村人口为主体到以城镇人口为主体的城镇化历程,成为全国最重要的人口迁入地和全世界人口增长最快的地区之一。20 多年里,珠江三角洲吸收了近 2000 万外来人口,其中包括占全国 40% 以上的 1000 多万跨省迁移流动人口,一方面为中国农村剩余劳动力的转移提供了有效出路,维持了国家和社会稳定,另一方面又通过他们的大量回流将新的技能和观念输向了内地,起到了良好的人才培训作用,这是珠江三角洲改革开放以来为全国做出的最大贡献之一。见图 1-2。

▫ 城镇群的主体是中心城市和建制镇;
▫ 人口密度从西岸到东岸呈渐次递增;
▫ 非农建设用地增长最大的是建制镇。

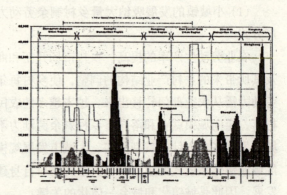

图 1-2 珠江三角洲人口密度分布及非农建设用地增长情况

2) 据浙江省农普资料显示,乡村流动人口的流动范围并不大,83% 以上集中在省内。分析其原因,从总体上看,目前相当多农民以兼业形式从事非农业生产,较近距离地流动,有助于他们完成从完全从事农业生产至兼业,再至完全脱离农业生产的过渡。同时,在目前国家对农民的流动缺乏系统的宏观指导的情况下,农民流动迁移,相当程度上靠的是地缘与血缘关系牵线搭桥，较近距离的小城镇可以更好地满足这些方面的要求。小城镇是比乡村聚落高一层次的居住实体，具有相对较强的吸引力，因此成为周围乡村剩余劳动力转移的首选之地。

3) 城市的工业对农业剩余劳动力的吸纳能力有限，城市的现有基础设施和社会服务设施也难于承受大量农业剩余劳动力的不断涌入。而且，随着社会经济发展，大中城市的社会经济发展逐渐从外延式转轨至内涵式的发展模式，城市就业制度改革，劳动力资源配置通过市场调节，大中城市对乡村流动人口的吸纳力自然有所下降。流动人口在大中城市寻找谋生职业受到较为严格的户籍制度制约，城市对乡村剩余劳动力的吸纳也主要局限于建筑业、服务业或较艰苦的工种，相反，在小城镇中从事非农产业经营活动受到户籍方面的制约要小得多，"门槛"相对低。加之小城镇数量多、分布广，能够就近容纳大量的乡村剩余劳动力，还能够最大限度地吸纳依然从事农业的劳动力及其所赡养人口迁来居住。

4) 小城镇在经济合理性上尽管整体效益可能不如大中城市，但其在低层次制造业发展上具有结构上的合理性；它既满足了一般非农产业的空间集聚要求，又可降低乡村人口的迁移成本，符合人口分布与迁移的客观规律。这满足了经济利益最大化及最小成本决策目标。

5) 20世纪80年代以来，尽管乡镇企业总体上处于分散发展的态势，但客观上也存在着小城镇及其周围乡镇企业发展较为迅速的事实。如果政府从政策上加以引导，使乡镇企业适度集中，小城镇就可以成为吸引乡村流动人口的主要渠道。

6) 小城镇大量吸纳乡村剩余劳动力也是就近建设农业地区增长中心带动乡村地区建设的需要。吸引过来的人口、资金、企业等给乡村城镇化带来巨大的机遇，使乡村在小城镇的引导下配合城市再开发，集中大量分散的乡镇企业，发挥集聚效益；同时协调城乡建设。事实也证明，经过多年的建设，我国小城镇已具有了相当的规模和基础，具备了容纳乡村流动人口的初始条件，小城镇发展对城镇化的贡献越来越大。1978年至2001年年底，我国建制镇个数由2176个增加到20374个，平均每年新增小城镇800个左右，每年转移乡村人口1000万人，这10余年中有超过1亿的乡村人口落户小城镇。1999年和1980年相比，江苏的小城镇由113个增加到953个，同期全省总人口由5938.19万增加为7213.13万，增长21.47%；城镇人口由901.78万增加到2520.09万，增长179.45%；其中小城镇人口由265.37万增加为834.25万，增长214.37%；19年间，江苏城镇人口增加了1618.31万，其中小城镇人口增加了568.88万，小城镇对江苏城市化的贡献率达35.15%[1]。

其次，小城镇促进了农民生产方式的转变。

作为乡村经济活动中心的小城镇，接纳了农业剩余劳动力务工经商，从而改变了这部分人长期依赖土地的生产方式，自然也提高了这部分人的收入水平。抽样调查显示，调查镇平均社会商品零售总额为1580万元，其中生产资料占34%，生活资料占66%，平均每个调查镇镇区集贸市场4个，年商品贸易成交额达1.9亿元。小城镇镇区的居民收入在乡村中居较高水平，镇区居民人均纯收入为3100多元，比全镇（含乡村人口）平均水平高900多元，比全国乡村人均纯收入高出近一倍。此外，小城镇作为乡村提高科技文化水平的据点，推进了农业科技的进步和应用，使农业更多地依靠科技，加快了传统农业向现代农业的转变，促进了农业产业化进程和农工贸一体化经营的发展。

---

[1] 陈颐. 小城镇的发展和中国城市化. 江苏社会科学

(2) 小城镇的发展与乡镇企业的发展相辅相成，推动了城镇化

目前，我国的乡镇企业还处于分散发展的态势，但客观上存在着小城镇及其周边的乡镇企业较乡村乡镇企业发展迅速的事实。究其原因，主要包括以下几方面：

1) 小城镇历来是乡村的中心，在地缘上比城市更接近乡村，且与乡村在行政上具有管辖关系；

2) 目前，我国的乡镇企业正处于结构调整体制与创新过程中，小城镇具有比乡村优越的基础设施条件和物质设施条件，所以在小城镇发展乡镇工业代价小、成本低、灵活性大。

3) 小城镇作为乡村科研基地，在引进先进适用技术上较乡村更为及时，这些技术在企业间相互传播和共同开发，既节省了科研投资，又增加效益，对于乡镇企业的新一轮发展和提高是非常有利的。

小城镇为乡镇企业提供了适宜的土壤，同时，乡镇企业成为小城镇迅速发展的最主要动力。乡镇企业向小城镇集聚，增强了小城镇作为生产中心的功能。如长江三角洲和珠江三角洲的小城镇就成为重要的制造业基地，甚至形成了外向型经济的特点。这种集聚产生产业带动效应，促进相关产业的发展，同时所带来的人口集聚扩大了小城镇的市场，推动了小城镇与外界物质、信息、资本、人才的流动，促进了第三产业的发展，从而推进城镇化的进程。

总而言之，小城镇就是城市和乡村之间的关联点，只有充分发挥小城镇的城乡中介功能，促进城乡结构，以城带乡，以乡促城，建立城乡之间分工协作的多形式，多层次、开放型的统一体，才能推动城镇化的进行，并逐步实现城乡一体化。

(3) 小城镇的发展促进城乡经济一体化

城乡经济一体化主要表现为城乡生产要素的合理流动和优

化组合。小城镇的发展促进了生产要素的合理流动,使资源达到最佳配置,从而结合城乡优势,形成新的生产力,促进城乡经济的发展。通过小城镇而建立起来的新型的城乡经济关系打破了过去单一的由城市提供工业品和由乡村提供农副产品的分工格局。从生产要素上看,不仅是实物商品的交换,而且还要进行资源、设备、资金、技术、信息、人才等的交流。城市具备信息、技术、资金、人才、先进设备等优势,但在进一步扩展中受空间、人员、环境所制约而不能得到更充分的发展。而乡村拥有广阔的空间、丰富的自然资源和优美清洁的环境,而且随着劳动生产率的提高,出现大量剩余劳动力和剩余劳动时间。小城镇作为联系城市和乡村的桥梁和纽带,一方面将城市先进的技术、信息、管理方法等向乡村地区传递,促进了当地乡村经济的发展;另一方面,小城镇是当地农村农产品的集散地和农产品的加工基地,乡村的农产品或加工品也通过小城镇提供给城市居民。通过小城镇发展城乡间的横向经济联合,极大增强了城乡之间的相互依赖性。从城乡之间的商品流向等方面看,城乡之间相互依赖性包括:

1) 市场体系协调

随着劳动力、技术、资金在城乡的对流,也由于交通、通讯和金融业的发展,原来分割的城乡市场已日益融为一个统一的整体,城乡市场的协调性也表现为在分工基础上的互补性。乡村市场以消费品市场为主,城市中除了日常消费品市场外,还有投资市场或要素市场如劳务市场、技术市场、资本市场等。这种城乡市场体系的互补性反映了改革以来我国城乡分工与协作的新特点。

2) 产业结构协调

城乡产业结构和产业运行不再是在各自独立的封闭体系内,而是相互融合补充,构成有机统一体。

在乡村农业方面，小城镇可作为农业科技发展的载体和桥梁，促进乡村结构升级，优化品质，延伸加工链，促使农业由数量扩张型向质量效益型转变。小城镇提供就业岗位，吸收乡村规模经营释放的劳动力，使规模经营得以顺利实现。小城镇有助于农业的产前、产中、产后服务体系的建立，能够为农业产业化和农业生产经营社会化的实现提供条件。

小城镇作为乡村区域性的经济文化中心，是城市工业和城市经济向乡村传播与辐射的枢纽，同时又是市场经济在乡村的主要载体。小城镇既接近乡村原料地，又接近城市市场区，因此成为农副产品加工业和一些原材料加工业的集中地。我国乡村普遍存在非农产业组织程度低、集聚度不高、产品档次低、竞争能力弱、结构难以优化等难题。而通过发挥小城镇在要素集散、产业组织与协调、综合服务和创新等方面的功能，可以加速生产方式变革，提高经济组织化程度，实现以空间结构转化带动经济结构转型的目标，促进乡村工业化。

在第三产业方面，小城镇是乡村经济结构优化的重要推动力量。小城镇自古以来就是乡村第三产业的集聚点。小城镇产业集聚和人口集中效应的发挥，推动了二、三产业的发展，第三产业已成为小城镇发展的重要组成部分。从抽样调查看，第一产业人口仅占就业总人口的17%，第二产业就业比重为44.4%，第三产业比重占38.6%，说明了城镇人口密集度和二、三产业比重的正相关关系。从镇区企业情况看，平均每个镇有企业950个，其中第三产业680个，占72.2%。随着小城镇社会经济的发展，企业和居民家庭对社会化服务业的需求范围将会越来越广泛，需求强度越来越高，第三产业在小城镇经济中的比重也将逐步提高。

3) 城乡建设协调

城乡建设的协调则指城乡之间有方便的交通，现代的通信，具有功能完备的住宅和现代水准的生活设施以及自然景观与人文景观相互协调的生活环境。小城镇作为密切大中城市同广大乡村之间联系的纽带和桥梁，也是改变乡村面貌的基地。加强小城镇建设将使乡村的供水、供电、邮电、通讯、交通等基础设施大为改善，同时促进乡村教育、医疗、文化、体育、商业、金融、保险、社会福利事业的发展。立足小城镇改善城乡建设布局，在带来乡村繁荣的同时也配合解决一系列"城市病"。通过分工、协作、联合、扩散等各种形式向小城镇及周围乡村地域转移过分集中的工业和一些远离原料产地以及不适宜大中城市兴办的工业(如排污量大、占地面积广或噪声过大的工矿企业)，减轻城市负担，而且可以吸纳部分城市过度膨胀的人口，促进城乡一体化。

4) 体制政策协调

改革开放以来，城市和乡村所实施的政策逐渐趋向统一。在城市，由城市居民无偿享受的各种福利待遇也成为改革的对象，国家不再统包居民就业，劳动力可以根据供求状况自主选择职业；在乡村，社会保障制度随着乡村经济的发展和改革的深入正在逐步建立，农民择业的自由度也空前增大。改革的实践已向我们表明，促进城乡之间相互融合的体制和政策障碍在逐步消除，阻碍劳动力自由流动的现行户籍管理制度也在进一步改革中。

(4) 小城镇发展与社会转型

随着小城镇为农民的分化聚变提供适宜的土壤和环境，居民职业结构发生变化；同时，小城镇的各种文化娱乐和公共设施，使小城镇居民及周边的农民能够广泛接触现代文明，促进了居民的生活方式、思想观念的发展变化，小城镇成为乡村社会转型的场所和载体。

1) 小城镇吸纳城市文明

城市集中了所有现代文明,它不仅是工业、商业、金融中心,同时也是旅游和集散中心、经济信息中心和科技文化中心。城市文明在日渐狭小的城市空间已不能充分发展,需要更广阔充裕的环境条件,这就使得城乡有了结合的要求。小城镇的兴起恰好顺应了这种要求。小城镇作为现代技术、城市文化和行为扩散的载体,成为乡村现代化的基地以及社会、文化生活的中心,传播城市现代科技、文化,提高乡村人口的综合素质,使城市文明得以被乡村地区吸纳。

2) 转变生活方式

城乡生活方式是由城乡生产方式所决定的,进而是由生产力水平所决定的。城乡生产力水平或劳动生产率的高低决定了城乡之间生活方式的差异性。城乡生活方式具有典型特征的差别是,城市居民的生活方式业余生活比较丰富;而乡村、特别是偏僻落后的乡村地区农民的情况正好相反:由于贫穷,物质匮乏,虽有业余时间但不能充分利用。这种情况正在发生明显的变化。乡镇企业的发展,农民自主择业度的提高,增加了农民的收入;而小城镇的发展,为乡村居民的新生活创造了条件。大大丰富了乡村居民的生活内容,与城市的差别也在逐渐缩小。

3) 思想观念转变

就城市和乡村不同的区域来说,城市的生产力水平高于乡村,城市居民的收入水平、文化水平和教育水平高于乡村居民,城市的社会保障体系较乡村发达,城市的生活环境总体优于乡村等等,由此导致城乡居民种种思想观念的差异。比如,乡村重男轻女、传宗接代的传统思想远较城市严重,原因在于乡村缺乏健全的保障体系。又如,城市居民较乡村居民容易接受新思想、新事物,具有开拓创新精神。小城镇是乡村政治、经济、文化的中心,同时也是扩散传播城市文明的基地和载体，将向广大农民宣扬新思想、新风尚，在潜移默化中缩小城乡居民的思维方式和思想观念差距。同时，随着小城镇的电力、自来水、通讯等基础条件的支持，农民的消费观念也将逐渐改变，购买彩电、冰箱、洗衣机等家电制品和服装、皮鞋等日用消费品就会大量增加。据有关部门测算，目前接近70%的农村居民在社会消费品零售总额中的份额仅为40%，小城镇人口的平均消费水平要比乡村高30%~40%。

1.3 城镇化发展趋势及其对小城镇发展的要求

1.3.1 向城市趋同的小城镇在城镇体系中的地位与作用

1.3.1.1 小城镇将成为新的地域结构转型主体，其发展将使城乡之间对流更趋频繁和广泛

小城镇与城市、农村将构成地域空间结构的三个主体，而在这个特殊的空间结构里，城市要素与农村要素逐渐过渡，相互渗透，相互作用，各种边缘作用明显，功能互补强烈，形成不同于典型城市又有别于典型农村的中间地带，是在传统的城市——农村二分法的地域体系中构筑的新型地域单元，既体现城市——农村过渡性的区位特征，又是城市化的边缘地，农村现代化的先导区，城乡关系的协调区❶。

小城镇的发展，是中国农村城镇化的具体地域空间表现形式，它将使城乡之间对流更趋频繁和广泛，为打破城乡二元社会结构，探索一条具有中国特色的城乡一体化道路提供新的途径。随着小城镇集聚能力的增强，各类生产要素聚集于小城镇，将加速与城市经济有着密切联系的农村工业基地

---

❶宁登，蒋亮．转型时期的中国城镇化发展研究．城市规划，1999(12)

的形成，这就为充分发挥城市经济的辐射功能提供了现实的可能，同时也为通过发展城市刺激并带动农村经济起步奠定了重要基础。事实上，小城镇的发展并不能脱离中心城市的经济辐射，凡是小城镇发展迅速的地方，除了自身经济基础较好的原因外，更主要的是有大中城市的强有力拉动。相反，小城镇的起步迟缓，则往往是因为缺少具有较强辐射能力的城市经济中心直接相关。因此，小城镇的发展同城乡经济融合和城市自身的发展是相一致的，小城镇的发展决不意味着必须放慢或停止大中城市的发展速度。在工业化因素的有力推动下，我国小城镇的发展将在加速城乡一体化发展方面发挥日益重要的作用。

1.3.1.2 小城镇将从单一功能向多种功能发展，逐步完善城镇体系的职能结构

随着小城镇各类设施的不断完善，更多的乡镇企业与大量人口将向小城镇集聚。小城镇的产业从过去单一的制造业逐步转向多元经济，产业与人口的集聚必然带动第三产业的大发展，从而促进小城镇的进一步发展，这将使小城镇从原来较单一的功能转向多种功能发展。小城镇进一步发展将表现为经济、文化、教育、科技方面的综合性发展。一方面，与城市经济扩散同步的现代文明的不断输入，将使转入小城镇从事非农业劳动的农村人口在经济收入显著增加的同时，其生产技能、生活方式、思维方式和行为方式也随之发生重大转变，对小城镇各项设施的需求变得多样化。另一方面，小城镇经济力量的不断强大，将促进其交通、教育、文化娱乐等公共设施和生活服务系统日益完善，使城乡之间在生活环境和生活质量方面的差距逐步缩小。两个方面的共同发展，最终结果使得小城镇的功能变得多样化。

1.3.1.3 小城镇的进一步发展将导致人口的跨区转移日益普遍化,进一步加快城镇化进程

小城镇开放性的不断增强,将使小城镇同大中城市之间以及小城镇与小城镇之间的经济联系更加密切和广泛。在此条件下,不仅农村人口有控制地向城市进行分流将成为可能,而且农村人口向小城镇的转移也会由目前区域内部的就地转移逐步向突破区域界限的跨区转移发展。事实上,这一农村人口转移模式的重大转变已经开始出现,并且发展速度很快。可以预见,随着区际流动的制度性障碍进一步清除和农民现代意识的不断增强,跨区转移的规模将日益扩大,并逐步成为农村人口向小城镇转移的主要方式之一。

1.3.1.4 小城镇的进一步发展将逐步形成功能互补、层次分明、疏密有致的城镇体系

小城镇发展的规模和速度是受特定区域内人口数量、产业构成、市场需求、交通条件等因素严格制约的,其中任何一个重要因素的变动,都会使小城镇产生或兴或衰的相应变化。因此,小城镇并非在任何地点和任何条件下都可以无限制发展。那种认为"大力发展小城镇将会使中国大地满天星式地布满小城镇,造成土地和能源的巨大浪费"的推论不仅缺乏根据,而且在经济因素成为小城镇发展主要动力的条件下是不可能出现的。在集中化效应的作用下,部分小城镇因条件适宜而逐渐发展为以农村人口为主的新型城市,成长为新的、能量更大的经济增长点,进而带动一批依托性和互补性小城镇群体协同发展,构成具有合理结构的城镇体系,这将是小城镇未来发展的一般趋势,也是我国独特的农村城市化道路的重要特征。

1.3.1.5 小城镇将成为我国自下而上城镇化发展的主要据点

自下而上城镇化制度的引入不仅改变了中国城镇化发展的

1.3 城镇化发展趋势及其对小城镇发展的要求

格局,同时也大大加快了中国城镇化的进程。自下而上城镇化的发展在丰富中国城镇化模式、加速城镇化进程的同时,由于其产生的制度环境与制度安排方式本身的特点,已经出现了诸如工业乡土化、农业副业化、离农人口"两栖化"、小城镇发展无序化和农村生态环境恶化等"农村病"。从发展的眼光或从发达的市场经济国家城市化的经验看,中国自下而上城镇化进一步发展存在较大的制度潜力,主要体现在城镇发展自组织机制的构建、经济要素自由流动制度的创新、流动人口"浮动"状态的稳定和城镇可持续发展力的维持与增强等方面。在新一轮发展中,中国自下而上城镇化制度安排的变迁应遵循民间行为与政府行为协调、就业目标与效益目标兼顾、集中布局与分散布局相结合、外延发展与内涵发展相结合及平等与开放5条基本原则,朝着实现农业规模经营与农村非农化、农村非农化与农村城镇化、农村城镇化与城镇建设体制三个环节适度同步或协调发展的方向推进新的制度创新,逐步使大部分农业剩余劳动力实现彻底的职业转变、地域转移和身份转换[1]。要实现这样的制度创新与农村剩余劳动力的转换,必须通过以现有农村城镇的发展或兴建新的城镇据点为主推进农村城镇化,而不是发展以大量农村剩余人口涌向现有大中城市的城镇化。小城镇具有特殊的地理位置——"城之尾、乡之首",在城镇体系网络中处于最基层,是我国城镇体系中的特殊的重要的结点,将成为我国自下而上城镇化的主要据点。一些小城镇具备了一些优点,如区位条件较好、具有便利的交通条件、较健全的基础设施等,能在一定区域范围内起到增长极所具备的两个作用,一方面以极化作用壮大自身力量,另一方面以扩散带动作用促进周边农村地区经济腾飞。有的小城镇在建设规模、基

---

[1] 刘传江. 中国城市化的制度安排与创新. 武汉:武汉大学出版社,1999(6)

础设施、城镇功能、镇容镇貌和综合经济实力以及诸如文化、卫生条件等方面进展迅速,甚至初具小城市规模。这类小城镇在区域经济发展中,特别是在联系城乡、服务农村当中起着巨大的能动作用。

我国一些地区,特别是沿海经济发达地区城镇化已进入加速发展期。预计未来相当长的一段时间内,中国人口迁移由西向东、由北向南的整体态势不会改变,加上交通运输状况的不断改善,人口流入沿海发达地区的局面仍将持续。在接纳更多人口进入城镇生活居住的同时,着力提高城镇化质量,是推进这些地区城镇化发展的主要任务。小城镇以劳动密集型加工业为主的产业特点,是小城镇比城市更易于消化外来人口的原因所在,虽然理论上说外来人口的增长势头会随着产业结构优化而有所减弱,但从珠江三角洲近几年产业转型过程中的人口变化特点来看,外来人口的增长趋势反而放大了,因为整体经济规模的扩大带来的劳动力需求增量大大超出了局部产业升级造成的用工减少数量。与城市相比,经济发达地区的小城镇还有很大的挖潜改造余地和更广阔的就业空间,还将继续为这些地区乃至全国的城镇化发展做出更大贡献。

因此,未来小城镇不仅在经济上得到快速增长,同时其各方面的基础设施、服务设施不断趋于完善,不仅吸引大量的产业与人口的集聚,同时也将带动周边农村地区的发展,使城市文明迅速地向广大的农村地区扩散,将成为我国自下而上城镇化的重要据点和城镇化推进的"中转站"。

1.3.1.6 小城镇将成为完善城镇体系的支撑点

在"自上而下"和"自下而上"的城镇化发展机制共同作用下,我国城市的规模和数量不断增加,形成了大、中、小城镇相结合的多层次的城镇体系,并以城镇为载体,依托港口和高速公路，形成了多个城镇密集区和产业集群，总体上呈现出集聚性、区域性的趋势。但目前的城镇规模结构中，仍存在"两头大、中间小"即中、小城市发育不足的缺陷，城镇体系尚不健全。今后，随着小城镇社会经济的进一步发展，一部分小城镇将继续保持现有地位，发挥城乡纽带作用；一部分小城镇则将分化演变为中、小城市，有力填补城镇体系空缺，目前珠江三角洲镇区人口超过 20 万的小城镇就达 50 余个。欧美发达国家的现代城镇化进程在此方面为我们提供了有益供鉴，20 世纪 50 年代初至 60 年代末，在一批国际大都市已发展完备的美国、日本等发达国家，其小城镇发展也经久不衰，大量小城镇的建设，促进了这些国家的城镇化水平迅速提高，城镇化人口中大约有 50% 居住在小城镇。英国的"新城运动"、美国的"都市化村庄"和日本的"田园式小城市"建设计划，实质都是建设生态环境优良、基础设施完备、建筑景观优美的小城镇。

1.3.2 小城镇对农村现代化的带动作用

1.3.2.1 农村现代化的基本涵义

关于农村现代化，学术界和政府一般都把它跟农业现代化等同起来，很多情况下，提的更多的是农业现代化。事实上，农村现代化是一个综合的概念，农业现代化只是农村现代化的一部分内容。我们主要是从农村社会经济综合发展的角度出发，以农村为中心，并将其置于整个社会经济大系统之中来研究和把握。从这个角度出发，农村现代化至少应该包括以下五个方面的基本内涵[1]：

一是农民现代化。农村现代化首先表现为农民现代化。没

---

[1] 雷原. 农村现代化及其基本特征和衡量指标. 人文杂志，1999(3)

有现代化的农民,就没有现代化的农业和现代化的农村。因此,在农村现代化的过程中,传统意义上的个体农民应当逐步转变为用现代科学技术武装起来的以市场为导向的日趋文明化的现代职业群体。

二是农业现代化。这是农村现代化的基础。没有农业现代化,农村现代化也就失去了坚实的物质基础。因此,在农村现代化的过程中,应当把传统种植农业逐步改造为商品化、产业化、技术化、社会化、生态化、国际化的现代大农业。

三是农村经济现代化。这是农村现代化的主战场和主要内容。没有经济现代化,农村现代化基本上就成了一个空架子。因此,在农村现代化的过程中,应当把传统的农村经济逐步转变为市场化、工业化、城市化、持续化的现代市场经济。

四是农村社会现代化。这是农村现代化的重要方面。没有实现农村社会的现代化,农村现代化就残缺不全。因此,在农村现代化的过程中,应当逐步实现农村社会民主化、法制化、文明化、稳定化。

五是农村制度现代化。这是农村现代化的基本保证。没有制度现代化,农村现代化就失去了导向机制和动力机制,将会变得盲目、乏力。因此,在农村现代化的过程中,应当逐步实现制度创新,规范政府行为,强化政策导向。

1.3.2.2 农村现代化进程中小城镇的作用

发展小城镇,是实现我国农村现代化的必由之路。农村人口进城定居,有利于广大农民逐步改变传统的生活方式和思想观念;有利于从整体上提高我国人口素质,缩小工农差别和城乡差别;有利于实现城乡经济社会协调发展,全面提高广大农民的物质文化生活水平;有利于改善农村地区的经济结构与居住环境等,从而推进农村现代化进程。

(1) 小城镇的建设贯穿农村现代化进程中的各个阶段,为

农村现代化建设提供有力保障

　　一般来说，农村现代化都有一个由低级到高级不断发展完善的过程。这期间要经历若干阶段，每一个阶段都有其主要的内容和侧重点以及相应的制度变迁和政策调整，在每个不同的阶段里，小城镇建设都起着不同的作用。从总体来看，到目前为止的农村现代化的发展一般要经历以下三个阶段。

　　第一阶段，即农村现代化的起步阶段。这一阶段主要是解决国民经济发展所需要的粮食问题，并在此基础上提高农业生产的商品化和产业化水平。地多人少的国家主要通过推广农业机械化来提高劳动生产率。人多地少国家则发挥劳动力资源丰富这一优势，在土地上投入更多的活劳动，多施肥料，提高单位面积产量。在提高粮食生产效率的同时，通过延长农业生产的后续产业链，实现农、工、商一体化发展，提高农业商品化和产业化水平，增加农民收入。在这一阶段，小城镇的建设为建立农产品市场提供了场所，加速农业生产后续产业链的发展，逐步提高农业商品化和产业化的水平，使农村地区迈开了走向现代化的第一步。

　　第二阶段，即农村现代化的全面发展阶段。在农业方面主要是加速农业产业化、技术化、社会化、国际化发展，把传统农业改造成现代农业。在经济方面主要是推进农村经济市场化、工业化、城市化、逐步缩小工农、城乡差距。在社会文化方面主要是发展农村民主化、法制化建设。这一阶段，农村社会经济等各个方面均走向全面的现代化。这一过程中，小城镇不断吸收大中城市的先进技术与管理方法，带动农村地区在各个方面走向现代化。

　　第三阶段，即农村现代化的进一步完善阶段，主要是发展生态农业，协调人与自然人间的物质转换关系，保持农村经济的持续稳定发展，推进农村文明化进程。经过前两个阶段的发展,农业生产率有了极大的提高,农民的生活水平也达到了一定的水平,但由此产生了大量的农村剩余劳动力,大中城市难以容纳数量巨大的剩余劳动力。同时农村地区基础设施建设跟不上,无法满足现代农民的生活要求,从而也导致了许多负面影响。小城镇的建设,不仅可以吸纳大量的农村剩余劳动力,而且具有比农村优越的多的基础设施和服务设施条件,能使广大农民过上真正的现代化生活。

由此可见,小城镇建设贯穿了农村现代化的各个阶段,为实现农村现代化提供了有力的保障,是我国实现农村现代化的必由之路。

(2) 小城镇的发展优化农村经济结构,确保农村经济现代化

要实现农村经济现代化,应当把传统的农村经济逐步转变为市场化、工业化、城镇化、持续化的现代市场经济,实现农村经济现代化的前提是优化农村经济结构。农村经济结构优化的核心包括几方面的内容:一是农业现代化;二是乡镇企业的升级和集聚;三是乡村第三产业的发展。乡镇企业的发展在前面部分已有论述,因此这里只集中讨论其他两个问题。

1) 农业现代化

农业现代化是我国现代化建设中的最基础和最根本的问题,甚至可以这样认为,没有农业的现代化,就没有我国国民经济的现代化。世界上农业现代化按其技术性质可分为3种类型:

① 机械技术主导型。包括美国、加拿大、澳大利亚等国,是建立在机械化耕作技术和运输、加工社会化基础上的农业现代化,这些国家从事农业的就业人数比重最低,约占3.5%。

② 生物技术型。代表国家有日本、韩国、荷兰等,农业

劳动力比重稍高,约占9.5%。

③ 混合型。代表国家有德、意、法、英等,农业就业劳动力比重占5.5%~6%。3种类型的农业现代化均达到了较高的农业生产率,如美国每个农业劳动力可供养59人,日本可养活45人,而我国目前每个劳动力仅能养活2.8人左右。可见,我国农业现代化的水平还相当低。

我国农业现代化的路子怎样走,理论界有不同的看法。从农业现代化与小城镇建设的关系角度,对以下几方面应给予高度重视:

① 农业现代化除了在技术层次上寻求出路外,应超越农业甚至农村的微观层次,在更大的范围内实现土地、劳动力、资金等生产要素的优化组合,才能解决农业和农村的深层次问题,这就要求建设小城镇。

② 农业的发展方向应明确要靠科技,通过结构升级,优化产品品质,延伸加工链,促使农业由数量扩张型向质量效益型转变,需要小城镇作为科技发展的载体和桥梁。

③ 农业必须实行规模化经营,使土地能够向种田能手和专业户及家庭农场集中。不论采取何种形式,规模经营总要释放一部分劳动力,只有小城镇发展和提供就业岗位,规模经营才能得以实现。

④ 农业应实现产业化,产业化就要求农业的产前、产中、产后服务体系的建立,这些服务体系离不开小城镇这一空间载体。

2) 第三产业的发展

第三产业发展是农村经济发展水平提高和结构优化的重要推动力。而乡村第三产业的集聚点就是小城镇。实际上,我国传统社会中小城镇主要承担的就是乡村第三产业集聚点的功能。据建设部规划司统计,1998年全国有19216个建制镇,平均建成区面积仅有 0.95km²，第三产业产值平均值仅有 4886万元（60 个小城镇抽样数据），仅是城关镇的 1/3，因此，小城镇第三产业的发展水平是比较低的，必须扩张规模以带动第三产业的发展，促进农村产业结构的调整。

(3) 小城镇是农村社会转型的主要基地，小城镇建设促进农村社会现代化

农村社会的现代化是实现农村现代化的重要内容，农村社会现代化首先依赖于农村社会的转型，即农村社会从传统农业社会转向城镇型和工业型的文明社会。我国农村正经历着巨型的社会转型过程，从经济、政治、思想观念到社会生活的各个方面，都发生着深刻的变化，在这个变化过程中，小城镇起着巨大的作用。

据研究，随着乡镇企业的小城镇的发展，我国当前农村社区基本形成了 10 个阶层：农村干部、集体企业管理者、私营企业主、个体劳动者、智力型人才、乡镇企业职工、农业劳动者、雇工、外聘工人、无职业者。其中阶层之间的流动性很大，但在农民群体中出现了乡镇企业职工及管理者，从而形成了农村新的阶层、新的矛盾冲突和协调以及新的利益分配格局。各个阶层的成员虽然户籍上仍然属于农民，但他们的职业大部分已经完全从农民向工人转变，其思想观念、生活方式也与农民有巨大的差异。阶层的分化促进了农村社会的转型。

费孝通先生曾提出了中国农村社会结构的"无序格局"这一概念，即以家庭为中心，按照亲属关系的远近向外扩展关系网。事实上，乡镇企业及小城镇的发展已经打破了这种格局：打破了家庭界线，使血缘关系得到实质性的变化，血缘关系网络向业缘关系网络过渡；除了向大中城市转移外，当地小城镇成为社会转型的地域新增长点。上述两点意味着农村权力重心的转移和现代社会组织的产生。上述变化总体上导致了农村社

会的开放性和调控手段由礼俗向法制转变。

乡村社会转型与小城镇发展是一个相互联动的过程,社会转型在一定阶段促进了小城镇的发展,反过来小城镇又成为乡村社会转型的场所和载体,尤其是社会转型中一些新生因素是在小城镇这一新的地理空间中得以成长和壮大的,如乡镇企业工人这一新阶层就是与小城镇为诞生地的,目前这个阶层在全国有数千万人。随着我国民营经济的兴起,可以预见,私营企业主和农民企业家也将在小城镇上崛起。正是因为小城镇为农民的分化聚变提供了适宜的土壤和环境,使得其成为农村社会转型的主要基地。

参 考 文 献

1. 赵永革,王亚男著. 百年城市变迁. 北京:中国经济出版社,2000
2. 马继武,韩桂洁. 中国小城镇发展四十年. 潍坊学院学报,2002(3): 65~68
3. 彭震伟,陈秉钊,李京生. 中国小城镇发展与规划回顾. 时代建筑, 2002(4):21~23
4. 冯健. 1980年代以来我国小城镇研究的新进展. 城市规划会刊,2001 (3):28~34
5. 冯更新. 我国小城镇的现状和发展思路. 郑州大学学报(哲学社会科学版),1997(6):5~12
6. 陈颐. 小城镇的发展和中国城市化. 江苏社会科学
7. 匡建国. 加快小城镇发展是农业剩余劳动力转移的主渠道. 攀登, 2000(3)
8. 雷原. 农村现代化及其基本特征和衡量指标. 人文杂志,1999(3)
9. 关于加快小城镇发展的对策研究. 国务院研究室农村经济司课题组
10. 中国社会科学院农村发展研究所课题组. 小城镇建设与城市化问题. 经济研究参考,2000(71)

11　石忆邵．小城镇发展若干问题．城市规划汇刊，2000（1）
12　宁登，蒋亮．转型时期的中国城镇化发展研究．城市规划，1999（12）
13　吴永红．论我国小城镇发展的基本原则和未来走势．农村经济，2002（4）：30~32
14　刘传江．中国城市化的制度安排与创新．武汉：武汉大学出版社，1999
15　廉伟，王力．小城镇在城乡一体化中的作用．地域研究与开发，2001（2）
16　广州乡镇经济发展研究会编．面向外来的广州乡村经济与城镇发展．广州：广东经济出版社，2002
17　袁中金，王勇．小城镇发展规划．南京：东南大学出版社，2001
18　秦润新．农村城市化的理论与实践．北京：中国经济出版社，2000
19　余新民．苏州农村小城镇的现状及发展趋势．唯实，1995（12）：11~13
20　沈荣法．论乡镇工业发展与小城镇建设相互作用及发展趋势．地方政府管理，1997（7）：3~6
21　广东省建设厅．广东省城市化发展规划概要．2001
22　廖伟权，邓伟根．试论中国特色的农村工业化、城镇化道路．南方经济，1997（5）
23　顾朝林等．经济全球化与中国城市发展——跨世纪中国城市发展战略研究．北京：商务印书馆，2000
24　叶裕民．中国城市化之路——经济支持与制度创新．北京：商务印书馆，2001

2 小城镇发展模式与发展方向

2.1 小城镇主要发展模式

改革开放以来,我国经济模式的转变为广大小城镇的发展提供了有利的宏观环境,各地区小城镇充分发挥各种优势,抓住发展的有利时机,走出了适合自身发展的小城镇发展道路,增强了小城镇的经济实力,促进了小城镇的建设发展。根据小城镇经济发展动力机制的特点,可以归纳为外源型发展模式、内源型发展模式和中心地型发展模式三类,它们在区位条件、产业结构变动、对外联系强度等多方面体现出不同的特征。

2.1.1 外源型发展模式

2.1.1.1 发展动力机制

外源型小城镇的经济发展动力来源于区域外部,以外向型经济为主导推动小城镇的工业化和城镇化。其发展主要是由于开始于20世纪80年代的全球产业重构和新国际劳动分工的形成,发达国家资金为获得超额利润在发展中国家寻求投资机会,改革开放使我国成为这些资金的流入地之一。特别是改革开放前沿的沿海小城镇,利用国家的特殊政策抢先一步,大力吸引外资发展本地经济,成为典型的外源型城镇。珠江三角洲地区的小城镇多属于这种类型,它们充分发挥毗邻港澳的地理优势,使港澳资本连同劳动密集型产业借两地的经济势差大规模向珠三角地区转移,同时促进本镇人口的非农化,还吸引了内地大量的农村剩余劳动力。产业的非农化丰富了城镇建设资金的来源,城镇的公共服务设施和市政设施不断完善,城镇的现代化水平较高。

在外源型小城镇的发展过程中,政府管理较明显地体现了"小政府、大服务"的特点。市一级政府通过简政放权,强化镇、村两级管理职能,市(区、县)政府主要承担宏观管理以及区域性基础设施建设职能,而镇、村在外经贸、固定资产投资、工商行政管理、劳动人事管理等方面享有相对独立的行政管理权限和较大的财政支配能力,为镇、村两级自主招商和自办企业提供了有力支持。这种管理模式有利于提高办事效率,有效地保持了地方经济活力,但政府整体协调能力不足,也在一定程度上导致了区域整体利益无法保障和不同地区间的规划协调难以实施。

2.1.1.2 特点

外源型发展模式具有以下几个特点:

(1) 区位优势突出,所在地区与国际联系密切,对外窗口作用明显;

(2) 交通条件好,有便捷的陆路交通联系;

(3) 产业结构为二、三、一,工业化程度高,出口产品比重大;

(4) 外资利用率高,企业以外资、合资和股份制企业居多;

(5) 产业以资金密集型为主,工业产品档次较高,以电子、通讯等为主。

外源型发展模式是以外向型为主导的经济模式。外源型发展地区,以外资为投资主体,以外向型产业为主导,以国际市场为导向。企业以外资、合资和股份制企业居多,工业产品以电子、通讯、服装、玩具、制鞋为主。在一些区域,随着外源型小城镇的发展，已经初步形成了连片的产业集群，尤其是电子、电气等行业具备了较大规模和配套优势，但不同城镇产业同构现象明显。

外源型发展模式是"自下而上"的发展建设模式。外源型地区主要以镇、村两级为主开展招商引资、发展生产性投资、规划和兴建各种开发区等，市、镇、村经济构成呈现明显的金字塔结构，越到基层所占经济份额越大。城镇建设以基层社区政府发动和农民自主推动为主，走的是"以建设带发展"的路子，城镇的土地开发效益和城镇建设水平在很大程度上取决于外资意图和镇、村基层政府甚至主要领导人的能力和水平，即使在相邻地区，其发展水平和建设风貌也存在较大差异。

2.1.1.3 存在问题

(1) 随着我国改革开放的深入，全国各地均可以成为外资投入地，外源型城镇的后续资金来源减少，产业规模扩展受到威胁；

(2) 外源型城镇产业结构轻型，行业门类广泛，但产品关联度不高，产品链条薄弱，且多是加工制造末端，经济效益较低；

(3) 外向依存度过高，受国际经济波动的影响大，如亚洲金融危机、美国"9.11"事件对珠江三角洲经济的影响不能低估；

(4) 同一地区的不同城镇产业结构趋同，在供过于求的情况下易造成行业恶性竞争。

2.1.2 内源型发展模式

2.1.2.1 发展动力机制

内源型发展模式是指依靠本地生产要素的投入来推动经济

发展，以乡镇企业和家庭私有企业为主体进行本地的工业化和城镇化。内源型经济要求本地有丰富的农业剩余积累，为小城镇的非农化提供充足的资金投入和劳动力投入。除此之外，内源型发展地区一般有手工业传统或工业基础，使这些地区的工业化在实现基本条件的情况下能够迅速发展起来，如温州的小城镇。另一种情况是受所在区域大中城市的产业、技术、管理经验等的扩散影响，通过本地资金投入发展大城市淘汰的产业，再把产品返销到大城市市场，如苏南地区的小城镇。内源型发展地区的城镇化主要是本地人口的非农化，这是由于，与外源型发展模式的以外资、合资等大企业为经济主体不同，内源型发展模式的经济主体以乡镇企业、家庭私有企业为主，企业规模相对比较小，对劳动力的吸纳能力也相对有限。

内源型城镇发展早期，大部分乡镇企业大多是各级政府参与创办或支持开办的。早期政府对经济领域的直接介入，发挥了政府的权威、信誉和关系，有利于乡镇企业摆脱发展初期资金、劳动力、土地和银行贷款融资的种种困境，直到目前，镇级集体企业收入也是很多城镇最主要的建设资金来源。进入20世纪90年代中期以后，集体经济出现了停滞不前的局面，由私营、个体及外资经济组成的私有经济开始取代农村的集体经济成为农村工业化的主体力量。而政府则开始退出直接经济领域，转而以宏观调控为主。内源型城镇的政府管治权力较外源型城镇相对集中，有利于提高政府管理效率，加强政府调控力度，建立良好的经济秩序和城镇建设秩序。但相对集权的管理模式，也在一定程度上影响了城镇发展活力。

2.1.2.2 特点

内源型发展模式具有以下特点：

(1) 农业发展条件相对比较优越，有浓厚的传统工业基础或所在区域的大中城市有较强的辐射力；

(2) 经济主体以乡镇企业或家庭私有企业为主;

(3) 产业专业化程度较高,易形成"一镇一品"、"一村一品";

(4) 专业化生产促进了专业市场的形成,商贸业比较繁荣,第三产业比重也比较大;

(5) 以劳动密集型产业为主,产品多为传统的工业品,如制鞋、拉链、钮扣等。

内源型发展模式是以内生型为主导的经济模式。以珠江三角洲西岸地区为例,在小城镇20多年来工业化的历程和目前的工业企业的投资性质来看,尽管外资、合资和股份制企业仍占有很大比重,但原有的集体、国有企业以及后来成长起来的民营企业在工业总产值中占有更大的份额,内源型工业企业数量和对地方经济社会的贡献均大于外资企业。以佛山为例,2002年,佛山市共有民营企业1602家,占全市企业总数的64.9%,民营企业的产值贡献度达56.12%。该类型地区"一镇一品"、"一村一品"的专业化城镇大量涌现,其中主要是以中小企业为主的横向一体化专业镇,如顺德乐从家俱镇、中山市古镇灯饰城等;也有以大型企业为带动的纵向一体化专业镇,如顺德北滘家电镇等。

内源型发展模式是"上下联动"的发展建设模式。虽然不同地区内源型城镇的发展模式不尽一致,但相对外源型地区以村为核心单元的发展模式而言,该类型地区的发展重心普遍上移,在实行企业转制和产权制度改革之前,集体全资、联营股份、合资合作等镇办集体公有企业一直占有较大比重,很多城镇政府选择经济实力较强、机制较为灵活的镇办集体企业作为发展的重点,并通过市、镇、村的经济社、联合体、私营经济等各种主体的联合,共同推动各种类型乡镇工业的发展。在规划建设上,该地区于20世纪90年代开始普遍推行"城乡一体化"模式,如中山提出了3个城镇带布置的设想,明确规定全市 1800km² 行政范围都是城市规划区,把乡村纳入总体规划统一规划管理;顺德则以中心城区为核心,6个建制镇为次中心,在全区范围内统一划分规划建设区、农田保护区、生态保护区和高品质专用地区等四大类功能分区,形成了集中和分散相结合的组团式城乡建设格局。该地区可支配的财政性收入呈现"市强镇弱、镇强村弱"的特点,城乡建设也以镇区和一些重点乡村地区为主要内容,整体上看城乡建设相对集中,秩序井然,但地区差异较大。

2.1.2.3 存在问题

(1) 以集体产权为主的乡镇企业的产权结构有潜在的局限性,随着体制条件和市场环境的改善,模糊产权将导致企业组织内部成本的大幅度上升,从而抵消掉企业努力降低市场交易成本和提高专业化得来的收益;

(2) 家庭私有企业的管理制度以血缘、亲缘为基础,随着企业规模的扩大,在人力资源的引进、配置和培养等方面造成了严重的阻碍;

(3) 企业的自主开发能力薄弱,以仿制为主的传统劳动密集型产品市场竞争力低;

(4) 企业实力未及外资企业雄厚,在技术引进、设备更新等方面存在难度。

2.1.3 中心地型发展模式

2.1.3.1 发展动力机制

中心地型发展模式是指以传统型经济为主导的工业化和城镇化发展模式。该类城镇作为镇域的经济、政治和文化中心,形成比较明显的"中心—外围"结构,即绝大部分的工业和第三产业集聚在镇区附近发展,而外围农村地区则以传统农业为主。中心地型城镇的工业基础比较薄弱，并且是在本地农业积累的基础上发展起来的，同时随着农产品的丰富和农村收入的提高，为农副产品加工、手工业和轻工业的发展开辟了供给市场和需求市场，城镇地方型传统工业就逐步发展起来。但由于缺乏足够的发展动力，工业化进程缓慢，农业仍作为本地区主要的经济力量，相应地，城镇对农村人口的引力不大，城镇化动力相对不足。

2.1.3.2 特点

中心地型发展模式具有以下几个特点：

(1) 区位条件较差，多为内陆欠发达地区小城镇，也包括发达地区边缘城镇；

(2) 对外联系少，经济发展属封闭式的自循环；

(3) 城乡二元结构明显，区域发展不平衡；

(4) 产业结构以第一产业为主，工业主要是为本地服务的传统型工业。

2.1.3.3 存在问题

(1) 经济全球化的深入和中国加入WTO，封闭的自循环经济将使中心地型城镇囿于更加艰难的发展困境；

(2) 工业化水平低下，产业结构有待进一步调整和优化；

(3) 镇域发展格局仍处于极化阶段，城镇对农村地区的扩散作用微弱，城乡二元结构更加突出，不利于整体经济的提高。

2.2 沿海城镇密集区的小城镇发展

我国小城镇在改革开放的春风的沐浴下迅速成长，特别是较早开放的沿海地区，不乏成功的例子。珠江三角洲、长

2 小城镇发展模式与发展方向

江三角洲、环渤海湾地区是我国沿海三大城镇密集区,各区域内的小城镇在发展背景、发展模式方面都存在相似之处,但同时由于在市场化过程中小城镇发展的自由化程度不断提高,区域内小城镇的发展模式也存在差异,形成了各具特色的子模式。

2.2.1 珠江三角洲小城镇的发展

在改革开放之初,中央就赋予广东省"先行一步"的特殊政策,允许广东最早实行对外开放,珠江三角洲同时被确定为三个"对外经济开放区"之一,特殊的对外开放政策和毗邻港澳的有利的地理区位,为珠江三角洲发展外向型经济提供了必然的客观条件。目前,珠江三角洲已成为全国出口创汇的重要基地。在外资经济的推动下珠江三角洲地区的小城镇经济实力快速增强,涌现出一批以深圳布吉、东莞虎门、顺德北滘、中山小榄等为代表的全国经济实力强镇。

珠江三角洲小城镇发展是受到外资的影响而得到大力推动的,因此外源型发展模式是珠江三角洲小城镇发展的主导模式,在这种主导模式下,内部也存在很大的差异,形成了东莞模式、顺德模式、南海模式和中山模式等四种子模式。

2.2.1.1 东莞模式

以"三来一补"和"三资企业"为特征的东莞模式是最能代表珠江三角洲地区小城镇发展历程的模式。改革开放以来,东莞利用毗邻香港的有利区位优势和农业提供有限的积累开始发展"三来一补"性质的低资金投入的劳动密集型企业,启动了农村工业化的萌芽。"三来一补"是指当地提供土地,盖上厂房,外商输入一定的机械设备和基本工序,开展原材料在外、市场在外的生产合作,包括来料加工、来件装配、来样加工和补偿贸易。

时至今日，东莞的外向型发展经历了由"集体企业→'三来一补'→'三资企业'"的转换过程。20世纪80年代中期以前，集体企业是农村工业化的主要推动力量，"三来一补"企业尚处于萌芽阶段，"三资企业"基本没有发展。80年代末期到90年代中期，高速发展起来的"三来一补"企业在短短的十几年内使东莞迅速实现了农村工业化，工业总产值占工农业总产值的比重增至九成以上。之后，"三来一补"企业出现衰退的现象，取而代之的是更高层次的"三资企业"。虽然"三来一补"企业在企业数量、引进设备数量及签订合同数量上仍占有较大优势，但在实际利用外资数额、工业产值、外资出口额等项目等方面明显少于"三资"企业。90年代以来，"三来一补"企业的各项目数值平均增长率已经明显不及"三资"企业，"三资"企业中又以合资、独资企业发展最快。

2.2.1.2 顺德模式

顺德模式以"三个为主"为主要特征，即所有制形式以集体经济为主、产业结构以工业为主、企业结构以规模骨干为主。改革开放后，顺德农村的集体经济、个体私营经济和外资经济同时发展，共同推动农村工业化的进程，但集体经济一直是这一过程的领头雁。据有关统计资料表明，1980年顺德农村的集体经济就已经占到整个农村经济的90%以上。随着改革开放向纵深推进，个体私营经济和外资经济以惊人的速度向前发展，但是集体经济也在迅速壮大。1989年，顺德有乡办工业企业达278家，总产值达到316634万元；有村办工业2676家，总产值达91289万元；有三资企业72家，总产值77566万元；私营个体企业的总数虽然达1677家，但总产值仅为1836万元。农村集体企业的总产值是三资企业的5.26倍，是私营个体企业的222.18倍。1992年以后，顺德农村的集体经济凭着其雄厚的实力,在工业化中的地位更是无可争辩。同时,顺德的乡镇企业规模较大,20世纪90年代全国十大乡镇企业中,顺德就占了6家。

2.2.1.3 南海模式

南海模式以"六轮齐转"而著称,指县(市)、乡(镇)、村(组)、联户、个体和民营经济六个轮子一齐转,带动南海小城镇的工业化和城镇化。1984年南海县委、县政府明确提出"县、区(公社)、乡(大队)、村(生产队)、体联(即个体与联户)五个轮子一齐转"作为南海的经济发展战略之一,镇、村集体经济和私营个体经济得到迅速发展,农村工业化全方位展开。从20世纪80年代中期开始,凭借民营经济本身内在的活力以及南海市的重视,特别是广东的改革开放不断地向纵深发展,南海的私营个体经济、外资经济以破竹之势向前发展,并日益显示出其在农村工业化中的强大实力。1992年邓小平南巡讲话的发表和党的十四大的召开给民营经济注入了强大的活力,南海的私有经济逐步走向成熟并向高层次发展,由私营、个体及外资经济组成的私有经济开始取代农村的集体经济成为农村工业化的主体力量。集体经济出现了停滞不前的局面,许多集体企业陷入了亏损与倒闭的境地,近年来通过产权改造转为民营,到2002年私有企业占整个农村企业总数的八成以上。

2.2.1.4 中山模式

以"中山舰队"而著称的中山模式依靠市属国有工业集团企业带动全市经济的发展。20世纪80年代至90年代初期,中山市大力发展以精细化工、建筑材料、家用电器为主的市属工业,凯达、威力、晨星、金马、美怡乐、千叶、华捷等品牌获得了"全国单打冠军"的美誉,把中山的工业化进程推到高潮。但随着市场经济体制的完善,加上市属工业企业本身存在体制上的弊病,"中山舰队"逐渐失去了往日的光彩。在新的发展形势下,中山提出"工业立市"的口号,打破市属企业和乡镇企业的概念,驾驭着公有企业、外资企业和私营企业三驾马车齐头并进。2001年全市外资企业681家,私营企业465家,而国有企业和集体企业分别仅有8家和165家;从规模以上工业企业的总产值看,外资经济4675506万元,私营经济为1008013万元,两者占总额的84.1%,是国有、集体经济的14.4倍[1]。另外,专业镇的发展发动了中山市第二次工业化浪潮,形成了农村包围城市、外围拉动中心发展之势。沙溪的服装、小榄的五金、古镇的灯饰、东凤的小家电以及大涌的红木家具等在国内乃至国际上已蜚有名声。

2.2.1.5 珠江三角洲小城镇发展存在的问题

(1) 经济发展问题

珠江三角洲地区主要是以发展外向型经济为主带动小城镇的快速发展,但随着经济和社会的发展,这一模式的隐患也逐渐显现出来,表现为经济的根植性低,对外依赖性强,受国际环境影响大,抵御经济风险的能力差,影响小城镇的持续、快速、健康发展。另外,受市场需求的强烈牵引,各种资本在珠江三角洲均以营利为投资取向,各地政府缺乏对工业全局的有效引导,盲目引进,产业结构趋同现象突出,造成区内各城镇之间过度竞争,阻碍生产要素的合理配置,不利于珠江三角洲地区的整体发展。

(2) 土地问题

土地是最基本的生产要素,在经济起飞初期,地方政府"以地生财、以地换路",拉动经济发展。然而在发展的过程中,小城镇在土地开发利用上出现了不少问题。首先表现在土

---

[1] 中山市统计局.中山统计年鉴(2002).北京:中国统计出版社,2002

地粗放经营,单位土地的经济效益低下;其次是普遍存在用地结构不合理现象,工业用地所占比例过大,而公共设施用地、绿化用地严重不足;第三是用地布局分散,功能混乱;最后是城镇建设用地扩张过快,耕地面积急剧减少,后备土地储量不足。

(3) 基础设施问题

珠江三角洲地区外来人口众多,在基础设施供给方面普遍存在短缺现象,尤以环保设施和文体娱乐设施建设最为滞后。另外,区内各小城镇为改善地方投资环境,基础设施建设只限于各辖区范围内,造成了重复建设、规模效益低下的现象。

(4) 科技教育问题

珠江三角洲是以发展劳动密集型产业起步的,产业的技术结构偏低。随着劳动力、土地和其他资源价格的上升,珠江三角洲的产业结构面临升级,高新技术产业相对滞后将成为发展的瓶颈。同时,由于以初中程度为主的大量暂住人口往珠江三角洲小城镇集聚,延缓了总人口平均受高等教育水平的提高速度,高素质人才极其短缺,难以满足经济发展和产业升级对高素质人力资源的需求。

(5) 体制问题

户籍管理制度尚不完善,流动人口管理困难,造成社会治安恶化,影响小城镇经济的发展。珠江三角洲大部分城镇的外来人口要多于本地人口,而行政管理编制却只按户籍人口配置,很多地区的行政机构人手不足,社会管理人员匮乏,严重影响当地社会系统的正常运作。

2.2.2 长江三角洲小城镇的发展

与珠江三角洲地区不同,长江三角洲的小城镇发展选择了内源型的发展模式,这是由其发展背景决定的。首先,长江三角洲的改革开放比珠江三角洲至少晚了13年,使长江三角洲失去了发展外向型经济的机会。其次,农村体制改革前,长江三角洲的乡镇集体经济和个体私营经济已早有萌芽,在计划经济后期,这里的集体企业已颇有规模,据有关资料统计,1978年该地区乡及乡以上行政区就有4万多家非国有工业企业,占全部工业企业总数的80%以上。随着农村改革的深入,乡镇企业和个体私营企业成为长江三角洲经济的生力军,带动了区内小城镇的迅速发展。

同样,在内源型发展模式主导下的长江三角洲区内,也存在比较明显的模式差异,形成了"苏南模式","温州模式",以种(植)、养(殖)、加(工)、出(口)协调发展为特点的"海安模式",以户办、联户办、村办、乡办四轮齐转发展乡村工业的"耿车模式",以小商品市场迅速发展为特点的"义乌模式"。其中"苏南模式"和"温州模式"的涉及面和知名度远远高于其他模式。

2.2.2.1 苏南模式

"苏南模式"是指通过发展乡镇企业促进经济非农化和城镇化的方式。这一模式流行于20世纪80年代的苏南、浙北地区,尤以苏州、无锡、常州地区最为典型。乡镇企业能在苏南地区异军突起,"苏南模式"能产生在苏南地区,有其得天独厚的历史传统和区位条件。首先,早在明朝,苏南的家庭手工业、纺织业就已经相当发达,同时还是闻名中外的商贾云集之地;其次,苏南位于太湖之滨、长江三角洲中部,发展农牧副渔生产的条件优厚,历来有"鱼米之乡"的美称;再次,苏南农村紧靠中国最大的经济中心上海和苏州、无锡、常州等发达的大中工业城市,接受中国内地城市工业最强的辐射。苏南乡镇工业的起步是在承接大城市配套工业的转移上发展起来的,再加上濒海靠江，水陆交通便利，这使苏南农民与上海等大中城市的产业工人存在密切的血缘和非血缘联系，苏南乡镇企业接受经济、技术辐射能力较强。同时，因为距大城市市场中心较近，运输成本较低，产业和产品选择范围较大，这为苏南农村非农产业的发展，特别是乡镇工业的发展创造了良好的条件。"苏南模式"的主要特点有：第一，在乡镇企业的所有制结构上，以集体经济为主；第二，在乡镇企业的运营上，以乡镇政府推动下的市场取向为主。

随着市场经济体制的不断完善，苏南乡镇企业所有制结构单一、企业产权不明晰、政企权责不分的潜在弊端逐渐暴露出来，"苏南模式"面临发展的挑战。苏南以集体产权为主体的乡镇企业产权结构虽然在转型初期合乎效率原则，但在体制条件和市场环境不断改善以及企业规模不断扩大的情况下，模糊产权导致的企业内部组织成本的上升将抵消掉企业降低市场交易费用和提高专业化得来的收益。同时，较高成分的集体产权比例容易导致较低效率的企业管理结构，使企业难以形成合理的激励机制和约束机制，阻碍企业效益的提高。

20 世纪 90 年代中期开始，苏南乡镇企业进行了一场引人注目的产权制度改革，通过与外商合资、与其他法人企业组建企业集团、建立股份制公司和上市等多种途径，普遍明晰了乡镇制企业的产权，基本上把政府对乡镇企业的直接支配权从企业撤出来，初步建立了现代企业制度，从而意味着"传统苏南模式"的终结，更标志着"新苏南模式"的诞生。

2.2.2.2 温州模式

与苏南地区相比，温州地区发展的起始条件要差得多。位于浙江东南山区的温州地区在地理意义上不完全属于长江三角洲，远离上海等大中型工业城市和全国性市场中心，运输成本和信息成本都比较高；人多地少，农业的发展水平较低，农村集体经济薄弱；温州人虽然也有从事家庭手工业的历史传统，但近代以来没有突出的业绩；20世纪50年代的温州是对台前线，60年代是"文化大革命"火线，70年代是建设短线，始终得不到国家的"青睐"，但这也使温州受传统体制的约束相对较少。在这种背景下，计划经济时期由于生活的压力已经养成走南闯北习俗的温州人在改革开放之后，迅速走上了以家庭工业和专业市场的方式发展非农产业的道路，形成别具特色的"小商品、大市场"的发展格局。

"温州模式"有如下几个特点：第一，以家庭经营为基础。较早推行家庭联产承包责任制的温州农民在十一届三中全会后展开的农村经济改革中，迅速地把农业领域家庭经营的基本经验运用于发展非农产业，大力发展家庭经营的商品经济，使家庭经营成为农村占主体地位的经营方式，成为温州模式的基础。第二，以市场为导向。由于温州生产的小商品几乎是远销远购的，与本地联系不密切，因此，在农村家庭手工业发展的同时，温州的小商品专业市场也逐步形成，在全国建立起来的市场网络成为小商品流通的依托。第三，以小城镇为依托。小城镇作为城市与农村的连接点，发挥了农村工业集聚地的作用，使农村生产要素迅速向小城镇转移和集中，有力推动了小城镇的建设和发展，加快了城镇化进程。第四，以农村能人为骨干。在温州农村的商品经济发展中，一大批懂技术、善经营、敢于冒险竞争、勇于开拓创新的农村能人起着关键作用，他们多是当时从事农村民营工业和其他非农产业的能工巧匠、经商能手、农民企业家和经营者，在开发产品、改进技术、引入新工艺、促进商品流通、开拓新市场、传播市场信息以及组织生产和经营管理等方面起到了带头作用，有效地提高了企业效率和活力。

与"苏南模式"相似，"温州模式"在新的发展形势下逐渐暴露出其局限性，温州的民营企业面临巨大的挑战。以家庭经营为基础的分散经营方式难以迅速扩大企业规模实现规模经济；家族管理制度不适应现代企业的要求，在人力资源的引进、配置、培养、储备等方面，家族管理制已成了严重的障碍；以产品经营为主要特征的传统经营模式面对世界强手显得束手无策；以专业市场为导向的营销模式不能适应生产的发展；以农村能人为骨干的产业产品技术结构偏低，企业自主开发能力弱。

"温州模式"的变化最突出的也表现在企业制度的变革上。从20世纪80年代中期开始，温州就出现了由多个业主共同投资经营的股份合作制企业，到80年代后期，股份合作制已成为温州民营企业最典型的组织形式。90年代以来，温州民营企业进一步向现代化企业进军，出现了企业集团化、股份制企业由集中持股向适当分散持股的倾向。通过对股份合作企业的战略改组，温州企业的内部管理制度渐趋完善，逐渐摆脱了家族式管理的困扰，从而使企业在吸引技术骨干、科技人员等人力资源的补充和更新方面大大改进，企业的技术结构有了很大的提高。从家族企业发展起来的温州民营企业，经营模式也有了质的转变，从单纯的以生产加工为主的产品经营方式逐渐向资产经营和资本经营方式综合发展。"品牌营销"、"网络营销"和"虚拟营销"等新型营销模式开始取代传统的以专业市场为主的营销模式，产品覆盖国内外市场，企业知名度大大提高。

2.2.2.3 长江三角洲小城镇发展存在的问题

长江三角洲地区河网密布，在历史上客观造成了该地区小集镇规模过小、密度过高。加上改革开放后，长江三角洲的小城镇发展走的是内源型发展道路，主要靠自身积累来发展经济，小城镇规模增大不如珠江三角洲的小城镇迅速。同时由于各县市和乡镇根据社区利益纷纷撤县建市，撤乡建镇，造成了长江三角洲地区小城镇数量多、规模偏小的现象，以苏南地区为例，至1995年，人口超过10万的城镇仅有4个，5～10万的有24个，2～5万的有32个，而不足1万的有552个，占全部小城镇的82.6%❶。各城镇自主发展，建设等级层次不突出，分散投资，一方面基础设施和公共设施重复建设，造成极度浪费，另一方面难上档次，即使有些实力较强的城镇各类设施比较齐全也会因达不到规模效益而难以维持。

乡镇工业布局"小集中、大分散"的特征明显，难以形成集聚效应。乡镇企业具有鲜明的社区属性，企业遍地开花散布在村镇两级。虽然随着市场经济的发展，股份制企业、"三资企业"和私营企业越来越多，社区企业大大减少，但由于仍然存在地方财政包干制度和社区利益的独立性，乡镇企业的社区属性难以有根本性的改变。工业空间布局的高度离散不仅形成不了规模效应和集聚效应，还造成土地粗放利用，土地资源的极度浪费。同时工业的分散布局使生产基础设施特别是环保设施建设滞后，环境污染现象严重。

2.2.3 环渤海湾地区小城镇的发展

随着改革开放深度和广度的加大，环渤海湾地区的经济发展步伐加快，已成为中国北方经济发展的"引擎"，在全国经济发展中的份量日显重要，被誉为继珠江三角洲和长江三角洲之后的中国经济第三个"增长极"。《（2001～2002年）中国城市发展报告》将环渤海湾地区列为主导中国经济发展、参与国际竞争的三大城市群之一。环渤海湾一般指的是以京津唐地区、辽中南地区和山东半岛为核心的区域，这三个地区的城

---

❶ 胡序威、周一星、顾朝林等著.中国沿海城镇密集地区空间集聚与扩散研究.北京：科学出版社，276

镇密集程度都比较高，使环渤海湾地区成为我国沿海覆盖地域最广的城镇密集区，包括山东、辽宁、河北、天津、北京等三省二市。环渤海湾地区的发展一直以来受行政影响比较大，国有企业比重较高，"亲商"环境较差，这在很大程度上造成小城镇发展相对滞后，小城镇的发展程度较珠江三角洲和长江三角洲的小城镇低。下面分别介绍京津唐地区、辽中南地区和山东半岛的小城镇发展。

2.2.3.1 京津唐地区小城镇的发展

京津唐地区拥有优越的地理环境和重要的区域地理位置。该地区位于华北大平原的北端，东临渤海，燕山山脉和太行山脉交汇成天然的屏障，接纳夏季东南风从海洋带来的降水，山前冲积平原是北方农业开发较早的地带。北京作为我国的政治、经济、文化中心，不仅推动北京市本身的发展，还对整个京津唐地区的发展产生重大的影响。

京津唐地区的小城镇发展与国家的政策和大城市的发展息息相关，在不同的时期出现不同的发展模式。①在20世纪80年代以前，国家重视大城市发展，国有大型企业和公共项目主要布置在城市，城市对小城镇的辐射极其微弱，小城镇仅作为周边农村的服务中心，以中心地型发展模式为主。②80年代以后，国家比较重视小城镇的发展，随着乡镇企业的发展，小城镇发展很快，但由于历史上形成的原因，京津唐地区农村的商品经济不如珠江三角洲和长江三角洲地区活跃。这一阶段小城镇的发展模式以内源型发展为主。③进入90年代，随着来华投资的大型项目逐渐增多，拥有广大经济腹地和高素质人才的京津大都市日益受到跨国公司的青睐，京津二市抓住机遇加大开放力度。大量外资的进入促进了城市产业结构的升级，城市转移产业和外资企业纷纷在小城镇落脚，小城镇发展迅速加快，小城镇发展出现了外源型的发展模式。

2.2 沿海城镇密集区的小城镇发展

京津唐地区小城镇发展虽然没有像"苏南模式"和"温州模式"那么典型的发展模式，但区内小城镇根据自身发展条件形成了多种多样的发展类型：

(1) 综合性城镇：主要是县或乡镇级政府驻地，少数属工商业综合城镇，这一类城镇数量最多。其中，规模最大的要数县城，在改革开放以来发展快。除县城以外，其余综合性城镇大多是20世纪80年代中期新设的建制镇，城镇规模增长较慢。

(2) 卫星城镇：一般距离母城较近，交通方便，受大城市的辐射较大，大中型企业多，城镇规模比较大。如北京的通州、昌平和黄村和天津的杨柳青、军粮城、咸水沽等。另外，郊区工业镇也起着卫星城的作用，如北京的沙河、良乡等。

(3) 矿业城镇：由于自身所具有的资源禀赋发展起来的，主要是在唐山市，如钱营（煤）、林南仓（煤）、马兰庄（铁）、菜园子（铁）、杨店子（铁）等。

(4) 旅游（疗养）城镇：以旅游业为支柱产业，大多是20世纪80年代以来新设的城镇，如北京的八达岭、十渡、小汤山等。

(5) 交通（港口）城镇：利用良好的交通条件发展小城镇的经济，如唐山市的王滩、沙河驿等。

京津唐地区小城镇在发展过程中存在的问题与长江三角洲地区相似。第一，20世纪80年代以来，建制镇的设置存在一定的盲目性和随意性，致使建制镇规模过小，有些新建建制镇的非农人口竟不过千人。规模太小，使得公共基础设施和服务业难以达到规模效益，小城镇的集聚功能难以发挥。第二，在当前农村经济的产权制度下，社区政府和乡镇企业出自本身现实利益的考虑，一般不愿离开本村本土办企业，造成乡镇企业布局分散，经济不能向小城镇集聚。同时，小城镇的人口管理政策也阻碍和限制了农村人口向小城镇的集聚。

2.2.3.2 辽中南地区小城镇的发展

辽中南是我国沿海几个城镇密集区中最北的一个，拥有得天独厚的矿产资源，是我国重要的重工业生产基地。特殊的历史条件使辽中南地区的城乡二元结构十分突出，这是由于沈阳、大连等中心城市以国有大中型企业为主的企业结构和以重化工业为主的产业结构与周围乡村地区的产业不像长江三角洲地区那么容易衔接，城市工业对周围乡村地区的带动力量比较薄弱，中心城市外围的县非农化水平相当低下。辽中南地区耕地相对富裕，人地矛盾不突出，乡村工业化的推力不足，乡镇企业发展相对缓慢。另外，辽中南地区虽然是我国东北区较早实行对外开放的，但与南方相比起步较晚，且相对偏离港澳等国际金融、国际贸易的主航道，就整个地区而言，受外资经济的影响比较微弱。❶

辽中南地区小城镇的发展速度很低，总体落后于全国平均水平。由于辽中南地区城乡差别大、乡镇企业不发达、外资影响弱，决定了该地区小城镇的发展模式以中心地型为主，大城市周边的城镇则以内源型发展模式发展。小城镇职能以行政职能和为大城市工业服务的工业卫星镇职能为主。

小城镇发展存在的最突出的问题是小城镇的集聚能力低，产业工业化和人口城镇化进程相当缓慢。大城市对城镇人口和农村人口的吸引还在加强，小城镇作为农村和城市的联系纽带的作用没有发挥出来。大多数城镇的驻地只具备行政中心职能而不具备经济中心职能。对农村人口的吸引力微弱，部分镇还出现离心的趋势，城镇与乡村发展呈现"一张皮"的低速均衡发展的现象。由于城镇经济功能薄弱，极少数的乡镇企业宁可

---

❶ 虽然大连的经济技术开发区在引进外资、"三资"企业的数量和质量以及工业总产值等指标上居全国沿海 14 个开发区之首，但就辽中南整个地区而言，各项指标远低于长江三角洲或珠江三角洲。

选择在本村本土发展,也不大愿意向镇区集中,企业分散布局将循环地降低城镇的集聚能力。辽中南小城镇的发展在缺乏外力的推动下举步维艰。

2.2.3.3 山东半岛小城镇的发展

山东半岛矿产资源非常丰富,已探明数十种有开发价值的矿产资源,其中石油、天然气、煤、金刚石、金、铝土矿及石墨在国内占有重要地位。在气候上,山东半岛属于暖温带季风性气候,年均降水量和日照时数都高于同纬度的其他地区,非常适合农业的发展。这些条件为山东半岛的经济发展提供了良好的条件,也为山东半岛的小城镇提供了内源型发展的基础。改革开放为小城镇的发展注入新的活力,山东是乡镇企业最早发展的省份之一,而山东半岛的乡镇企业在全省起步最早,发展最快,虽然人口和面积仅占全省的1/3强,但工农业总产值却占一半以上。乡镇企业的崛起大大推动了山东半岛小城镇的内源型发展。山东半岛隔海与朝鲜半岛相望,最近距离不到100海里,离日本也不远,距太平洋北部的国际航线也很近,海外交通十分方便,是韩国和日本在中国投资的最佳区位。有利的投资区位使山东半岛小城镇经济的外向度明显提高,已拥有一批外向型乡镇企业,成为中国北方著名的乡镇企业发展地区。

总的来说,山东半岛小城镇主要是在乡镇企业和外资的共同推动下发展起来的,但在发展水平上未及长江三角洲和珠江三角洲的水平。因此,在发展模式上,山东半岛小城镇以内源型和外源型发展模式为主。

山东半岛小城镇发展存在的主要问题是产业趋同化现象非常明显。由于受行政分割和地方利益的驱动,各地竞相发展近期收益明显的轻加工工业,产品大多集中在一般性的机电产品、耐用消费品、纺织服装、日用工业品和食品等行业。各城镇无论规模大小和发展条件差异，产业门类都十分齐全，但缺乏产业发展的特色。在产业组织结构调整中，地方政府和企业的注意力仅集中在本行政辖区内，跨地区发展的企业集团极少，无法跳出自身的地域圈子谋求更大的发展空间。一方面造成建设布局分散，优势产业不能充分发挥集聚优势，减缓了产业结构优化升级的步伐；另一方面城镇间产业的互补性较低，不利于区内产业的合理分工和协作。

2.3 小城镇的发展方向

2.3.1 不同发展模式的借鉴和融合

我国小城镇在不同地区、不同的发展环境条件下形成了不同的发展模式，外源型发展模式主要发生在改革开放较早、受外资经济影响较大的地区，内源型发展模式主要发生在改革开放相对较迟、以内向型经济为主的地区，而那些封闭发展、基础较差的欠发达地区则以中心地型发展模式为主。但随着发展环境的变化，各种不同的发展模式之间的差异性变得模糊，相似性增多，呈现了相互借鉴、趋同融合的发展趋势。

进入20世纪90年代，我国的改革开放事业上升到新的发展阶段，即由80年代的分散探索阶段转入90年代的全面推进阶段，地区之间体制的差异性趋于淡化。并且经过十几年的发展探索，不同地区之间通过经济往来、文化传播、参观访问等方式，发展经验和体制知识迅速传播，使得地区之间的共性越来越多。珠江三角洲是我国最早实行改革开放的经济区域，其发展外向型经济的成功经验对长江三角洲有很大的借鉴作用；而长江三角洲地区形成的内向型经济发展模式——"苏州模式"和"温州模式"对珠江三角洲乡镇企业和民营企业的发展也有相当大的影响。在90年代初,珠江三角洲的南海、顺德、中山等地方领导曾亲自领队到苏南取经,这是南海、顺德、中山的经济发展模式与"苏南模式"有相似之处的原因所在。随着改革开放的深入,产权明晰化和经济外向化逐渐成为"新苏南模式"和"新温州模式"的主要特征,而珠江三角洲区域经济的民营化程度也在不断提高。

种种迹象表明,外源型发展模式和内源型发展模式之间的相互借鉴、模仿学习在不断加深,两者的最终融合成为不可阻挡的趋势,而中心地型发展模式随着发展环境的改善也将逐渐向前两者靠拢。

2.3.2 不同城镇密集区小城镇的发展重点

如前所述,不同区域间的小城镇由于发展背景、发展条件的不同,发展模式存在差异,而同一区域内的小城镇发展则存在相似之处。无论过去的发展成功与否,各区域的小城镇在新的发展时期必须调整发展思路以适应新的发展环境,才能在经济发展的浪潮中求得生存、求得发展。

2.3.2.1 珠江三角洲小城镇的发展重点

改革开放以来,珠江三角洲地区以发展外向型经济迅速带动了小城镇的发展。但随着全球经济一体化的深入,地区经济与世界经济环境的关系越来越紧密,以至于世界经济的稍微波动都会使地区经济受到很大的影响,如东南亚金融危机、"9.11"事件对珠江三角洲经济的严重打击使外向型经济为主的经济结构的不稳定性逐渐显现出来。因此,珠江三角洲小城镇的发展必须增强产业的根植性,在继续开拓国际市场的同时要重视国内市场的开发,增加经济的稳定系数,鼓励民间资本兴办民营企业,调整产品结构由外向产品为主向兼顾国内外两个市场的产品转变。同时要增加产业的技术含量,适时提升产业等级，使产业结构由以劳动密集型、资金密集型为主向以技术密集型为主转变。

2.3.2.2 长江三角洲小城镇的发展重点

长江三角洲的小城镇发展以乡镇企业、家庭私营企业为主体的内向型经济，形成了典型的"苏南模式"和"温州模式"。在新的经济环境下，这种以家庭企业"小打小闹"和乡镇企业"单打独斗"的经营方式不再适应市场经济的要求，乡镇企业和家庭私营企业的产权制度成为企业进一步扩大的障碍，企业产权明晰化和集团化成为苏南企业和温州企业发展的必然趋势。珠江三角洲发展外向型经济的成功经验对长江三角洲的发展有一定的借鉴作用，事实也证明国际竞争力是一个地区综合竞争力的重要组成部分，而外向型经济的成熟程度是国际竞争力高低的衡量标准，因此，经济外向化是长江三角洲小城镇经济发展的重要方向。

2.3.2.3 环渤海湾地区小城镇的发展重点

由于环渤海湾地区区内发展条件存在较大的差异，不同地区的小城镇发展存在的问题也不尽相同，因此各地区小城镇今后的发展重点也不同。

京津唐地区小城镇的发达程度不如珠江三角洲和长江三角洲，但这一地区拥有特殊地位，是我国的政治、经济、文化中心，具有强烈的后发优势。该地区小城镇今后的发展主要是要依靠大城市的辐射，将小城镇与大城市的发展紧密联系在一起，加强区域一体化发展。首先是大城市基础设施建设的扩展，将大大改善小城镇的发展环境，利用交通、通讯等优势发展商贸、筑巢引凤建设开发区吸引"三资"企业，大力发展民营企业。其次是承接大城市的产业转移，分担大城市的部分职能，加强城镇的专业化职能。第三，小城镇要加强与外界联系，勇于"走出去"，才能"引进来"，学习其他地区小城镇的成功发展经验，到大城市或其他发达地区开展宣传、招商引资工作，提高小城镇的知名度。

辽中南地区小城镇的发展条件相对比较差，小城镇的发展水平也比较低。辽中南地区虽然是我国重要的重工业基地，但由于资源采掘衰竭、企业设备老化、技术改造滞后、产业结构畸重等原因，重工业基地的地位在下降。城市工业的偏重结构决定了大城市对区内小城镇的发展带动作用不大。辽中南地区小城镇发展的动力只能来源于自身的积累和区外条件的改善。首先要打破镇域均衡增长的僵局，制定优惠政策吸引乡村人口和产业向镇区集中，发挥城镇的集聚功能，加强小城镇的经济职能。其次，要打破小城镇封闭发展的自循环，引入区外发展因素，承接发达地区的转移产业，与发达地区的小城镇建立固定的友谊关系，学习他们的发展经验。同时，小城镇的发展不能完全独立于区内城市的发展，城市为小城镇提供产品市场和科学技术源泉，而小城镇可以通过发展郊区农业、都市农业或观光农业等为城市提供服务而谋得出路。

山东半岛的小城镇要积极发展乡镇企业和外资经济以推动本地区的城市化进程，提高小城镇的经济水平。本区小城镇已具有较好的工业基础，今后在深化企业改革、推进产业结构高级化方面下功夫，重点要协调好区内的产业发展，以市场为导向、以效益为中心，培植小城镇的主导产业，突破行政界限，按照产品关联度强、生产技术联系密切的原则，以资本为纽带，通过联合和兼并相关企业，组建一批跨地区、跨行业的企业集团，带动全区产业结构的优化调整。

2.3.3 小城镇发展方向和发展途径的基本选择

2.3.3.1 正确选择主导产业，促进小城镇的专业化发展

分工专业化是现代生产方式变革的结果，这种新的生产方

式带来生产效率的提高和生产资源的节约，同时形成了产品多样化和地区专业化的趋势。生产专业化要求发挥当地资源优势，发展各具特色的主导产业。所谓主导产业是指在经济发展过程中，或在工业化不同阶段上出现的有影响力的、在国民经济中居主导地位的产业部门。主导部门具有很大的关联度，其发展能够带动国民经济的其他部门，促进经济的整体增长。小城镇主导产业的选择必须符合自身的经济水平和市场需求的变化，充分发挥自己的资源优势和区位优势。同时，小城镇是农村和城市的中间桥堡，既可接受大城市的经济辐射和产业扩散，又拥有广大农村作为经济发展的腹地，为小城镇提供丰富的资源和广阔的市场，因此小城镇主导产业选择应该与城乡产业结构相协调，发展为农村服务型产业、城市短缺型产业、城市互补型产业以及立足于自身优势的特色产业，建立与农业产业化相适应和与城市工业互相协调的产业体系。首先要把发展农副产品加工作为经济结构调整的重点，充分利用农副产品的优势，以乡镇企业为龙头，实行种养加、产供销一条龙，贸工农一体化经营；其次发达小城镇还应改造和提升传统产业，大力发展新兴产业，开发三高产业，实现由劳动密集型产业向技术密集型产业的转变。

2.3.3.2 加强基础设施建设，保护小城镇的生态环境

小城镇生态环境是小城镇社会经济发展赖以生存的空间，小城镇发展必须处理好社会经济发展与生态环境保护关系，要避免走以往城市建设发展中出现过的"先污染、后处理；先破坏，后保护"的弯路。提高小城镇的环境质量，保护生态环境，是我国实施可持续发展战略的一个重要内容。由于过去小城镇的生态环境建设未能与经济建设和城镇建设同步实施，经过 20 多年的快速发展，我国小城镇生态环境出现了一些问题，如城镇建设缺乏统一规划、用地布局分散、功能混乱，以

及由此带来的城镇景观落后、土地浪费严重、环境污染治理难度加大等。

小城镇的生态环境保护必须与小城镇建设发展紧密结合。首先,要科学预测小城镇的环境容量,合理布局乡镇企业,统一规划建设工业园区,集中布置污染型企业有利于有效地治理环境;其次,加大小城镇基础设施建设投入,加快道路、水厂、污水处理厂、垃圾处理站等的建设;重视城镇景观和建筑的设计,做好小城镇环境绿化,保留小城镇的天然水体、山体等,使人工环境和自然环境相协调,营造舒适的人居环境。

2.3.3.3 提高科技文化水平,加强小城镇精神文明建设

随着乡镇企业的崛起、农村商品经济和第三产业的发展,农村小城镇的经济实力不断加强,但相对而言,小城镇的精神文明建设却远远落后于物质文明建设。这主要是由于我国小城镇的文化教育事业相对滞后,小城镇人口的平均教育水平比城市低得多,影剧院、图书馆等群众性文化设施缺乏,群众业余生活十分单调,加上小城镇经济发展步伐快,人们的思想观念跟不上形势的发展,保守的小农意识还没完全根除,市场、法制观念还比较淡薄。

要加强小城镇的精神文明建设,抓好科学文化教育是关键。要优先发展教育事业,全面实施素质教育,加强科普工作,提高全民的科技文化素质。广泛开展以职业道德、社会公德和家庭伦理道德为主要内容的文明素质教育,通过制定文明行为规范,对不文明的现象进行曝光和舆论干预,使城镇居民的文明素质有所提高。搞好精神文明建设,同时是推进经济发展和社会进步的重要手段,江苏省的张家港市就是通过创建文明社区的活动,令各乡镇的面貌焕然一新,改善了投资环境,博得了投资者的青睐和高度赞誉。

2.3.3.4 推进体制创新，为小城镇发展注入新的生命力

当前我国正处于传统计划经济体制向市场经济体制的转轨时期，在社会发展各方面的体制性障碍仍然很突出。小城镇发展建设存在的主要障碍表现在这几个方面：一是现行户籍制度阻碍农村人口向小城镇流动，导致城镇化进程缓慢；二是现行土地制度不利于加快小城镇的发展，限制了乡镇企业向小城镇集中，土地利用粗放；三是现行投融资体制制约小城镇发展，基础设施建设滞后；四是现行社会保障制度难以适应小城镇的发展需要，农民进城后得不到基本生活保障，无法割断农民与土地的"脐带"关系。

体制性问题已经成为小城镇进一步发展的绊脚石，因此必须大力推进体制改革和创新，为小城镇的健康发展注入新的动力。第一，改善城镇户籍管理制度，形成城乡人口有序流动的机制，取消对农村劳动力进入城镇就业不合理限制，引导农村富余劳动力在城乡地区间的有序流动。健全城乡户籍管理法规，从法律上规定农民进入城市或小城镇落户的合法性。对在县级市市区、县人民政府驻地镇及县以下城镇有合法固定住所、稳定职业或生活来源的农民，可转为城镇户口，各单位、各部门不得收取城镇增容费或其他类似费用，降低农民进入小城镇落户的门槛，并在子女入学、就业、参军等方面享有与城镇居民同等待遇。第二，改革完善城镇用地制度，调整土地利用结构，盘活土地存量，妥善解决小城镇建设用地。一方面，坚持小城镇建设要统一规划，集中用地，做到节约用地和保护耕地；另一方面要通过挖潜，改造旧镇区，积极开展迁村并点、土地整理、开发利用荒地和废弃地，解决小城镇的建设用地。第三，建立小城镇建设投融资新体制，形成投资主体多元化格局。打破过去单靠政府投资的一元投融资体制，打破区域、行业和所有制界限，建立起以政府为主导、企业与农民为

主体、社会广泛参与的多元投融资体制。本着"谁投资,谁受益"的原则,鼓励集体、私营企业和个人投入小城镇建设,充分调动民间资本,沿海发达地区的小城镇应广泛吸引"外资"参与小城镇建设,可引入 BOT 投资模式。第四,建立有中国特色的社会保障制度。应从我国国情出发,按照社会主义市场经济发展的客观要求,逐步建立以城镇居民生活最低保障和养老保险为核心内容的社会保障体系,配套建立小城镇企业的就医等保险制度,同时,还应逐步建立起新的住房制度、教育制度。

2.3.3.5 应用信息技术,加快小城镇信息化建设,提高管理水平

信息化的内涵十分丰富,一般是指加快信息高科技发展速度及其产业化进程,提高信息技术在经济和社会各领域的推广应用水平,充分开发利用信息资源并实现资源共享,推动经济和社会全面发展的过程。小城镇信息化就是应用信息技术,充分开发利用信息资源,加快小城镇经济和社会发展的进程。小城镇实现信息化的意义重大。第一,国家信息化的发展必然要向广大农村地区推进,而小城镇恰在这个过程中起桥梁作用。第二,小城镇建设方兴未艾,需要处理大量的处于巨变中的重要数据。第三,信息化普及能够使人们在小城镇享受现代文明,从而提高小城镇的发展活力和生活水平,发达国家的城镇化发展道路就说明了这一点。小城镇信息化包含许多内容,有企业信息化、农业信息化、社区家庭信息化等。管理信息化,特别是政府管理信息化在小城镇信息化中起核心作用。由于政府的行为在规模小、经济不很发达的小城镇中占居重要位置,因此,要以政府管理信息化作为突破,在小城镇全社会广泛应用信息技术,大力宣传和普及计算机,提高计算机和网络的应用程度,加强信息资源的开发和利用。社会公共服务、企业生

产经营要运用数字化、网络化技术，面向消费者特别是广大农民，提供多方位的信息产品和涉农信息服务。学校要积极推广计算机及网络教育，要在全社会普及信息化知识和技能。

参 考 文 献

1. 全国市长培训中心城市发展研究所等编．中国小城镇发展报告．北京：中国建材工业出版社，2002
2. 胡序威，周一星，顾朝林等著．中国沿海城镇密集地区空间集聚与扩散研究．北京：科学出版社，2000
3. 洪银兴，刘志彪等著．长江三角洲地区经济发展的模式和机制．北京：清华大学出版社，2003
4. 袁中金，王勇编著．小城镇发展规划．南京：东南大学出版社，2001
5. 珠江三角洲小城镇专题主报告：强化制度创新，促进区域整合
6. 左正．"珠江三角洲模式"的总体特征与成因．经济理论与经济管理，2001（10）
7. 郑少智．珠江三角洲产业结构战略性调整的思考．暨南学报（哲学社会科学），2001（5）
8. 洪银兴，陈宝敏．"苏南模式"的新发展——兼与"温州模式"比较．宏观经济研究，2001（7）
9. 谢健．温州民营中小企业发展的新特征——从"温州模式"到"新温州模式"．企业经济，2002（6）
10. 张敏，顾朝林．农村城市化："苏南模式"与"珠江模式"比较研究．经济地理，2002（7）
11. 陈鸿昌．殊途同归的苏南模式和温州模式．中国改革，2001（10）
12. 彭广荣．"苏南模式"与"温州模式"的对比分析．甘肃社会科学，1998（4）
13. 邹兵．从"均衡发展"转向"重点建设"——对上海市郊区"三集中"战略的再认识．城市规划汇刊，2000（3）
14. 刘塔，侯晓虹．山东半岛城市密集地带的崛起．经济地理，1994（1）

15 李昌峰，姚士谋．山东半岛城市密集带地区区域发展对策．现代城市研究，2000（5）

16 樊杰，庞效民、杨晓光．利用外资与发展国际产业联系——山东半岛韩国投资企业典型调查分析．地理科学，1999（2）

17 王云才．21世纪我国乡村发展的八大趋势．广西经济管理干部学院学报，2000（1）

18 潘玉耕．加强小城镇精神文明建设．发展论坛，1995（9）

19 李靖．小城镇建设需要体制创新．农业经济与技术，2002（7）

20 林文、傅泽田．小城镇信息化管理研究．中国农业大学学报，2002（7）：7~11

3 小城镇建设目标与实施对策

小城镇作为我国乡村与城市之间的一种重要的连接载体，发展迅速，小城镇在小范围内具有一定的聚合和辐射功能，能够长期将各种资源和生产要素聚集起来，将生产和消费结合起来，发展具有一定规模的专业化商品生产和商品流通，建立各具特色的产品市场和要素市场；小城镇形成的市场网络，易于将城市与农村连接起来，把封闭和分散的农村市场纳入到以城市为中心的统一开放的市场体系中；小城镇体系及其市场体系的形成，有助于国家根据市场总体运行状态，区分不同地区、不同层次，采取灵活的调控措施，正确地引导生产、流通和消费，以利于减少生产的盲目性和市场波动的风险，保证市场经济的健康运行。小城镇建设的好坏，对于改善生产力布局、调节城乡人口分布、组织物资、人才和信息的交流，丰富农民的精神生活，提高全民族的科学、文化水平，都有重要的作用，因此，搞好小城镇建设尤为重要。

3.1 小城镇建设现状

近年来，农村经济体制改革的成功，乡镇企业的异军突起，我国掀起了以小城镇为主要载体的农村非农化和城镇化热潮，为农村小城镇建设创造了良好的条件。目前我国的城镇化水平已进入加速发展阶段，因此抓住机遇，把握住小城镇建设的特点，突破难点，采取有力的启动措施，加快农村小城镇建设步伐，是进一步把农村改革引向深入的关键环节。十五届三中全会以来，小城镇在以发展小城镇带动农村经济和社会发展的战略方针指导下，各地强化小城镇建设管理，使小城镇建设呈现出了蓬勃发展的好势头，先后涌现了一批设施齐全，环境优美的新型现代化小城镇。

3.1.1 小城镇建设的范畴和机制

3.1.1.1 小城镇建设的范畴

小城镇建设是我国社会主义建设事业的重要组成部分，是形成和完善小城镇功能的必要手段，也是满足生产和居民生活的基本条件。其含义有广义和狭义之分。广义上的小城镇建设是指小城镇中所进行的各项建设的总和，主要包括旧城改造、新城建设、重点项目建设、基础设施建设和服务设施建设五个部分；而狭义上的小城镇建设主要是指小城镇住宅和市政工程、公共事业建设、环境保护、园林建设等基础设施的建设。一般意义上我们所提到的主要是指狭义上的小城镇建设。

小城镇建设的内容涉及社会生产和生活的众多方面，其建设的过程是一个不断优化协调的过程，是一个减少乃至消除众多社会问题的过程。因此，小城镇政府应运用行政的、经济的、法律的等手段，加强小城镇建设的管理和宏观控制，协调各项小城镇建设活动，保证小城镇建设的顺利进行。

从世界范围小城镇的建设看，其中存在一些共同的特点：一是综合性，小城镇建设往往涉及城市各行各业，包括城市基础设施、市政设施、环境保护、广场绿地、公共服务、住宅、工业等；二是地域性，依据小城镇所处地理位置、自然条件的不同，小城镇的性质也会不一样，这就要求我们因地制宜建设小城镇。❶

3.1.1.2 小城镇建设的机制

(1) 小城镇建设的决策机制

这是小城镇建设机制运行的前提，主要是在对重大项目充分了解实际情况的基础上，根据经济未来发展趋势，各部门相互协商、相互配合进行决策的过程。小城镇决策过程是一个科学性、民主性、综合性互相结合的过程。科学性是指以生态经济学理论指导重点生态环境工程的建设，合理确定治理方式；民主性是指所做的决策经过多方论证，具有现实性，不是首长意志；综合性，即决策的过程是各部门相互协调的过程，这样在项目开工之前，就能做到科学、合理建设。正确处理局部利益与整体利益的关系，防止边建设边破坏的现象出现。从各类工程开发的源头把住环境保护工作的"关口"，对小城镇建设的重大经济技术政策、发展规划、重点资源开发与经济发展规划，进行综合评价。

(2) 小城镇建设的激励机制

这是小城镇建设机制运行的动力。主要是通过一系列的措施，调动公众积极参与小城镇建设的过程。这一方面突出表现在小城镇的投资方面。小城镇政府以法律规定等控制条件有偿出让国有土地使用权，实现了自身的物业开发，又可为小城镇建设筹集资金。小城镇借贷、对小城镇基础设施使用的收费等也是小城镇建设中资金来源的重要方面。

目前，小城镇建设中发挥民间投资作用，探索出了多

---

❶王庚绪．城市规划、建设、管理、监察、执法实务大全．北京：中国物价出版社

渠道投融资的小城镇建设机制。资金短缺是小城镇建设的一大难题,解决这个问题单靠财政不行,全靠贷款也不能完全解决。必须通过机制创新走出一条多元化投融资的小城镇建设路子。解放思想,拓宽思路,用市场机制盘活民间和社会资金,以此带动小城镇建设。大力发展个体私营经济,提供产业政策、公平竞争、土地管理、税收征管、信息咨询、审批服务等方面全程服务,使个体私营经济成为小城镇发展的重要支撑力量。加大招商引资力度,采取多种方式,通过展销会、洽谈会、发布会、网上招商等多种渠道招商引资,积极组织引导企业集团和外商到重点镇对接项目,利用国家鼓励东西部合作的有关政策,抓住沿海发达地区产业转移契机,注意完善各项政策法规,切实保护投资者的合法权益。

(3) 小城镇建设的监督机制

这是小城镇建设机制运行的保障。就是通过一定的手段和措施使建设和区域经济发展按预定的目标进行的过程。要运用法律、行政、经济、技术和教育的手段进行监督,防止造成不遵守小城镇建设规章的盲目发展。面对小城镇生态环境日趋恶化,加强小城镇的监督尤为重要。健全监督机制,促进环境与经济协调发展。完善法规制度,强化环境管理。加强法规制度建设是保护和改善小城镇生态环境的根本保证,从而为小城镇建设的顺利进行提供法律保障。❶

(4) 小城镇建设的行政机制

小城镇建设的行政机制就是小城镇人民政府及其行政主管部门依据宪法、法律和法规的授权,运用权威性的行政手段,采取命令、指示、规定、计划、标准、通知、许可等行

---

❶支玲,任恒祺.试论西部生态环境建设机制的构成体系.云南林业科技.2001.3

政方式来进行小城镇建设。许多的小城镇建设的项目,如基础设施建设、公共服务设施建设等是通过强制性内容的方式确定的。

3.1.2 小城镇建设的基本情况

3.1.2.1 小城镇建设大事回顾

建国以来,我国小城镇建设飞速发展,从1949年中华人民共和国成立到1998年发布了《中华人民共和国土地管理法》,规定"乡(镇)村建设应当按照合理布局、节约用地的原则制定规划,经县级人民政府批准执行。"期间,小城镇建设经历了曲折的过程,见表3-1。

建国以来我国小城镇建设主要大事记　　表3-1

时间	主要内容	时代背景
1950	《中华人民共和国宪法》颁布,其中规定城市土地归国家所有,农村和城市郊区的土地,除由法律规定属于国家所有的以外,属于集体所有;宅基地和自留地,也属于集体所有	1949年中华人民共和国成立
1953.12	《关于国家建设征用土地办法》指出:为慎重妥善地处理国家建设征用土地问题,指定了关于国家征用土地的原则、审批主题、审批手续、勘测、土地补偿费、农民安置转移、征用之土地产权等方面的22条办法	三大改造完成,进入社会主义社会
1955.11	国务院《关于城乡划分标准的规定》中规定了城镇的划分标准,并将城镇区分为城市和集镇,其余为乡村	同上
1958.8	通过《中共中央关于在农村建立人民公社问题的决议》,把农业生产合作社合并成为规模较大的、工农商学兵合一的、乡社合一的、集体化程度更高的人民公社	1958年总路线提出
1964	毛泽东同志发出了"农业学大寨"的号召。学习大寨人民的自力更生、艰苦奋斗的革命精神,在发展生产的基础上建设新农村。但在"左"倾错误思想下,特别在十年动乱期间,强行推广大寨大队的经验,造成了一些不良后果	三年自然灾害,文化大革命爆发

3.1 小城镇建设现状

续表

时间	主要内容	时代背景
1979	党中央作出《关于加强农业发展若干问题的决定》,党的十一届三中全会之后,经过拨乱反正,小城镇的建设和发展问题重新得到重视。从改变农村面貌、实现四个现代化的需要出发,进一步提出了发展小城镇的问题	1978年12月中国共产党中央委员会第十一届第三次全体会议,作出了把党的工作重点转移到经济建设上来的决定
1981	中国建筑科学研究院农村建筑研究所（1982年机构调整后改为中国建筑技术发展中心村镇建设研究所）着手编制《村镇规划讲义》。目的是在全国普遍开展规划工作,培养大批规划人员	
1982.1	原国家建委制定《村镇规划原则（试行）》是在总结过去经验教训的基础上,把村镇规划分为总体规划和建设规划两个阶段,以便每个村庄和集镇的规划,能够与整个乡镇的全面发展结合起来	
1982.5	中国国家机关成立城乡建设环境保护部（建设部）。内部设置乡村建设局,主管村镇规划、建设和管理工作	
1983	在上海嘉定县召开了《全国村镇建设学术讨论会》。会议对村镇建设开展了多学科、综合性的学术讨论。这次学术活动对蓬勃发展的村镇建设事业起了推动作用	
1985	城乡建设环境保护部关于印发《集镇统一开发、综合建设的几点意见》的通知	
1988	通过了《中华人民共和国城镇土地使用税暂行条例》,主要涉及城镇土地使用税的计算方法、免征范围、收缴单位等方面	
1990	国家按照所有权与使用权分离的原则,实行城镇国有土地使用权出让、转让制度,但地下资源、埋藏物和市政公用设施除外,颁布了《中华人民共和国城镇国有土地使用权出让和转让暂行条例》	
1994	颁布《村镇规划标准》GB 50188—93。标准适用于全国村庄的集镇的规划,县城以外的建制镇的规划也按本标准执行	
1995	建设部颁布《建制镇规划建设管理办法》。全文共7章:1.总则;2.规划管理;3.设计管理与施工管理;4.房地产管理;5.市政公用设施、环境卫生管理;6.法则;7.附则	
1998	发布了《中华人民共和国土地管理法》,其中第37条规定:"乡（镇）村建设应当按照合理布局、节约用地的原则制定规划,经县级人民政府批准执行。"	

资料来源:赵月,李京生,孙鹏.小城镇建设大事记.2002.4

3.1.2.2 小城镇建设投资

目前，小城镇投资主体趋于多元化，财政收入不断增加。小城镇建设离不开资金的投入，我国小城镇建设的投资中，已经形成了农民、地方财政和地方集资等多元化的投资主体。政府和农民是小城镇建设的主要投资者。

根据中国社会科学院对全国综合改革试点镇河南镇平贾宋镇、湖北襄阳太平店镇、安徽界首市光武镇的调查，1995~1999年，小城镇的财政收入不断增长，年均增长率达21.68%，同期，小城镇的财政支出也同步增长，且财政支出的增长速度达23.29%，比财政收入增长速度高1.61个百分点。

3.1.2.3 小城镇生态环境建设

小城镇发展离不开一定的区域背景，小城镇的活动有赖于区域环境的支持。从生态角度看，小城镇生态系统与其周围地域生态系统息息相关，密不可分。小城镇生态环境问题的发生和发展都离不开一定的区域，调节城市生态系统，增强城市生态系统的稳定性，也离不开一定区域，人工化环境建设与自然环境的和谐结构的建立也需要一定的区域回旋空间。

小城镇建设的加强，生态环境得到保护，环境质量日益改善。小城镇的建设是推进我国城市化进程的一个重要举措，是避免人口过度向少数中心城市集中，减轻大城市的人口、就业和环境压力的有效途径。而认识小城镇的生态环境特点对解决我国目前小城镇中存在的环境问题具有积极的意义。小城镇的规模小，交通流量不大，可以避免大城市巨大的交通流量带来的空气和噪声污染，而且其周围是乡村，产生的污染容易被周围乡村分散、融解，不会像大城市那样产生集中污染。小城镇的这些生态上的特点，表明小城镇与生态学应用的基本原则有着天然的联系,对于本地居民安居乐业以及对大城市中追求过一种简朴宜人生活的人群具有强烈吸引力。因此,小城镇建设应该围绕如何强化以上述及的生态学的内涵进行。

3.1.2.4　小城镇住宅环境建设

小城镇住宅是小城镇居民生活、休息、购物、社交、文化体育等活动内容的通称,是城市生活的基本组成要素之一。社会的发展是一个连续的动态过程,小城镇的发展也是如此,反映在城市生活方面,就引起小城镇生活居住在质和量的内涵与外延上的不断扩展,引起其与城市生活的其他组成要素之间的互为依存、互相制约关系的不断变化。

改革开放以来,人口的增加,人们对住房认识的改观,对住宅的需求倍增,小城镇的住宅建设发展迅速。"十五"期间,我国累计完成城镇住宅竣工面积27亿立方米。据安徽省统计,2000年,全省城镇完成住房建设投资105亿元,竣工面积1650万 m^2,城市人均住房使用面积达到 $13.5m^2$,全省住宅小区物业管理覆盖率达50%以上。房地产开发完成投资85亿元,房地产景气指数为130.7,居第三产业六大行业之首,同比提高9.4个百分点。淮北的黎苑新村获全国"城市住宅建设优秀试点小区"称号,省政府对淮北市人民政府、省建设厅予以通报表彰。合肥梦园小区、太宁花园、柏景湾花园、马鞍山东晖花园等住宅小区进行了示范工程,住宅建设质量不断提高。住宅建设投资的快速增长和建设质量的提高,提高了居民的居住水平,改善了城市环境,促进了经济的快速发展。

3.1.2.5　小城镇公共服务设施和基础设施建设

国家加大基础设施建设力度,为加快小城镇发展提供了前所未有的有利条件。从 1998 年开始，国家已经投入巨资用于铁路、公路、电信、水利和生态环境等基础设施建设，尤其是农村电网改造工程的实施，以及今后可能出台的与农业和农村经济直接相关的基本建设项目，对增加非农产业就业机会，加快小城镇基础设施建设，改善小城镇的生活条件，势必产生有力的推动作用。

在规划的指导下，小城镇的基础设施得到明显改善，公共服务水平不断进步。建国 50 多年来，特别是改革开放以来，各级政府加强了基础设施的投资，使小城镇基础设施有了较大的发展。

3.1.3　小城镇建设中存在的问题

3.1.3.1　小城镇建设中存在的问题

建国以来，我国的小城镇建设取得了巨大的成就，尤其改革开放 20 多年来，乡镇企业的异军突起和专业化市场的迅猛发展，小城镇蓬勃兴起，小城镇建设迅速。然而，回顾我国小城镇发展的历史，由于历史等多方面的原因，小城镇建设过程中缺乏相应的政策引导和理论指导，存在着一些亟待解决的问题。

（1）小城镇建设迅速，但是建设的规模比较小，而且建设混乱

近几年，我国小城镇建设速度非常快。但是这种城镇水平比较低，基础设施匮乏，人口素质比较低。城镇数量多，必然导致城镇的规模偏小，积聚力不强，小城镇与乡镇企业结合不紧密。城镇规模小，难以建设较为齐全的基础设施，对小城镇的建设不利。目前，我国现行的建制镇标准偏低，全国镇的平均人口不超过 6000 人，有的建制镇非农业人口只有一两千人。由于人口过少，城镇的人才、科技、工商业发展等集聚效益都受到影响，同时造成乡镇企业过于分散，浪费资源，并且影响了环境。

由于小城镇规模小,金融、信息、技术等方面建设的服务水平低,生产要素市场建设不充分,使小城镇在人才、资金的引进,产品技术的更新,产业升级等方面都受到很大的限制,影响了小城镇功能的提高,对区域社会经济的辐射力也小。同时,区域内各个城镇之间的同构建设现象严重,使得小城镇在区域分工中的地位不明显,起不到应有的作用,优势不能互补,相反城镇之间的竞争加剧。

"撤乡(区)设镇"诱发了一些地区"为设镇而设镇"的盲目倾向,使得一些本来不够条件、经济发展水平低的乡也变成了镇,失去了设镇的意义。根据民政部颁布的建制镇设置标准"镇域总人口在二万以下的,驻地非农业人口应超过2000人;镇域总人口在二万以上的,驻地非农业人口应占总人口的10%以上",两种情况都要求"驻地非农业人口须占总人口的10%以上"。但据建设部的个案调查中,样本数80%以上的镇"镇域非农业人口占镇域总人口"的比重不到10%。

小城镇盲目扩大建设现象严重,导致了"城不像城,村不像村,城又像村,村又像城"状况的出现。特别是发达地区,分布密度很高的小城镇都建设工业小区、商贸区,造成无农田,无绿地,烟囱林立,工厂住宅混杂的局面,甚至将可能出现发达国家出现过的无道路用地的状况。

(2) 外来人口对小城镇建设管理带来冲击

中国普遍是以常住户籍人口为基数来设定城镇管理部门的人员编制,而在部分发达地区的小城镇中,外来暂住人口超过本地户籍人口,像东莞、深圳等城市,本地人口与外来人口之比已经达到1:4甚至更多,但是政府管理部门的人员编制却仍然是按照户籍人口的比例来配置。镇政府作为国家基层一级政府,责任重大,任务繁重,但却不是一个完备的政府,权小、能力弱,责、权、利不相一致。镇域范围内的税务、公安、司法、工商管理、广播电视等重要的经济职能部门和国家机器，镇政府都没有相应的管理机构，无权对他们进行管理、协调和指挥。镇政府没有独立的财政，也没有人事权，镇机关干部的任命、调动都是由县级党政决定。事权、财权、人力支配权均不充分，镇政府便没有能力完成一级政府相应的许多管理工作。镇政府充其量只是县级党政派出的某些方面的办事机构或执行机构，而不是责、权、利相对一致的一级政府。政权组织功能不全，管理机构残缺，使镇政府处在"上不到天、下不到地"的尴尬境地，难以对全镇实施全面管理。一些小城镇中长期困扰外资企业的社会治安、城市交通问题，就是政府管理职能不健全的后果。

(3) 乡镇企业污染严重，环境问题突出

近年来，在我国的环境污染中，乡镇企业所占的比重迅速增大。1997年12月23日，由国家环保局、农业部、财政部和国家统计局联合发布了《全国乡镇工业污染调查公报》，其中所反映的问题触目惊心：乡镇工业废水排放量占全国的21%，比1989年增加552%；二氧化硫排放量占全国的23.9%，比1989年增加22.6%；工业粉尘排放量占全国的67.5%，比1989年增加182%。这些污染物对生态环境造成了极大的破坏。一些村镇生活环境质量并无明显改善，有些甚至有恶化的趋向。新区建设中的绿化和美化工作常被忽视，建设项目对环境质量的破坏也常常被其经济效益所掩盖；旧村改造不被重视，农民富裕后只想辟新地建新房，造成旧村居住环境质量全面衰退，既浪费了土地，也相应导致了地方传统特色的消亡、配套设施投入增加和治安恶化等方面的问题。

(4) 建设用地粗放经营，浪费严重

我国小城镇与村庄的人均建设用地比城市高出近1/3，同时，我国幅员辽阔、自然环境、生产条件、风俗习惯非常多样，长期缺乏规划与管理的建设，导致全国人均建设用地水平差别很大。当前我国小城镇的土地利用方式主要以粗放型利用为主，资源利用效率低，环境污染严重。由于对小城镇的功能定位和发展潜力缺乏科学的把握，存在着贪大求全，盲目追求城镇人口规模，夸大城镇化水平的现象。导致城镇规划用地偏大，造成大量土地资源的浪费。有些小城镇过分强调未来的发展，预留大量的用地，结构零乱，布局分散；有些地区不论单位大小，自圈一块用地，其内部布局是"四周一圈大围墙，车库宿舍列两旁，中间坐个小霸王"。另外，农村乡镇企业用地规模大大超过大中城市的标准，造成土地利用效率低下。

一方面乡村居民点占地较多，布置较为散乱，人均用地指标偏高，并且从建制镇、集镇到村庄呈增高态势。另一方面，乡镇企业遍地开花，受行政地域影响较大，小城镇建设用地和乡镇企业的散乱布局，不利于基础设施、公建设施配套建设和污染集中治理，不利于积聚效益、规模效益和环境效益的形成，从而造成土地资源的浪费。私宅建设占用了大量土地，或者工业、商业或房地产等项目对土地占而不用也极大浪费了土地。

(5) 基础设施、公共服务设施建设配套不完善，管理滞后

基础设施和公共服务设施建设是小城镇发展的一项重要内容，反映了城镇化和现代化水平，直接关系到小城镇的经济、社会发展和人们生活水平的提高。只有良好的基础设施才能吸引企业和人口向小城镇集中。中国的小城镇大部分具有悠久的历史，基础设施本来就不完善，加之近十几年来规模迅速扩大，新的基础设施建设跟不上去，原有的设施又年久失修，造成许多城镇缺水、少电，整体环境质量较差；还有大部分小城镇是近十多年来随着改革开放的深入和经济的发展在原来乡基础上发展起来的，也有少量小城镇是因大型工、矿企业的建立平地而起的，多半基础设施条件比较差。旧城区，镇内街道不

能及时扩建、改建,一些基础设施,如给排水系统、幼儿园、学校建设以及环境治理等跟不上;新城区或新建工业小区,基础设施建设仅仅局限于三通一平,有些甚至连三通一平都做不到。公共医疗水平比较差,居民科技文化素质低,阻碍了小城镇建设的进程。

公共设施建设标准不一,浪费现象与滞后现象并存。一些办公楼、道路、公共建筑等"门面工程"标准提高,超出了实际利用需要,浪费严重,然而与其相应的配套设施如电力电讯、给排水、垃圾处理等系统、设施的建设并不完善,影响了社会经济的健康发展。

管理滞后于建设,是小城镇污染问题产生的重要原因。大多数乡镇抓城镇建设的积极性很高,而管理和维护相反显得被动和滞后,街道狭窄、拥挤、东西乱堆乱放,垃圾污水随处倾倒,等等。

(6) 我国住宅建设比较落后

目前,我国住宅建造仍未摆脱粗放型的生产方式,农村建房基本上是以户为单位进行,居住分散,居民的思想观念滞后,住宅档次低、功能质量差、生命周期短。人力、物力和财力浪费严重;小城镇的住宅建设也基本上是以企业和个人自建为主,缺少统一的住宅区规划,住宅单体户型设计单一、功能结构不合理,不考虑环境、功能、质量等因素,不注重新技术、新材料的应用,缺乏必要的技术支持,多数房屋建设仍处于低层次、低技术含量的简单再生产;小城镇的房地产开发企业资金实力弱,技术人员少、开发经验不足,很难吸引农民和小城镇居民购买商品住房,有限的资金处于分散、无序的使用状态;小城镇的土地资源集约利用水平也很低,土地瓶颈制约、政策僵化、灵活性不足,规划滞后,布局松散,基础设施差导致目前仍未形成住宅产业。

3.1.3.2 小城镇建设中存在问题的成因分析

(1)城乡二元结构是导致小城镇建设问题的主要原因

首先,土地所有制存在二元结构即土地的国家所有制和集体所有制并存,除了区、镇政府所在地和个别开发区土地为国家所有外,绝大部分土地是以行政村甚至自然村为基本单位的集体所有制土地。其次,与土地所有制二元结构相对应,行政建制上存在村镇管理的市、区、镇、村的分级管理体制,这种体制是农业社会保甲县州府体制的略加变化而已,难于适应现代城市发展的需要。陆域面积中大部分为农村集体所有。目前我国对国家所有制土地产权有着较为明确的规定,而集体所有制土地的规定则较为模糊,具体表现有关集体所有土地的计划管理权、规划管理权、行政管理权、地籍地政管理权、经营管理权以及与土地密切相关的房屋和建筑物管理权等方面的规划,存在着权力界定不清、职能交叉的问题。在现行的城乡二元结构体制下,各行政村,甚至是自然村仍是以土地为资本,利用土地收益,各自为政地按照自己的想法进行分散的、低水平的村镇建设。导致的结果则是用地的无限制扩张,道路布局不合理市政设施不配套,公共服务设施严重缺乏,环境日趋恶化。

(2) 观念保守,体制不健全

在小城镇发展中存在着自发性与盲目性,抑制了小城镇承载力、吸引力和辐射力的有效发挥。如传统的户籍制度限制农村人口合理流动;农村土地流转制度,制约了小城镇发展对农村经济的带动作用;社会保障制度改革滞后,致使农民不愿放弃农村土地;税费和投融资制度不完善,造成乡镇企业和农民进城的成本较高,抑制了乡镇企业和农民入城的积极性。另外管理粗放,离现代化管理的要求差距很大,既存在管理缺位,也存在着管理越位的情况,削弱了支撑小城镇发展的动力。

(3) 建制镇设置标准偏低,相关配套改革滞后目前国家规定的建制镇设置标准为乡政府驻地,非农业人口在2000人以上或占全乡总人口10%以上。标准偏低,建制镇数量增长快。许多的建制镇的设置只是行政建制意义上的升级,非农产业的基础仍然薄弱,造成小城镇规模偏小、功能弱的局面。目前我国城镇现有政策体制环境不能适应城镇进一步发展的需要。小城镇建设中存在着"条块分割,多头管理"的现象,难以协调解决。城乡分割的二元体制阻碍了生产要素在城乡间的流动,而且农村集体经济体制和土地使用制度创新滞后,只是离开农业的农民离开土地的动力不足,"两栖"现象普遍。

(4) 政府财力不足,基础设施资金投入比例低

目前我国基础设施建设的投资主体正逐步走向多元化,但实际上政府仍然是投资主体,一般镇政府的财政主要是由上级政府的税收返还构成的,其自身的收入很少,但上级政府的返还比例相当低,往往难以支撑各类基础设施建设的巨大费用,导致各类基础设施建设滞后。例如顺德的均安镇,每年上缴税收1.5亿元,实际返还下来作为财政的只有6000万元,这笔费用仅够镇政府日常运营的开支,要建设大型基础设施就必须另辟途径。

政府投资方向不明确。大多数小城镇政府沿袭了传统的城市建设体制,对小城镇建设中各种基础设施建设大包大揽,有些小城镇政府甚至投资建设楼堂馆所以及各种专业批发或零售市场。这大大分散了镇政府本来就有限的财力,使政府难以在一些最基本的公用设施方面发挥应有的作用。

缺乏真正的融资主体。尽管镇政府承担了所有的基础设施建设投资,但政府并没有资格向银行借贷。同时,由于大部分乡镇企业规模较小,缺乏良好的还贷信誉,金融机构也不愿对其发放贷款。导致信贷资金难以在小城镇基础设施建设以及经济发展中发挥应有的作用。据国务院体改办中国小城镇改革发展中心的抽样调查,近3年金融性投资在小城镇建设总投资中

的比重不足10%，在基础设施建设投资中，这一比例更低。❶

表3-2是珠江三角洲地区主要城市基础设施投资比例情况，从表中不难看出，即使有些城镇财政并不那么紧张，但实际投入到基础设施建设中的费用相当少。据相关研究，我国城市基础设施投资占GDP的百分比适宜保持在6%~15%，其中市政公用设施为4%~8%；城市基础设施投资占固定资产投资的百分比应保持在20%~30%，其中市政公用设施为8%~15%。基础设施投资比例过低，导致了各类基础设施建设的滞后，使得基础设施的建设水平与其经济发展水平不相适应。

珠江三角洲地区主要城市基础设施投资比例（2000年）　　表3-2

城 市	GDP（亿元）	固定资产投资（亿元）	基础设施投资		
			数额（亿元）	占GDP比例（%）	占固定资产投资比例（%）
广州	2375.91	541.41	75.47	3.18	13.94
深圳	1665.47	594.60	128.69	7.73	21.64
珠海	330.26	95.08	21.30	6.45	22.40
东莞	492.71	102.89	16.01	3.25	15.56
中山	312.82	109.95	4.92	1.57	4.47
全省	9662.23	3233.70	535.7	5.54	16.57

注：受资料所限，本表中的基础设施指交通运输仓储和邮电通信业、卫生体育和社会福利业、教育文化艺术和广播电影电视业。

（5）规划落后于建设，规划中存在非科学因素的影响

目前许多的小城镇都是在"先建设后规划"的情况下起步的，盲目的建设使得小城镇"拆了建，建了拆"，"马路经济"现象严重，加上大城市的产业转移，小城镇原有的基础设施难于承负，污染严重，小城镇经济、社会、环境效益明显受损，造成恶性循环。

小城镇规划的过程中，往往是领导说了算，规划成了领导

---

❶农业部农村改革试验区办公室．小城镇中的若干重要问题与政策建议．农业经济问题，1996(6)

的想法，非科学的因素增加，使得小城镇科学性受到影响。在目前的规划中，一般是政府首先规定规划范围，确定用地规模，然后再由规划者按照国家确定的目标推算应达到的人口规模，"寻找"规划期内应达到的"城市化"水平。如某城镇1996年规划时城市化率还只有16%，而到2000年要达到50%，"城市化"水平增加如此之快，让人难以理解。所以规划成了迎合领导只考虑"政绩"不顾现状分析的想法的一种工具。

(6) 缺乏区域设施共建共享的有效机制

一般情况下，基础设施的建设主体是当地的各级政府，当地政府只考虑自身辖区内是否获利，而对于大区域的共同利益、区域资源的有效配置很少关心，甚至有时上级政府要求区域共建共享，而涉及一些当地政府的利益，这些政府只从自身的利益出发而对区域共建有所抵触。各村镇分散化发展的模式形成了基础设施由局部发展组合成整体，而不是在整体框架下建设局部的局面，必然导致重复建设的现象。以环保设施为例来说明这一问题。在管理上各类环保设施是由市政局和环保局管理的，但市政局和环保局只是一个管理监督机构，均无行政和资金决策权。其与市政府的关系是为市政府做出有关环保方面的决策提供意见，并受政府委托进行管理；与镇政府之间的关系只是为镇政府提供有关专业方面的技术指导，而对于镇政府本身来说并没有太多的管辖权。在这种情况下，赋予了镇政府比较大的自由处置权。镇政府往往从自身的利益出发进行建设，容易忽视市域整体利益，从而导致重复建设。而市政局、环保局又不具备协调各镇决策权的权力，其行政权力的权威性常常得不到各镇政府的认可，即使对区域设施建设提出整合意见也常常是苍白无力的，如东莞的高埗镇、石碣镇、石龙镇曾经商讨过三镇共建污水处理厂事宜,但最终还是流产了。[1]

3.2 小城镇建设的目标

3.2.1 小城镇建设的总体目标

今后一个时期,是中国城镇化能否取得决定性进展的关键时期。抓住并利用好这个时期,中国小城镇发展就能出现一个新的局面,整个城市化进程就能明显加快。实现农村城镇化,应当从整个国家实现工业化和农村经济发展和社会进步的长远需要进行统筹安排,把小城镇建设与大中城市建设、小城镇布局与农业发展布局结合起来统筹考虑,在明确总体目标的前提下,做到合理规划,规模适度,分批建设,逐步推进。小城镇发展需要几十年的较长时期,在这个问题上切不可操之过急。但是,千里之行始于足下,对于作为一项重大战略任务的小城镇发展应当及早加大推进力度,使之在农村经济社会发展和农民收入增加过程中充分发挥作用。

以邓小平理论和党的十五大精神为指导,以加快我国城市化进程,努力实现社会主义现代化为目标,以体制创新为动力,按照"合理布局,科学规划,扩张为主,新建为辅,政府推动,市场运作"的方针,分类指导,突出特色,循序渐进,强化城镇功能,提高城镇环境质量,进一步引导农村人口和生产要素向小城镇集聚,使农村社会经济的发展和农村城镇化相结合,促进经济、社会协调发展。

"十五"期间要把15%的建制镇建设成为规模适度、经济繁荣、布局合理、设施配套、功能健全、环境整洁、具有较强辐射能力的农村区域性经济文化中心,其中少数具备条

---
[1] 珠三角小城镇研究课题组. 珠三角小城镇研究专题主报告

件的小城镇发展成为辐射和带动能力更强的小城市；搞好小城镇建设管理。发达地区在 2001 年底以前、其他地区在 2002 年底以前完成县域城镇体系规划的组织编制工作，并据此搞好小城镇规划的编制和调整完善工作；突出重点，积极推进中心镇的建设，对具有区位优势、产业优势和规模优势的中心镇，优先发展，并给予必要的政策倾斜；严格执行土地利用总体规划，做到县域城镇体系规划和建制镇、村镇建设规划与土地利用总体规划相衔接，建制镇和村镇规划的建设用地规模要严格控制在土地利用总体规划确定的范围内；小城镇建设用地立足于挖掘存量建设用地潜力，用地指标主要通过农村居民点向中心村和集镇集中、乡镇企业向工业小区集中和村庄整理等途径解决，镇域或县域范围内建设用地总量不增加；充分运用市场机制配置小城镇建设用地，小城镇国有建设用地除法律规定可以划拨方式提供外，都应以出让等有偿使用方式供地，加强集体建设用地管理，切实保障农民的合法权益。

小城镇建设的总体目标包括以下几个方面：

(1) 合理整合城乡土地

完善城镇建设布局。在保证农业和生态用地的前提下，清晰界定城镇规模和建设区范围。加强规划，合理引导，逐步将城镇地区（城镇建设区）内现有农村居民点和非农建设项目统一纳入城镇建设区范畴，同时通过拆村并点，减少城镇建设区外分散的自然村落数量，促进城镇工业区、商业区和住宅区的相对集中、连片发展。根据相对集中的原则，统一规划住宅区、工业区和农田保护区。严格限制工业零星布点，引导"工业进（工业）园"；大力提倡发展公寓式住宅，鼓励分散的居民点迁移合并，引导"村宅进（社）区"；鼓励商贸活动到镇区内成行成市经营，引导"商业进（市）场"。

3.2 小城镇建设的目标

(2) 提高设施建设水平

小城镇发展和城镇化推进，离不开区域性基础设施网络的支撑，要打破地域界限，开展"无地界合作"，统一布局和建设大型基础设施和公用设施，并实现和完善其跨地区服务的功能。重点围绕区域性交通基础设施，特别是通过公共交通布局引导小城镇用地模式转变，调整区域内城镇布局和空间结构。建立城镇基础设施、公共设施与社会经济发展水平相适应的建设机制，既引导市场经济可以自行完成配置的服务设施的合理分布和规模，也要采取多种投资渠道，政府制定规则、框架，按照"谁投资、谁收益"和公平竞争的原则进行文化、教育、科技、卫生、广播电视、体育场馆、医院等公共物品的建设，大力增强城镇的服务功能，提高城镇的吸引力和凝聚力。

(3) 加大环境保护力度

坚持资源开发、环境保护与经济社会发展同步规划、同步建设的方针，优化城镇资源配置，加强生态环境保护。把城镇污染综合防治作为当前小城镇建设的一个主要任务，增强环保意识，加强环保设施建设，提高治理标准，根本改善城镇环境质量。同时要树立"环境有价"观念，从社会公平的角度出发，逐步形成区域经济发达地区和次发达地区之间、流域上游地区和下游地区之间、非农建设地区和生态保护地区之间在自然资源、劳动力资源、土地资源和资金等方面的调节和互补机制，并在经济发展和社会分配过程中充分体现对生态环境保护地区的合理补偿。

(4) 改善居民生活质量

小城镇的人居环境建设既要重视城镇外部的生态环境和绿色开敞空间的建设，如增加绿色廊道、绿色生态斑块、区域绿地和环城绿带、保护和增加自然农林绿地等。也要重视城镇内部的环境质量和绿地建设,如增加镇区公共绿地、建设以公园为主的城镇绿心,增建以块状绿地、带状绿地为主的小游园和小绿地、强化道路绿化和滨水绿地的建设等,将城镇自然生态系统和人工生态系统共同构筑成一个完整有机的大系统,为城镇的建设发展真正提供一个可以实现持续发展的基础平台。

3.2.2 小城镇生态环境、人居环境建设目标

3.2.2.1 生态环境建设目标

小城镇建设应强调城镇与区域生态大系统的完整性及生态系统支撑能力的可持续性,必须重建已被破坏的生态基础,由征服、掠夺自然转为保护、建设自然,谋求人与自然和谐统一的共生关系;其次是加强城镇自身的生态环境建设,要把小城镇建设成为人类与自然环境和谐共处的系统,促进自然资源的合理、科学利用,实现自然生态系统和人工生态系统有机结合与良性循环;维护生态环境安全,实现生态文明,提升城镇的整体环境质量,确保国民经济和社会的可持续发展。小城镇生态环境建设的具体目标如下:

到2005年,环境污染状况有所减轻,生态环境恶化趋势得到初步遏制,城乡环境质量特别是大中城市和重点地区的环境质量得到改善,健全适应社会主义市场经济体制的环境保护法律、政策和管理体系。

到2005年,二氧化硫、尘(烟尘及工业粉尘)、化学需氧量、氨氮、工业固体废物等主要污染物排放量比2000年减少10%;工业废水中重金属、氰化物、石油类等污染物得到有效控制;危险废物得到安全处置。酸雨控制区和二氧化硫控制区二氧化硫排放量比2000年减少20%,降水酸度和酸雨发生频率有所降低。重点流域、海域的水污染防治实现规划目标,国

控断面水质主要指标基本消除劣Ⅴ类，水环境质量得到改善。城市地下水污染加重的趋势开始减缓，集中式饮用水源地水质达到标准，大中城市的空气、地表水，声环境质量明显改善，建成一批国家环境保护模范城市。核安全与辐射环境监管水平有较大提高，辐射环境保持良好状态，核电站、核设施排放废物的放射性水平符合国家标准。

人为破坏生态环境的违法行为得到遏制，重要的生态功能区开始得到保护，自然保护区和生态示范区的建设与管理水平有所提高。农村环境保护得到加强，集中式饮用水源地水质基本达到标准，规模化畜禽养殖污染得到基本控制，农业面源污染加重的趋势有所减缓，建成一批生态农业示范县，创建一批环境优美小城镇。环境保护法律、政策与管理体系进一步健全，环境规划、环境标准与环境影响评价得到加强，环境科研条件与监测手段明显改善，环境信息统一发布与宣传教育得到强化，环境保护统一监督管理与执法能力有较大提高。❶

3.2.2.2 人居环境建设目标

人居环境建设的本质是实现人和环境的改善，达到和谐共处的境界。这决定了人居环境建设的根本目的是要实现人的生活水平的提高。小城镇人居环境建设既要关注居民经济收入的改善和社会保障体系的建立，也要关注居民居住条件的改善，如住宅的舒适度、给排水状况、日照通风条件、生活垃圾收集等，还要关注社区环境的状况，如社区组织的建立、社区场所的建设、小孩教育的环境、购物的方便度、文化环境、治安状况、街道美化、公交便利的程度等。

在开展城镇物质环境净化、绿化和美化的同时，大力开展

---

❶国家环境保护总局．国家环境保护"十五"计划．"十五"计划

3 小城镇建设目标与实施对策

精神文明创建活动,抓好文明小区、文明社区、文明城区建设,促进守望相助、尊老护幼、知理立德的精神文明建设,营造和睦成风、安居乐业、其乐融融的美好生活环境,并创造更为丰富的城镇社区文化,塑造独特的城镇文化品牌,将人的素质提升与生活质量优化、环境美化紧密结合起来,全面提高城乡居民素质。

城镇居民住宅用地的规模,应根据所在省、自治区、直辖市政府规定的用地面积指标进行确定。住宅用地的选址应有利于生产,方便生活,具有适宜的卫生条件,一般布置在大气污染源的常年最小风向频率的下风侧以及水污染源的上游,当居住建筑用地位于丘陵或山区时,应优先选用向阳坡,并避开风口和窝风地段。居住建筑的平面类型应满足通风要求,在现行的国家标准《建筑气候区划》的Ⅱ、Ⅲ、Ⅳ气候区,居住建筑的朝向应使夏季最大频率风向入射角大于15°;其他气候区,应使夏季最大频率风向入射角大于0°。

人居环境建设的目标与各地区小城镇的城镇化道路、工业化方向、经济发展实力、城镇发展阶段、空间布局形态、基础设施水平等紧密相关,未来小城镇人居环境必然走向模式多样化和发展方向多元化。各小城镇应根据自身的实际和既有优势,选择切合自己特点的建设方向,采取行之有效的建设模式。

3.2.3 若干地区小城镇建设的目标

3.2.3.1 广东省小城镇建设目标

广东省在《中共广东省委、广东省人民政府关于推进小城镇健康发展的意见》(2000年)制定了广东省小城镇建设的总目标是:至2010年,全省基本形成功能协调、布局合理的城镇体系。根据集约发展的原则,全省将建成300个左右的中心镇，使其成为布局合理、功能齐全、设施完善、环境优美、经济发达、富有地方特色和风貌的具有较强辐射和带动能力的农村区域性经济文化中心，部分中心镇逐步发展成为各具特色的小城市。基础设施基本配套。全省小城镇自来水普及率达98%，用气普及率达80%，人均居住面积达20m²，其中经济特区和珠江三角洲的小城镇以上三项指标分别达到100%、95%和24m²。环境质量有较大提高。全省小城镇污水处理率达40%以上，其中珠江三角洲的建制镇都有建成或共建、共享的污水处理厂（设施），垃圾无害化处理率达50%以上；全省小城镇建成区绿化覆盖率达35%以上，人均公共绿地面积达8m²以上。

3.2.3.2 浙江省小城镇建设目标

以现代化战略为导向，以制度创新为动力，加快城市化进程；遵循城镇发展的客观规律，规划先行，有序推进，强化杭、甬、温等中心城市功能，加强建设中小城市，择优培育中心镇，完善城镇体系，走大中小城市协调发展的城市化道路；全面提高城市整体素质，增强城市要素集聚和经济辐射功能，充分发挥城市在区域经济和社会发展中的核心作用，实现城乡协调发展。城市化进程明显加快。城市要素集聚和经济辐射功能明显增强。城市居民人均 GDP 达到 3500 美元以上，第三产业增加值占 GDP 的比重达到 50% 左右，高新技术产业增加值占工业增加值的比重大于 25%。城市集散功能、生产功能、管理功能、服务功能和创新功能得到进一步强化。小城镇基础设施状况明显提高。建成比较完备的交通、通讯、供水、供电、供气和污染治理、防灾减灾等现代化城市基础设施体系，基本适应工业化、信息化时代经济发展和人民生活的需要。城市精神文明建设明显加强。教育、科技、文化、卫生、体育等社会发展主要指标达到上世纪90年代中期中等发达国家和地区水平。城区率先普及高中段教育,全省高等教育入学率达到25%以上。市民的文化素质和文明程度显著提高。居民生活质量明显改善。

3.2.3.3 珠江三角洲地区小城镇建设目标

珠江三角洲(以下简称珠三角)小城镇产业进一步发展的水平、结构趋向都离不开各种环境的影响和制约。未来珠三角产业方面应做到:产业结构由轻型加工业为主向深加工化、高技术化、服务化转化;产业布局由分散化向集群化发展;产业协作向横向、纵向一体化方向复合发展;产品结构由低端化向高端化、高附加值化转化;资本结构继续保持外资、民营、集体等多元化的格局;产业政策手段由行政干预向经济、法律等多样化手段发展。把握信息社会的经济发展规律,以产业素质提升和总量扩大为核心,以城镇产业发展创新环境的培育为重点,实行民营和外资多轨并行,大中型企业集团和中小企业多足齐跑,着力培育各类特色产业区,形成多样化的地方特色产业群,提升产品、企业、产业、城镇等四个层面的核心竞争力,将珠三角城镇群的城镇有机融入全球城镇体系的产业发展网络,在深化城镇工业化进程的基础上,实现珠三角城镇产业发展的信息化、服务化,实现珠三角各圈层、各市域城镇以及市内城镇之间产业的协调发展。

随着珠三角经济的发展,小城镇的住宅建设也向多样化的方向转变。未来的转变期间,小城镇住宅方面应注重城镇空间环境的整治,重塑有序的城镇空间形态;注重城镇产业和建设布局的引导,强化聚集和集约发展;注重基础设施和公共设施的建设,改善人民环境质量与水平;注重绿色开敞空间和生态绿地系统的构建,建设城镇持续发展的生态基础;注重多样化和特色化的建设模式,保护小城镇的地域和文化风貌;切实提高居民的生活质量和居住水平,实现人居环境的根本改变。

3.3 小城镇建设的实施对策

3.3.1 小城镇建设的指导思想

发展小城镇是带动农村经济和社会发展的大战略,它有利于乡镇企业的相对集中、农民素质的提高、生活质量的改善。小城镇建设是一项综合性很强的系统工程。在小城镇规划和建设中应注重发展经济与建设、规划与建设、建设与配套的关系。经济的发展推动城镇建设,城镇的发展又会促进经济的进步。坚持小城镇建设与经济发展紧密结合,是加快小城镇建设和实现乡村城市化的关键所在;制定规划要立足现实,着眼未来,并同县(市)区域经济规划和(县)城市总体规划相一致,坚持体现以人为核心,注重塑造生态环境,注意城市文脉的延伸,建设要从实际出发,突出优势,重点建设有特色功能的集镇。既要抓建设,又要抓配套设施服务,如城镇供、排水、街道照明、水冲式公厕以及生活垃圾进坑入箱等。

3.3.1.1 小城镇建设的指导原则

(1) 生态优先原则

人类所进行的建设活动都是对自然环境的改变,城市建设更是对大自然的大面积改变,其中包括各种资源的开发利用和废弃物的处置。如果这种开发超过了一定的限度或处置不当,就必然会污染环境、破坏生态平衡。我国小城镇在经过了几十年的建设后,过去传统的以资源消耗型、先污染后治理的做法已经使小城镇变得遍体鳞伤,当前维护生态平衡的原则也就尤为重要。

(2) 以人为本原则

在小城镇建设中,人作为其中的一个重要的生态因子,追求的是生态空间系统与人类生理、心理需求的动态平衡。小城镇建设的一切活动，归根到底都是为了满足人们的需要。因此，小城镇的建设过程中，应该切实贯彻以人为本的原则。创造一个既优于乡村又不亚于城市，甚至超过城市方便、舒适、优美的人居环境，是人类发展和社会进步的一个重要标志，也是推动乡村城镇化的一条卓有成效的途径。尽可能扩大城镇绿化用地面积，优化人行道的布置。街道和广场作为城镇最直接的体现，是城镇公共活动空间中的两种基本形式。因此在小城镇的街道布置时，应因地制宜，不必追求比值与宽阔。另外，在隔断街道空间连续性的前提下，应重视广场、社交场以及建筑景观的设计。❶

(3) 生活与生产并重原则

生产和生活的关系是辩证统一的，人类的生存与发展，既不能没有生产，也不能没有生活。人们为了生活才去进行生产，而生产的不断发展才能保证生活的不断改善，所以，生产是生活的基础，发展生产的目的是为了满足人们日益增长的物质文化生活的需要。

在城市建设中，坚持生产与生活并重的原则就要贯彻"一要建设，二要吃饭"的方针，注重人们生活质量的提高，逐步为城市居民创造洁净、安全、优美、舒适的工作环境和生活环境，包括提供适宜的住宅、较为齐全的公共生活服务设施和文化教育设施等。特别是要正确处理城市建设和经济建设之间的关系，一方面要看到经济建设是城市建设的物质基础，进行城市建设需要资金、材料、技术，这些都离不开城市经济的发展，城市经济的发展水平和状况在很大程度上决定了城市建设的规模和速度。可以说，城市经济是内核，城市建设则是外

---

❶秦岭．关于我国小城镇规划建设中的几个理论问题．城市问题，1999(6)

核。另一方面,又要看到城市建设是制约城市经济发展的一个基本条件。城市建设搞好了,会对城市经济的发展产生巨大的推动作用,尤其是城市基础设施的建设更是发展经济和提高经济效益所不可缺少的。

然而,在过去相当长的一段时期里,我们对城市建设和经济发展的这种辨证关系缺乏正确的认识,以至于在城市建设中只注意扩大生产和增加积累,而不注意改善人民的生活条件;只注意生产性建设,而不重视非生产性建设,加剧了各种"城市病"的发展,也影响了经济的发展。

(4) 两个文明建设同步原则

社会主义的城市建设要在注重物质文明建设的同时,坚强精神文明的建设,使两个文明的建设在城市的发展中得到有机的结合。

首先,在小城镇建设中,要协调两个文明的建设项目。既要重视物质资料生产的建设项目,又要重视安排城市居民精神生活服务的各种建设项目。并根据市情使两者之间保持一个合适的比例。

其次,在城市建设中,要注意防治两种片面的倾向:一是只抓物质文明不抓精神文明,即"一手硬,一手软"的倾向;二是只抓精神文明建设,不抓物质文明建设的倾向,看不到精神文明建设要以物质文明建设为基础,而一味地攀比,结果物质文明没有搞好,精神文明也没有搞好。❶

3.3.1.2 小城镇建设的理念

小城镇建设是关于小城镇发展的全局性谋划,以远期甚至远景发展的技术经济和社会环境论证为主,在调查分析的基础上,论证整个城镇各项发展潜力,从战略高度上确定其区域关

---

❶ 王庚绪. 城市规划、建设、管理、监察、执法实务大全. 北京:中国物价出版社

系、性质、目标、重点、实施阶段及关键措施，掌握内在运转和外部制约条件，谋取发展全局的主动。同时运用系统理论和方法编制城镇综合发展模型，模拟在各发展阶段的状态，并在此基础上确定规划期内城镇发展的各项技术经济指标，如人口规模、用地规模等，编制和优化区域与镇域空间结构方案。崔功豪在《小城镇规划的若干问题》中指出，小城镇建设中首先应树立四个观念，具体来讲，主要包括以下内容：

(1) 可持续发展

这里所指的可持续发展观念，不仅是指小城镇要注意环境保护，要适应环境容量，节约用水，节省土地，而是从规划的角度来促进小城镇的可持续发展。即小城镇规划应当为下一代发展创造条件，打下基础，留有发展余地，而不要为下一步发展设置障碍，制造一个个成为下一代破坏对象的建设项目。因为下一代比我们更聪明，比我们有更多的新设想、新要求；因此，用地规模要合理，避免到处圈地，浪费用地；用地开发要有序，建一片、成一片，防止四处出击，浪费资金，用地结构要有弹性和灵活性，便于和未来发展相协调。

(2) 区域整体优先

小城镇规划主要是对与经济集中的镇区进行规划，而镇区的发展是和全镇及周边地区密切相关的。因此，小城镇规划必须树立区域观念，从区域整体着眼来制定镇区的发展目标和建设标准。这里有两个层次：一是全镇的，即镇区发展要充分考虑全镇的要求和条件；二是周边影响地区的因素，不少城镇的集市贸易、商业服务、文教卫生的辐射区域可以涉及几个镇（边界城镇还波及到邻省）。为此，小城镇规划要认真调查了解其经济社会的范围。

(3) 按城建镇

从城镇体系的角度看，小城镇是城镇体系的最基本单元，是位于农村的城镇型居民点。但是，从小城镇在农村经济社会发展中的地位和作用来看，它是农村经济、社会、文化的中心，是农村接受城市文明、分享城市生活、培育城市意识的重要基地。因此，不仅要把小城镇作为农村的生产中心，而且要作为城市社区来确定人口与用地发展规模和设施标准。中心镇的规模应尽可能达到3~5万人，要按照城市的观念，用城市设计的思想去建设和管理，"按城建镇"，紧凑集中，集约用地；设施配套，形成整体，环境宜人，建筑和谐，从而形成一个个不同规模的城市社区。

(4) 因城制宜

中国的小城镇，特别是一些重要的小城镇都有着相当悠久的历史。它们与当地的自然山水相融，和经济社会相配，并随着社会的进程，年复一年地发展着。小城镇规划必须深入探寻当地自然环境和人文环境的特点，剖析经济社会发展的阶段，从而制定切合当地实际的发展方向和建设格局，切不可"千城一面"，"一窝蜂"。山区城镇与平原城镇，南方城镇与北方城镇，历史城镇与现代城镇，均应有自己的风格。特色才是城市的活力所在。

3.3.2 小城镇建设的相关政策

3.3.2.1 国家关于小城镇建设的相关政策

2000年6月，我国在小城镇建设方面，提出了小城镇发展的指导方针、原则以及深化小城镇用地、投融资体制改革等的具体政策措施。

(1) 发展小城镇既要积极，又要稳妥，要尊重规律、循序渐进、因地制宜、科学规划，深化改革、创新机制，统筹兼顾、协调发展。各地要从实际出发，因地制宜，搞好小城镇的规划和布局，优先发展已经具有一定规模、基础条件较好的小城镇,防止不切实际,盲目攀比。

(2) 发展小城镇要统一规划和合理布局。要抓紧编制小城镇发展规划,并将其列入国民经济和社会发展计划。重点发展现有基础较好的建制镇,注重经济、社会和环境的全面发展,合理确定人口规模与用地规模。规划的编制要严格执行有关法律法规,切实做好与各有关规划的衔接和协调,注意保护文物古迹以及具有民族和地方特色的文化及自然景观。

(3) 积极培育小城镇的经济基础,注重运用市场机制搞好小城镇建设。根据小城镇特点,以市场为导向,以产业为依托,大力发展特色经济,着力培育各类农业产业化经营的龙头企业,形成农副产品的生产、加工和销售基地。发挥小城镇功能和连接大中城市的区位优势,兴办各种服务行业,因地制宜地发展各类综合性或专业性商品批发市场。充分利用风景名胜及人文景观,发展旅游观光业。制定吸引企业、个人及外商以多种方式参与小城镇基础设施投资、建设和经营的优惠政策,多渠道投资小城镇教育、文化、卫生等公共事业,走出一条在政府引导下主要依靠社会资金建设小城镇的路子。国家要在农村电网改造、公路、广播电视、通信等基础设施建设方面给予支持。地方各级政府要重点支持小城镇镇区道路、供排水、环境整治等公用设施和公益事业建设。

(4) 妥善解决小城镇建设用地。要集约用地和保护耕地。通过挖潜,改造旧镇区,积极开展迁村并点和土地整理,开发利用荒地和废弃地,解决小城镇的建设用地。采取严格保护耕地的措施,防止乱占耕地。小城镇建设用地要纳入省、市、县的土地利用总体规划和土地利用年度计划。对重点小城镇的建设用地指标,由省级土地管理部门优先安排。除法律规定可以划拨的以外,小城镇建设用地一律实行有偿使用,现有建设用地的有偿使用收益,留给镇财政,统一用于小城镇的开发和建设;小城镇新增建设用地的有偿使用收益,要优先用于重点小城镇补充耕地,实现耕地占补平衡。

(5) 改革小城镇户籍管理制度,完善小城镇政府的经济和社会管理职能。从2000年起,凡在县级市市区、县人民政府驻地镇及县以下小城镇有合法固定住所、稳定职业或生活来源的农民,均可根据本人意愿转为城镇户口,并在子女入学、参军、就业等方面享受与城镇居民同等待遇。对进镇落户的农民,可以根据本人意愿,保留其承包土地的经营权,也允许依法有偿转让。

(6) 开展小城镇试点、示范工作。2000年,在全国选择了100个基础条件较好、示范带动作用明显的建制镇进行经济综合开发的试点,引导乡镇企业合理集聚,完善农村市场体系,发展农业产业化经营和社会化服务体系,促进小城镇经济发展。小城镇试点建设主要是引导地方各有关部门把工作重点由注重开展小城镇水、电、路等基础设施建设,转向注重培育小城镇主导产业,繁荣小城镇经济、实现小城镇可持续发展上。❶

2001年,我国结合本地和本部门的实际,重点发展具有一定规模、基础条件较好的建制镇,注重合理使用、节约和保护资源,加大环境保护和治理的力度,为小城镇长期发展创造良好环境。

1) 大力发展以农副产品加工业为主的乡镇工业。发挥小城镇连接城乡、原料资源丰富、劳动力充足的优势,加快发展农副产品加工业,积极探索合理的生产组织形式和利益分配机制,把农业生产的产前、产中、产后有机地联系起来,提高农

---

❶建设部关于贯彻《中共中央、国务院关于促进小城镇健康发展的若干意见》的通知(条文)

业的比较经济效益和农民的收入水平。抓住国有企业战略改组的机遇，吸引技术、人才和相关产业向小城镇转移，积极运用先进实用技术改造生产工艺，开发适销对路的新产品，提高产品的技术含量和市场竞争能力，引导乡镇工业向小城镇和乡镇工业小区集中，避免重复建设，减少资源消耗和对环境的污染，逐步实现可持续发展。

2) 加快发展小城镇第三产业。一是完善仓储、批发和零售贸易等市场设施，因地制宜发展各类综合性或专业性商品批发市场。适应农村居民生活水平提高、消费水平和消费方式不断变化的需求，加快发展小城镇商业零售业。通过采取与大中城市超市连锁等形式，发展商业连锁、物资配送、旧货调剂等。二是加快发展农业信息、农业科技、农村金融等为生产和生活服务的部门，提高服务质量和水平，逐步建立健全高效的资金融通体系、技术服务体系和信息传递机制。三是大力发展文化教育、广播电视、卫生体育、社会福利等项事业，提高居民科学文化水平和素质。结合布局调整，把中小学校适当向小城镇集中，加强文化场馆等的建设。四是对拥有旅游等特色资源的小城镇，要充分利用各自的风景名胜及人文景观，合理开发旅游资源，把工作的重点放在完善配套设施、加强管理和改善环境上。

3) 积极发展特色农业。各地在发展小城镇经济中，要注意保护好基本农田和加强农业基础设施建设，充分发挥小城镇在发展优质高效农业生产和特色农业的生产等方面的优势，突出抓好良种繁育体系建设和各类先进适用农业技术试验示范基地建设，发展无公害及绿色食品等特色农业的生产，为推进农业和农村经济结构的战略性调整提供引导和示范。

3.3.2.2 地方关于小城镇建设的相关政策

(1) 山东省实施小城镇建设百新工程

1) 各县(市、区)编制的城镇体系规划,体现剩余劳动力向非农产业转移与调整产业结构、发展第三产业相结合;加强小城镇建设与发展乡镇企业相结合;改善人民生活质量、居住条件与加强环境、基础设施建设相结合的原则。"百新工程"所属镇要根据城镇体系规划,按照国家发布的《村镇规划标准》,编制镇域规划和驻地总体规划及详细规划,经省村镇建设专家委员会评审后,报县(市、区)政府批准实施。规划一经批准必须严格执行。

2) 各类建筑必须由有资质的单位精心设计,多方案比选,做到布局紧凑、合理、适用、安全、美观。严格控制宅基地面积和占用耕地,切实做到节约用地。提倡建设住宅小区和多层公寓楼房,限制建造平房,控制建设单幢别墅楼。

3) "百新工程"所属镇都要成立"村镇房地产综合开发公司"。按照"统一规划,合理布局,综合开发,配套建设"的原则加快小城镇建设步伐。综合开发要由住宅建设向二、三产业用房和工业小区、乡镇企业集中连片建设发展。积极推行设计、施工招标。大力推广应用新结构、新材料、新技术。建设项目必须进行环境影响评价,防治污染的设施要与主体工程同时设计、同时施工、同时投入使用。严禁污染转嫁。

4) "百新工程"所属镇政府要把实施"百新工程"作为主要任务列入议事日程,不断研究新举措,走出新路子。建立相应的小城镇建设领导机构和相应的社会化服务体系,以协调和解决"百新工程"中的重大问题。

5) 建立适应经济和社会发展要求的住房制度、医疗制度、劳动就业制度、教育制度和社会保障制度等。

(2) 广东省小城镇建设相关政策

广东省在小城镇建设中提出了未来小城镇建设的目标,"树立现代化观念,城乡规划建设从外延扩张转变到内涵发展上来，以提高城镇质量和完善城镇功能为目的，以可持续发展为原则，以'两杯'达标活动和加强法制建设为手段，促进区域规划建设的协调发展，加快城乡环境建设和基础设施建设，逐步建立适应社会主义市场经济体制的城乡规划建设管理新体制，为广东基本实现现代化奠定坚实的基础。"

1) 强化区域规划建设的协调。目前广东省已编制了《广东省城镇体系规划》、《珠江三角洲经济区城市群规划》、《广东省东西两翼区域发展规划》、《珠江两岸规划（广州-虎门）》、《虎门大桥两岸景观控制规划》等以及今后编制的其他区域性规划，作为城镇规划的重要控制性文件。打破地域界限，对大型基础设施和公用设施进行统一布局和建设，并实现和完善其跨地区服务功能。如机场、港口、火车站等大型基础设施要尽量避免重复建设；对规模小、效益低、质量差的村镇小型水厂、气站、垃圾处理场等进行合并、改造或关闭，实现规模生产，提高质量；建立珠江三角洲交通大网络，使公共交通渗透到珠江三角洲城乡。

2) 贯彻可持续发展战略，完善城市功能，提高城镇质量。城市旧城区改造和新区的建设中要统一规划、合理布局、综合开发、配套建设；新城区制定50年以上的远景规划，制止零星建设，县以上城镇禁止出让土地给个人建造私人住宅。在城市规划中确立"绿地优先"的原则。发展适合亚热带风光的具有岭南特色的城市绿化和开展创建园林城市活动，城市设计中树立精品意识。推广先进的垃圾处理技术，实现生活垃圾处理无害化、减量化、资源化。逐步实行城市生活垃圾的分类收集、分类处理、综合利用，从源头减少城市生活垃圾产生量。加大治理大气污染和水污染力度。

3) 加快引入市场机制，实现城市建设投入产出的良性循环。实行城市建设投资主体多元化，鼓励合资或独资建设和经营城市基础设施。在国家控股的前提下,出让部分市政公用设施经营权,为城市建设开辟一个新的资金渠道。推行市政公用事业企业化,组建具有独立法人资格的水源、气源等生产、销售公司。

4) 抓好村镇建设试点。重视和加快小城镇建设。通过市场机制建设和管理小城镇,发挥民间投资的作用。建设一批具有一定辐射和带动能力的小城镇成为的农村区域经济文化中心,以点带面。

3.3.3 小城镇建设的相关机制

3.3.3.1 投资机制

改革小城镇建设管理体制,建立多元化投资机制。小城镇的建设管理要由分散建设走向规划指导下的统一建设;由传统的各自为政的落后建设方式走向统一部署分批实施的现代化建设方式。要改革小城镇管理制度,建立适应社会主义市场经济的管理运作机制。探索建立有效的土地内部流转制度,允许进镇农民将原承包土地有偿转让。积极推进驻镇企业改革,改造、改进企业管理,促进乡镇企业发展。改革小城镇管理服务体系,加强对农村剩余劳动力进镇的服务工作。要制定农村劳动力转移发展计划,建立劳务介绍所等中介组织,发展劳务市场,组织社会化的劳动服务体系,多渠道转移劳动力。要逐步建立适合小城镇特点的社会保障体制,解决进镇农民衣食住行、入学、就业、医疗等方面的后顾之忧。

资金缺乏是当前小城镇建设的一个突出问题。解决小城镇建设资金问题应当主要靠农民和社会各方面的力量,单纯依靠政府投入是不能解决问题的。广开资金来源,逐步建立以集体经济积累和农民个人投入为主,国家、地方、集体、个人共同投资的多元化投资体制。鼓励企业和个人投资或参与投资建设小城镇的公用设施,如自来水厂、医院、学校等。坚持谁投资、谁所有、谁管理、谁受益的原则,允许投资者以一定的方式收回投资。鼓励金融机构向小城镇建设提供中长期信贷,支持小城镇的基础设施建设。金融部门可以参考城市中商业设施开发的模式,采取抵押贷款的形式,向以某项目基础设施为基础成立的有限责任公司借贷。

在资金管理和筹措上,要开源节流,合理用财。省、地、市、县各级政府和有关部门,在安排经济建设投资时,应当按照经济社会发展计划和小城镇建设规划的要求,落实小城镇建设资金。各专项建设资金,如扶贫资金、市场建设资金、水利建设资金等,可结合小城镇建设规划,划出一定比例,用于小城镇建设。

完善小城镇建设的投资体制,可以从以下几个方面入手:

(1) 理顺市(区)、镇两级财政关系,完善小城镇财政管理体制

按照中共中央、国务院《关于促进小城镇健康发展的若干意见》(中发[2000]11号)的要求,根据财权与事权相统一和调动市(区)、镇两级政府积极性的原则,明确小城镇政府的事权和财权,合理划分收支范围,逐步建立稳定、规范、有利于小城镇长远发展的分税制财政体制,设立独立的一级财税机构和镇级金库,做到"一级政府,一级财政"。

(2) 转变小城镇财政职能,向公共财政转变

小城镇财政的职能应定位于小城镇公共物品和公共服务的提供上。在市场经济条件下,一方面地方财政资金逐步从一般竞争性领域退出,另一方面小城镇建设在一定时期内,还需适当集中财力,加大小城镇基础设施建设的投入。

(3) 完善小城镇投资融资体制

以资本市场和市场运行作为最主要的融资渠道和投资准则,改革小城镇基础设施建设投资融资方式,实现基础设施建

设资本主体多元化、资本来源多渠道、投资方式多样化。以政府和财政投资为导向,本着"谁投资,谁受益,谁承担风险"的原则,支持、鼓励和引导非政府部门、非国有机构、企业(国有、私营)和社会资金(包括民间资金)参与城镇基础设施建设。盘活基础设施等国有存量资产,如土地、基础设施资源及其延伸资源(如街道冠名权等),实施对市政公用设施经营权、城镇街道冠名权、广告经营权等的转让拍卖工作,拓宽小城镇建设融资渠道,市政公用设施的建设、经营和管理可采取国际流行的 BOT(建设、经营、转让)方式推向市场。大力发展各种形式的直接融资,使其转为基础设施的资本投入。制定优惠政策,扩大招商引资,吸收外资投资基础设施。积极开辟信贷或债券融资渠道,鼓励金融机构向小城镇建设提供中长期贷款,时机成熟可发行小城镇建设债券或股票。

(4) 提高市(区)返还到镇的资金比例

改革现行不合理的财税体制,实行核定上缴基数,超额全留政策,并明确用于小城镇建设的比例,对于与小城镇建设相关的税收部分,如城镇建设维护税、工商市场管理费、增容费、土地出让金等,应提高返还镇的比例。健全镇、村规费管理,将镇、管理区、村民小组各项规费纳入财政预算内管理,适当向镇、市一级集中。

3.3.3.2 管理机制

加强文明小城镇环境综合整治、管理。小城镇环境综合整治是农村生态环境保护和建设重点,应结合本地实际和特点,限期整治小城镇突出的环境问题,积极开展以环境基础设施建设、饮用水源及其水源地保护、农村能源建设、生活污水及垃圾处置工作,重点抓好公路、溪河两侧建筑垃圾、生活垃圾、农业有机废物处置等为主要内容的环境综合整治,对风景名胜区、自然保护区、水源保护区的生态环境应严加保护。加强小城镇水资源和生态环境保护，集约利用有限资源，建立可持续发展的资源环境支持体系。具体说来，包括建立以节地节水为中心的资源节约型农业生产体系，建立以重效益、节能、节材、产业生态化为中心的工业生产体系，建立以节约运力为中心的综合运输体系，建立以节约资本与资源的技术经济体系，逐步保证环保的投入占 GDP 比重的 3%。

小城镇环境保护是一项社会化系统工程，在各部门做好自身的基础上进行区域的相互协调，通力合作将十分重要。加强水污染综合治理，开展城市水环境综合治理，沿河湖城镇集中建设污水处理设施；控制大气污染，加大清洁能源的比重，使大气和水的质量达到或接近国家规定的环境质量二级标准，实现发展与环境保护同步。

3.3.3.3 城镇规划机制

小城镇的建设，首先应根据本镇的社会、经济、环境的特点，在可持续发展理论的指导下，树立先编制小城镇规划，然后建设小城镇的思想。小城镇的规划是小城镇建设和发展的蓝图，是建设和管理小城镇的基础手段和依据，科学合理的规划能为小城镇创造巨大的经济、社会、环境效益。对小城镇进行合理的功能分区，优化交通通信网络，把规划和环境保护、土地合理利用、可持续发展相结合，和小城镇的文化建设相协调。实践证明，"规划是历史的凝聚，规划是建设的生命"，编制小城镇规划要立足现实、高起点、高质量布置。编制小城镇规划中，合理布置工业区与居住区的相互关系，进行合理的功能分区。城镇的工业区尽量布置在水源的下游和主导风向的下风向，以免污染水源及烟尘和有害气体污染生活区。同时也要考虑工厂的合理布置，一厂的中间产品或废物为另一厂的原料，形成深度的产业链。

针对我国小城镇规模普遍较小这一问题，建议有条件地区按经济区域进行乡镇合并,加强小城镇区划、规划,依法有序建设,促进区域经济的发展和结构优化,使资源配置效率最大化。扶植经济发展条件好的重点镇,使之成为区域经济的"发展极"、"增长极"。小城镇建设,不仅要发挥吸纳非农业人口的功能,还要有效提高城市人口质量,逐步提高城市居民的生存能力、就业能力、创业能力、贡献能力,带动和促进当地经济和社会发展的现代化。完善小城镇功能,注重为农业、农村和农民提供各种服务,吸引农业产业化龙头企业和乡镇企业向镇区集中,发展农产品市场和农产品加工工业,形成本地农产品加工基地和一定辐射范围的农产品集散中心及农业信息、技术服务中心,实现小城镇的可持续发展。

3.3.3.4 标准监测机制

设定建设标准,限期撤并低效运作的基础设施,建设基础设施一体化网络。设定标准时,应坚持适度超前的原则,合理预测未来基础设施、服务设施的需求量。要充分考虑外来人口的因素,针对外来人口对不同设施的需求情况,制定合理的折算比例。如用水量、用电量等可以直接考虑外来人口的数量,但对于学校等设施,就必须调查清楚外来人口携带子女的具体情况。

逐步实现政府部门管理职能综合化,完善政府在基础设施建设中的宏观与微观职能。政府应通过各种媒体向投资者和社会提供及时、可靠、准确的基础设施建设信息;制定相关政策引导投资,如可以给予投入基础设施建设的民营资本投资者以一定的税收优惠、基础设施项目的土地使用审批、转让及地价优惠等;承担基础设施的未来需求预测和总体布局规划,制定基础设施建设的中长期计划;协调各级乡镇政府在基础设施建设和项目审批方面的事权;协调解决下一级行政区域之间基础设施建设的共享性问题;实施有效监管,防止处于垄断地位的基础设施厂商滥用垄断权力、遏制潜在对手和损害消费者权益。

在交通网络建设中必须树立大市场、大交通的指导思想，加强铁路、公路网络化建设的同时，建立各种运输方式联运的快速高效的综合运输网络。

3.3.3.5 信息化建设机制

应用信息系统，促进城镇规划、建设和管理水平的全面提高。当今，信息化已成为经济和社会发展的重要驱动力量，把数字化城市作为经济发展的支点已成共识。许多城市初步建成或正在建设城市规划管理信息系统，先期建成的已受益甚大。以GIS技术为核心，以规划管理工作业务流为主线，以图文一体化的数据库为基础，以高速局域网和广域网为依托，综合了多媒体、可视化等多种先进技术的综合战略信息系统，包括网上审批、动态管理、灵活查询、统计分析、辅助决策、学术交流、服务咨询等功能，从而提高工作效率，增强规划管理的科学性和决策的民主性，实现政务公开、公众参与、规划公开，服务社会大众。用信息化手段支持小城镇规划建设和管理，不仅仅是管理手段的革新，更是理念上的进步，必将有力地促进小城镇运行效率。从一定意义上讲，信息化是实现城乡现代化的重要前提，小城镇在信息化建设上具有广阔的空间，应加快办公自动化进程，实现上网信息交换、信息发布和信息服务，以信息化促进城镇建设再上一个新台阶。❶

3.3.4 经济发达地区小城镇建设的经验借鉴

3.3.4.1 珠江三角洲小城镇建设的经验借鉴

(1) 现状与问题分析

---

❶ 苏为民，尧传华．小城镇规划、建设与管理的思考．城镇规划建设，2002(9)

3.3 小城镇建设的实施对策

改革开放以来,珠江三角洲充分利用毗邻港澳,华侨众多,商品经济发展历史悠久,生产条件比较好和改革开放先行一步的经济优势和政策优势,经过了起步、扩张、调整三个阶段的建设,建立起了外源型、内源型、传统发展型不分区发展的模式,使得小城镇成为目前珠江三角洲工业化发展的主力、制度创新的试验场和珠江三角洲人口增长和城镇化的主要载体。在经济导向方面实行市场经济、外向经济、混合经济、区域经济互为补充的多经济渠道,在政府取向方面采取了跨越式发展、后发性发展、由外源型发展战略转向内、外源相结合、政府主导与地区自发增长相结合的发展战略,成为我国经济最发达、最富裕的地区之一。

1) 发展特点

区域城镇化水平高,小城镇综合经济实力强。在经济发展的同时,珠江三角洲小城镇建设取得了巨大成就。在新城镇不断发展的同时,原有城镇的城区面积也迅速扩大,有的小城镇已发展成为中等城市。城镇基础设施建设水平不断提高,在区域中的中心作用不断加强。在新城镇发展和城区面积规模扩大的同时,城镇基础设施和建设水平不断提高,环境不断美化、净化,有的已达到了初步现代化水平,小城镇基础设施和建设水平的提高,使小城镇在农村中的中心地位得到了更好的发挥,带动了农村区域经济的发展,而农村经济发展反过来又促进了城镇的发展和建设水平的提高,形成城乡相互促进、共同发展的格局。

2) 存在的主要问题

珠江三角洲农村城镇化、小城镇建设在给人们提供许多正面启示的同时,从可持续发展角度来看,也存在一些有待解决的问题。这些问题概括起来主要是:①重复建设多,造成大量耕地浪费。规模过小的直接后果是,城市功能难以完善,基础设施和公用设施投资过高且严重不足,创造就业的门路狭窄。由于缺乏区域整体规划,重复建设太多,每个小城镇都想建成"小而全"的综合城镇,结果不仅造成了耕地的浪费,其经济规模也只能停留在较低的水平上。②农业发展落后于工业,乡镇企业的整体素质不高,第三产业发展滞后。农村基本实现了工业化,但农业与现代化水平相距甚远,种植业还未改变手工劳动为主的状况。③城镇化进程滞后于工业化进程,小城镇空间布局不尽合理。1996年全区工业产值占工农业总产值95.5%,乡镇企业总产值占了农村经济的77.2%,从事非农产业的劳动力已占到总劳力的70%,但城镇人口只占总人口的46.6%,城镇市政建设滞后于二、三产业,在城镇设置上也不够合理,单从管理角度设置城镇,城镇布局遍地开花,"村村有镇"现象突出,有的城镇头尾相连。④小城镇管理者和劳动者素质不能适应现代化建设的需要。珠江三角洲1996年4192万个乡镇企业职工中,有大专学历的占21%,48.7%以上是初中,少数是高中学历,小学文化、半文盲占了96%,人的思想观念虽然发生了很大变化,但离现代化要求差距还很大。⑤生态环境污染较严重。乡镇企业布局普遍存在分散化的问题,乡镇工业的发展缺乏系统的环境规划,工业企业规模小,布局分散,遍地开花。小城镇污染型工业比例大,由于工业布局分散,"村村点火,户户冒烟",导致污染源分散,污染物质难以控制,使小城镇环境受污染,环境质量有所下降。❶

(2) 对策与经验总结

1) 优化用地结构,提高用地效益,创新土地供应流转制度
小城镇建设用地必须立足于挖掘存量建设用地潜力。尽可

---

❶文风.实施小城镇可持续发展的措施与对策——珠江三角洲小城镇发展的启示.当代建设,1999(4)

能通过农村居民点向中心村和城镇集中,村镇企业向工业园区集中和村镇土地整理等途径提高土地利用效率,走集约式发展道路。建立科学的土地供应制度,以调整用地结构,确保重点,集约用地为目标,调整目前建设用地结构不合理状况。重点加强公共设施、基础设施用地的供应,控制工业用地总量,提高土地效率,避免无限扩张。另外,农村土地管理体制的改革也势在必行,由于土地资源垄断占有特征,土地制度改革的社会意义往往大于变革的技术内容。

2) 完善小城镇财政政策,建立区域性设施共建共享机制

合理划分收支范围,逐步建立稳定、规范、有利于小城镇自我发展的财政体制,改革小城镇基础设施建设投资融资方式,实现基础设施建设资本主体多元化、资本来源多渠道、投资方式多样化。尽量避免基础设施分散化建设,逐步走向集约化的发展模式,制定有效的共建共享机制,鼓励区域内基础设施共建共享。

3) 提高人口的技能与素质,加强对城镇管理工作的经费支持

小城镇村镇管理机构可以从每年的村镇收益中,如土地征用款项与集体资产积累等,按一定的比例提取部分资金,建立农民或者外来人员培训基金。上级政府也可以给予一定的财政支持。给村镇的农民以及外来人员提供必要的再就业培训,帮助其掌握必要的生产技能,提高工作能力。各级政府应把必须开展的城镇管理经费列入政府预算,保障管理服务工作有充足的经费来源。在取消各项行政事业收费后,必须的工作经费也应纳入各级政府预算,保障人员工资和经费,保障管理服务工作的顺利开展。

4) 保护好环境,强化城镇环境建设

小城镇环境保护和生态环境建设是一项社会化系统工程。

因此，只有全社会各部门在各自做好自身的环境保护工作的基础上相互配合，通力合作，才能搞好环境保护工作。要树立全民的环境意识，搞好环境保护和建设的基础工作，优化乡镇企业结构，制定小城镇环境保护和环境建设计划。

3.3.4.2 湖州市小城镇建设的经验借鉴

(1) 现状与问题分析

社会主义市场经济体制的逐步建立和城市化水平的不断提高，不仅带来地区内小城镇数量和规模方面的相应变化，其经济一体化、区域一体化、城乡融合等趋势对地区内各小城镇的发展也产生了重大的影响，即小城镇的发展必定以一定的区域或经济腹地为支撑。因此，在小城镇的建设，必须从区域的整体性去考虑。

湖州市处于长江三角洲地区，是本地区"先行规划，先行发展"的14个城市之一，也是全国较早进行区域规划编制的探索与实践的城市之一。随着农村经济的进一步发展，乡村城镇化进程的加快，湖州市小城镇建设也面临新的考验。在这些地区的小城镇建设中，往往是从单个小城镇出发，较少地从区域的观点去把握。一些小城镇地发展各自为政、分别规划、盲目建设等现象十分普遍。重复性建设、水资源浪费严重、环境恶化、基础设施、公共服务水平未能满足社会需求，如何合理有效地建设小城镇便成为湖州市迫在眉睫、亟待解决的问题。经济体制改革主要以放权让利为导向，受利益驱动，区域内资金、资源、基础设施的行政分配可能会有所不公，城镇网络体系中各个单体的运动方向也必然存在偏差，同时经济的网络化及迅速发展的交通、技术支撑体系，使得区域城镇化、城乡一体化成为当今的主要趋势，由此带来了对区域整体发展等多方面的需求。

(2) 对策与经验总结

湖州市按照规划先行、发展先行的思路，1995年，在重新修编"湖州市总体规划"的同时,编制了"湖州市市域城镇体系规划",提出了"极化中心,以点带线,梯度推进,多点组团"的城镇发展战略,同时在1996年又开展了"市区城镇总体规划",以解决城镇建设中出现的问题,协调好城镇建设中内部、外部的矛盾,达到区域的共同发展和繁荣。

具体说来,主要是要做好以下几个协调:1)做好区域与城镇之间的协调。一定区域内各城镇间、产业间、部门间存在着公平性,且不同区域间诸多方面的差异,在规划管理时通过制定公平原则,建立公开的规划体系,广泛吸收各利益团体参与规划,因地制宜,采取不同的管理方法,推行不同的管理模式,借鉴西方先进国家的管理经验。2)区域内各城镇间的协调。在区域的内部,有机联系和合理分工,形成地区内专业化,有效地发挥区域的整体性。3)区域内城镇与乡村的协调。认识到县域城镇体系是城乡发展的统一体。既要重视城镇的发展,又要保证乡村的健康发展,促进整个地区的整体发展,在规划中注重城乡的共同的发展十分重要。4)经济、社会和生态环境目标的协调。这是保持小城镇可持续发展的保证,关键是认识它们之间的相互联系,在区域城镇体系这个统一体内,追求三种利益的最大化。在编制规划时,要把经济、社会和环境三大尺度同时作为衡量最佳规划方案的重要标准。❶

参 考 文 献

1　赵月,李京生,孙鹏. 小城镇建设大事记. 时代建筑,2002 (4)
2　李辉. 论我国城市化进程中的"泛小城镇化"现象、问题及对策. 人口学刊,2002 (2)

---

❶余英红,杨新海,周云等. 小城镇规划建设管理. 南京:东南大学出版社.

3 小城镇建设目标与实施对策

3　马同训．小城镇规划建设问题论列．城乡规划园林建筑与绿化，1997

4　余英红，杨新海，周云等．小城镇规划建设管理．南京：东南大学出版社，2001

5　李宏伟，王炜，罗瑞章等．谈小城镇环境保护的对策．河北农业大学学报，2002（4）

6　彭震伟，陈秉钊，李京生．中国小城镇发展与回顾．时代建筑

7　万宝瑞．关于小城镇建设的几个问题．农业经济问题，1994（9）

8　蒋仕钧．小城镇建设的特点、难点与着力点．小城镇建设，1996（9）

9　小城镇建设：城镇化专题论坛

10　吴国增．浅议小城镇发展中的环境保护．基层行政

11　高淑春，孙立业，王利明．对小城镇规划和建设的思考．经济问题，2002（9）

12　李冰．曲靖地区小城镇建设的理论与实践．云南社会科学，1994（6）

13　中科院农村发展研究所课题组．小城镇建设与城市化问题．经济研究参考，2000（7）

14　石忆邵，徐建华．再论小城镇发展．城市规划汇刊，2000（4）

15　财政部《中国小城镇财政建设问题研究》课题组．中国小城镇财政建设问题研究．经济参考研究，2000（73）

16　李慧．我国小城镇建设中存在的问题与对策．陕西经贸学院学报，1999（6）

17　沈冰于，张苏平．小城镇建设与发展．中国城乡建设经济研究所

18　赵涛．小城镇发展：问题原因和对策．网上资料

19　我国小城镇住宅产业发展面临的问题与对策．《中国住宅产业网》

20　刘助仁．中国小城镇建设研究综述．城市研究，1998（2）

21　杨伟忠．小城镇发展观点综述．山东经济战略研究，2002（7）

22　文风．实施小城镇可持续发展的措施与对策——珠江三角洲小城镇发展的启示．当代建设，1999（4）

23　洪银兴，刘志彪等．长江三角洲地区经济发展的模式和机制．北京：清华大学出版社，2003（4）

24 中国城市规划设计研究院,中国建筑设计研究院,沈阳建筑工程学院.小城镇规划标准研究.北京:中国建筑工业出版社,2002

25 农业部农村改革试验区办公室.小城镇中的若干重要问题与政策建议.农业经济问题.1999(6)

26 郑伟平.构筑小城镇建设体系要处理好五个关系.规划师,1999(1)

27 陈列,吴唐生,沈静.珠江三角洲小城镇可持续发展研究.经济地理,1998(4)

28 朱要武,唐立国.小城镇可持续发展的对策研究.城镇建设,2002(9)

29 支玲,任恒祺.试论西部生态环境建设机制的构成体系.云南林业科技.2001(3)

下 篇

小城镇规划概论与国外相关借鉴

4 小城镇与相关集镇、村庄规划综述

4.1 规划作用与任务

4.1.1 小城镇规划的作用与地位

小城镇规划是城乡规划的重要组成部分。城乡建设，规划是龙头。小城镇规划是小城镇建设的龙头。小城镇规划是小城镇社会经济发展的蓝图，也是政府管理、调控和指导小城镇建设的重要依据和手段。

4.1.1.1 小城镇规划是搞好小城镇建设的首要保证，是实现小城镇可持续发展的重要途径

小城镇建设必须要有规划指导，按规划建设。小城镇规划是搞好小城镇建设的首要保证。规划是一项全局性、综合性、战略性很强的工作。小城镇规划的基本任务，是根据一定时期小城镇经济社会发展目标和要求，统筹安排，合理开发利用各类用地及空间资源，综合布置各项建设，实现小城镇经济和社会的可持续发展。小城镇规划是实现小城镇可持续发展的重要途径。

我国多年来偏重城市建设而忽视村镇建设，村镇建设长期缺乏科学规划，大多处于自发随意状态。20世纪80年代改革开放带动农村经济、社会大发展，村镇建设走上有规划、有步骤的科学发展道路，发生了全方位变化，但与城市规划建设相比，差距很大。

确立小城镇规划在小城镇建设中的龙头作用和地位,在促进小城镇健康、快速、可持续发展中起着越来越重要的作用。

4.1.1.2 小城镇规划是小城镇建设发展中落实中央关于小城镇方针政策的重要环节

近年来,中央提出的相关方针政策主要是:

1) 发展小城镇,是带动农村经济和社会发展的一个大战略。

2) 发展小城镇,必须遵循"尊重规律、循序渐进"、因地制宜、科学规划、深化改革、创新机制、统筹兼顾、协调发展的原则。

3) 发展小城镇的目标。力争经过10年左右的努力,将一部分基础较好的小城镇建设成为规模适度、规划科学、功能健全、环境整洁、具有较强辐射能力的农村区域性经济文化中心,其中少数具备条件的小城镇要发展成为带动能力更强的小城市,使全国城镇化水平有一个明显的提高。

4) 现阶段小城镇发展的重点是县城和少数有基础、有潜力的建制镇。

5) 发展小城镇,要贯彻既要积极又要稳妥的方针,循序渐进,防止一哄而起。

6) 大力发展乡镇企业,繁荣小城镇经济,吸纳农村剩余劳动力,乡镇企业要合理布局,逐步向小城镇和工业小区集中。

7) 编制小城镇规划,要注重经济、社会和环境的全面发展,合理确定人口规模与用地规模,既要坚持建设标准,又要防止贪大求洋和乱铺摊子。

8) 编制小城镇规划,要严格执行有关法律、法规,切实做好与土地利用总体规划以及交通网络、环境保护、社会发展等各方面的衔接和协调。

9) 编制小城镇规划,要做到集约用地和保护耕地,要通过改造旧镇区、积极开展迁村并点,土地整理,开发利用基地和废弃地，解决小城镇建设用地，防止乱占耕地。

10) 要重视完善小城镇的基础设施建设，国家和地方各级政府要在基础设施、公用设施和公益事业建设上给予支持。

11) 小城镇建设要各具特色，切忌千篇一律，要注意保护文物古迹和文化自然景观。

……

上述方针政策首先要在县(市)域城镇体系规划、小城镇总体规划、详细规划等小城镇规划中加以落实。

4.1.2 小城镇规划任务和基本原则

小城镇是一个多种体系构成的复杂系统，涉及面很广。小城镇建设往往面临许多错综复杂的问题，需要全面规划、科学合理解决。

(1) 小城镇规划的主要任务

小城镇规划的主要任务是根据国家小城镇发展和建设的方针及各项技术经济政策、国民经济发展计划和区域规划，在调查了解小城镇所在地区的自然条件、历史演变、现状特点和建设条件的基础上，规划小城镇体系；合理地确定小城镇的性质和规模；确定小城镇在规划期内经济和社会发展的目标；统一规划与合理利用小城镇土地；综合部署小城镇经济、文化、公用事业、基础设施及战备防灾等各项建设；协调解决各项建设之间的矛盾，实现小城镇快速、健康、可持续发展。

(2) 小城镇规划的基本原则

编制小城镇规划应遵循以下基本原则：

1) 规划分级指导和协调原则

县(市)域城镇体系规划指导小城镇总体规划，小城镇总体规划指导小城镇详细规划。

小城镇总体规划应与土地利用总体规划等规划相互衔接与

协调。

2) 合理用地、节约用地原则

合理用地，节约用地，充分利用原有建设用地，新建、扩建尽量利用荒地和薄地，尽量不占用耕地和林地。

3) 因地制宜，科学合理，塑造特色的原则

我国地域辽阔，不同地区小城镇发展的条件差异很大，东部、西部小城镇的数量，人口规模和经济社会发展都呈极不平衡的分布态势，即使在同一地域，同一行政辖区内，由于区位特点和资源条件不同，经济发展水平不同，小城镇之间存在很大差异，小城镇规划及其规划标准的合理选用必须遵循因地制宜，科学合理原则。

同时，小城镇规划应遵循因地制宜，塑造特色的原则。一是尊重小城镇不同自然环境特色、历史文化传统特色、建筑风格特色，创造独特的城镇景观，避免小城镇个性的丧失；二是发挥小城镇的不同区位优势，以市场为导向，因地制宜，培育和形成具有地方特色和竞争力的优势产业和主导产业，发展特色经济。

4) 生态环境优先和可持续发展原则

生态环境规划应贯穿到整个小城镇规划当中，生态环境优先和可持续发展原则，需要强调，一是小城镇不能搞先建设后治理，二是重视"以人为本"，创造良好的生态环境和优美的人居环境。

5) 有利生产，方便生活，合理布局原则

有利生产、方便生活，促进流通、繁荣经济，安排好住宅、乡镇企业、基础设施和公共设施，合理布局，引导人口向社区集聚，工业向园区集聚；引导商业进市场，严格限制零星工业布点、分散住宅建设和"路边店"建设。

6) 近期规划与远期规划一致原则

小城镇建设应以远期规划为目标，分期建设，并遵循近期规划与远期规划一致，分期建设的规模、速度、标准与经济发

展，居民生活水平相适应的原则。

4.2 小城镇规划综述

4.2.1 县（市）域城镇体系规划

县（市）域城镇体系规划是全国、省域、市域、县域四个基本层次城镇体系规划之一。

县（市）域城镇体系规划在小城镇规划中占有重要地位，一方面落实上一层次城镇体系规划的总体要求，另一方面指导小城镇和集镇总体规划，以及镇域规划的编制。县域城镇体系规划涉及的城镇应包括建制镇、独立工矿区和集镇。

县（市）域城镇体系规划综合评价县（市）域小城镇和集镇发展条件；制订县（市）域小城镇集镇发展战略；预测县（市）域人口增长和城镇化水平；拟定各相关小城镇、集镇的发展方向与规模；协调小城镇、集镇发展与产业配置的时空关系；统筹安排区域基础设施和社会设施；引导和控制区域小城镇的合理发展与布局；指导小城镇、集镇总体规划的编制。

小城镇规划编制分为总体规划和详细规划两个阶段。现行县（市）域城镇体系规划包含在县（县城镇）或县级市总体规划编制中。

4.2.2 小城镇总体规划

小城镇总体规划主要指县城镇、中心镇和一般镇为主要载体的建制镇总体规划。

小城镇总体规划主要综合研究和确定小城镇性质、规模、容量、空间发展形态和空间布局，以及功能区划分，统筹安排规划区各项建设用地，合理配置小城镇各项基础设施，保证小城镇每个阶段发展目标、发展途径、发展程序的优化和布局结构的科学性，引导小城镇合理发展。

小城镇总体规划指导小城镇详细规划的编制。

4.2.3 小城镇详细规划

小城镇详细规划分为小城镇控制性详细规划和小城镇修建性详细规划。

小城镇控制性详细规划主要以小城镇总体规划为依据，详细规定建设用地的各项控制指标和其他规划管理要求，强化规划的控制功能，指导修建性详细规划的编制。

(1) 小城镇控制性详细规划

小城镇控制性详细规划体现具体的相应规划法规，是小城镇具体规划建设管理的科学依据，也是小城镇总体规划和修建性规划之间的有效过渡和衔接。

(2) 小城镇修建性详细规划

小城镇修建性详细规划以小城镇总体规划和小城镇控制性详细规划为依据，对小城镇当前拟建设开发地区和已明确建设项目的地块直接做出建设安排的更深入的规划设计。

小城镇修建性详细规划可直接指导小城镇当前开发地区的总平面设计及建筑设计。

4.3 集镇、村庄规划综述

集镇是乡、民族乡人民政府所在地和经县级人民政府确认由集市发展而成的农村一定区域经济、文化和生活服务中心的非建制镇。集镇是小城镇规划研究的主要延伸载体。

村庄是指农村村民居住和从事各种生产的聚居点。

编制集镇、村庄规划一般分为集镇、村庄总体规划和集镇、村庄建设规划两个阶段进行。

4 小城镇与相关集镇、村庄规划综述

4.3.1 集镇、村庄总体规划

集镇、村庄总体规划是乡级行政区域内集镇和村庄布点规划及相应的各项建设的整体部署。

集镇、村庄总体规划的主要内容包括：乡级行政区域的集镇、村庄布点，集镇和村庄的位置、性质、规模和发展方向，集镇和村庄的交通、供水、供电、邮电、商业、绿化等生产和生活服务设施的配置。

4.3.2 集镇建设规划

集镇建设规划是在集镇、村庄总体规划指导下，具体安排集镇各项建设的规划。

集镇建设规划的主要内容包括：集镇住宅、乡(镇)村企业、乡(镇)村公共设施、公益事业等各项建设的用地布点、用地规模、有关的技术经济指标，近期建设工程，以及重点地段建设具体安排。

4.3.3 村庄建设规划

村庄建设规划是在集镇、村庄总体规划指导下，具体安排村庄的各项建设的规划。

村庄建设规划的主要内容，可以根据本地区经济发展水平，参照集镇建设规划的编制内容，主要对村庄住宅和供水、供电、道路、绿化、环境卫生以及生产配套设施做出具体安排。

4.4 若干其他规划与相关规划综述

4.4.1 小城镇镇域规划

小城镇镇域规划是在小城镇镇域范围落实县(市)域城镇体

系规划和县(市)域规划社会经济发展战略的要求,指导镇区、村庄规划编制的规划。

小城镇镇域规划主要内容包括综合评价镇域村镇发展条件;确定小城镇的性质、规模和发展方向,划定镇区规划区范围;确定村镇体系等级,规模结构和空间方向;协调镇区发展与产业配置的时空关系,以及镇区建设与基本农田保护的关系;统筹安排镇域基础设施和社会设施;确定保护区域生态环境、自然和人文景观以及历史文化遗产的原则和措施。

4.4.2 小城镇居住小区规划

小城镇居住小区是指被小城镇道路或自然分界线所围合,并与居住人口规模(Ⅰ级:8000~12000人;Ⅱ级:5000~7000人)相对应,配建有一整套较完善的,能满足该区居民物质与文化生活所需的公共服务设施的居住生活聚居地。

我国小城镇居住小区的建设,总体上尚处于乡村城镇化的初步阶段,据有关部门1997~2000年对全国20多个省市100多个小城镇居住小区调查,小城镇居住小区虽有进步,但就总体而言,水平低,质量差,许多问题亟待解决。主要问题是:

(1) 缺少规划自发建设多,独立分散,规模过小且宅院大,建筑层数低,土地浪费严重。

(2) 小区功能不全。规划组织结构、基础设施和公共服务设施配置、路网、停车场地、绿地等残缺不全。

(3) 住宅大而不当,功能混杂,不适用,不安全,不卫生。

(4) 环保质量差,缺乏建筑文化特色和地方特色。

小城镇居住小区规划主要包括居住小区人口、用地规模与居住组织结构规划、居住小区道路规划、住宅与公建群体组合、用地布局规划、绿地规划,空间环境规划。

小城镇居住小区规划也包括旧居住小区改建规划。

小城镇居住小区的一般编制要求按小城镇详细规划要求。

小城镇居住小区规划同时应研究相关小城镇迁村并点和人口集聚的要求。

4.4.3 小城镇工业园区规划

小城镇工业园区是在小城镇一定范围内相对集中并且具有多方面生产联系的工业企业群园区。在工业园区内安排工业企业时，主要考虑工业与企业之间在原料、生产过程、副产品和废品处理、生产技术、厂外工程、辅助工厂等方面的协作，并满足自身的建厂要求，改变目前乡镇企业布局分散的状况，给工业企业的生产创造良好的条件和环境，并尽可能地节约投资，提高经济效益，节约用地。

小城镇工业园区规划主要是乡镇企业工业园布置规划，包括园区人口、用地规模、工业结构规划，园区道路规划，工业厂房与管理、培训、科研、生活等配套及服务设施群体组合用地布局规划，绿地规划，空间环境规划。

小城镇工业园区规划也包括小城镇科技园区规划。

小城镇工业园区规划编制其他一般要求，按小城镇详细规划要求。

4.4.4 小城镇中心区规划

小区镇中心区是小城镇中镇级主要公共设施集中，人群流动较多的公共活动地段，是指服务于小城镇及其辐射区域的综合功能聚集区，综合功能主要包括行政、商业、金融、文化，也包括教育、体育、医疗卫生。从布局形态来说，小城镇中心区一般为以单核为主的核心型集中式布局，在形态特征上有十字形、一字形和枝状形。小城镇中心区是小城镇规划构图的核心。

小城镇中心区一般既是行政中心，又是商业中心、文体中心和信息中心。而对于旅游型小城镇和历史文化名镇来说，其中心区可能是以古镇区或名胜风景区为主的旅游中心。

小城镇中心区规划包括小城镇中心区详细规划，以及根据需要编制的小城镇中心区城市设计，小城镇中心区景观风貌规划。

小城镇中心区规划应依据小城镇总体规划和小城镇中心区的地位与作用以及小城镇特点在小城镇景观风貌特色塑造、各类公建群体组合与布局形态、交通道路组织、绿地与空间环境规划方面有更高的要求。

4.4.5 小城镇(中心区)城市设计和景观风貌规划

《城市规划编制办法》总则第八条规定，在编制规划的各个阶段，都应当运用城市设计的方法，综合考虑自然环境，人文因素和居民生产、生活的需要，对城市空间环境做出统一规划，提高城市的环境质量，生活质量和城市景观的艺术水平。

小城镇城市设计(主要是中心区城市设计)和小城镇景观风貌规划，对于提高小城镇环境质量和知名度，创造优美人居环境，提升小城镇档次起重要作用。

小城镇城市设计包括城市设计体系和城市设计准则，设计图则的编制。

城市设计体系包括用地布局、道路系统、景观系统、公共空间、中心区建筑构成与控制体系；城市设计准则包括总体准则和分地块准则；城市设计图2则含分析图则，总体图则和分地块图则。

小城镇景观风貌规划是以小城镇总体规划为指导，与自然环境景观相呼应，突出生活景观和社会、历史、文化景观，同时以中心区人文景观和历史街区、风貌区保护为重点，突出小城镇传统商业街和民居风貌等地方特色，深化总体规划，塑造小城镇特色和提高环境质量水平的专项规划。

小城镇城市设计与景观风貌规划有密切联系。

小城镇城市设计"以人为本",体现"人与自然的和谐",需要突出自然景观与人文风貌,小城镇景观风貌规划包括人文景观规划是小城镇城市设计的核心,而小城镇的人文景观规划在很大程度上需要借助城市设计的方法。

4.4.6 小城镇(工程)基础设施规划

小城镇基础设施是小城镇生存和发展所必须具备的工程基础设施、社会基础设施的总称。

小城镇基础设施作为小城镇生存与发展必须具备的要素,无可置疑,在小城镇经济社会中起着无可替代的极为重要作用。

小城镇基础设施的不断完善,促进小城镇经济社会的不断发展;同时小城镇发展的进程又对小城镇基础设施提出不同的、更高的、超前要求;基础设施现代化正在加速实现城镇化和城镇现代化。

小城镇(工程)基础设施规划是小城镇规划不可缺少的重要组成部分。

小城镇(工程)基础设施规划主要包括小城镇道路交通、给水、排水、电力、通信、供热、燃气、环卫、防灾等工程规划,以及工程管线综合规划和用地竖向工程规划。

小城镇(工程)基础设施规划编制同小城镇规划编制,分为总体规划和详细规划两个阶段。

4.4.7 小城镇生态环境规划

在"生态——经济——社会"三维复合系统的动态演进和可持续发展中,小城镇生态环境起着重要作用。小城镇生态可持续性是小城镇可持续发展的基础和前提。

小城镇生态环境规划是小城镇规划的重要组成之一。小城镇生态环境规划对于保护和创造小城镇良好的生态环境和人居环境，促进小城镇健康、可持续发展有十分重要的作用，小城镇生态环境规划思想应贯穿到整个小城镇规划当中。

小城镇生态环境规划包括小城镇生态建设规划和小城镇环境保护规划两个部分，其中生态建设规划包括：小城镇及其相关区域的生态环境现状评估，小城镇生态分区，生态环境容量、生产适宜性对小城镇规划建设的指导和控制要求，以及小城镇生态敏感区的保护；小城镇环境保护规划包括小城镇大气环境、水体环境、噪声环境、电磁环境保护规划，同时提出小城镇环境保护措施与方法。

4.4.8 小城镇绿地规划

绿色植物是人类生态环境的保护者。

小城镇绿化对于改善小城镇气候、保护小城镇环境，维护小城镇生态平衡具有重要作用。

小城镇绿地规划包括小城镇绿地分类，绿地系统，公园绿地、防护绿地、生态绿地、生产绿地、道路绿地等各类绿地的用地功能和用地布局规划，以及绿地分期建设规划。

4.4.9 土地利用总体规划

土地利用总体规划是依据国民经济和社会发展规划，国土整治和环境保护的要求、土地供给能力以及各项建设对土地的需求，对一定时期内一定行政区域内的土地利用进行总体战略部署的规划，也是对其土地开发利用和保护所制定的目标和计划。

土地利用总体规划分为国家、省级、地级、县级和乡级五级土地利用总体规划。

与小城镇规划相关的土地利用规划主要是县级和乡级(也含某些地级)土地利用总体规划相关。

小城镇规划应主要与县级、乡级土地利用总体规划相衔接与协调。

县级土地利用总体规划的主要任务是根据上一级土地利用总体规划的要求和本地土地资源的特点，分解落实土地利用的各项指标，划分土地用途区，重点划定小城镇和村镇建设用地区、独立工矿区、农业用地区等，为土地用途转用规划许可提供依据。

县级土地利用总体规划的主要内容包括：

(1) 确定全县土地利用规划目标和任务；

(2) 合理调整土地利用结构和布局，制定全县各类用地指标；确定土地整理、复垦、开发保护分阶段任务；

(3) 划定土地利用区，并确定各区土地利用管制规划；

(4) 安排能源、交通、水利等重点建设项目的用地；

(5) 将全县土地利用指标分解落实到各乡、镇；

(6) 拟定实施规划的措施。

乡级土地利用总体规划的主要任务，是按照县级规划的要求，将各类用地指标、规模和布局落实到地块，并将农田保护区规划、村镇建设规划、土地整理规划落实到土地利用总体规划图上。

乡级土地利用总体规划的内容，主要是在乡域土地利用现状分析的基础上，重点阐明落实上一级土地利用总体规划的指标和各类土地用途区用地控制的途径和措施。

4.4.10　历史文化名镇保护规划

历史文化名镇保护规划是历史文化名镇总体规划的重要专项规划。其目的在于保护历史文化名镇和协调历史文化名镇保护与建设发展之间的关系。规划主要内容包括确定保护原则、内容和重点，划定保护范围和建设控制地带及环境协调区，提出保护措施。

历史文化名镇保护的主要内容包括，历史文化名镇名村的历史格局和风貌；与历史文化密切相关的自然地形、地貌、水系、风景名胜、古树名木；反映历史风貌的历史地段、街区和建筑、建筑群，文物保护单位；体现民俗精华、传统庆典活动的用地和设施等。

历史文化名镇保护规划应分析小城镇历史、社会、经济背景，体现名镇的历史价值、科学价值、艺术价值和文化内涵。

历史文化名镇保护范围应严格保护该地区历史风貌，维护其整体格局及空间尺度，其保护规划应制定建筑物、构筑物和环境要素的维修、改善与整治方案，进行重要节点的整治规划设计，同时划定保护范围外围的划定建设控制地带和环境协调区的边界线，提出相应的规划控制和建设要求。

4.4.11 小城镇旅游发展总体规划

小城镇旅游发展总体规划是以旅游为主导产业的旅游型小城镇总体规划的重要组成部分，或者是旅游型小城镇不可缺少的一项专项规划。

小城镇旅游发展总体规划主要内容包括：小城镇旅游资源评价与合理开发利用，旅游空间格局与功能分区、旅游产品开发，旅游交通，旅游基础设施与配套设施规划。

小城镇旅游发展总体规划宜在评价旅游资源、旅游产品开发档次与旅游市场预测的基础上，同时酌情考虑接轨和融入相关区域旅游经济圈。

参 考 文 献

1 全国城市规划执业制度管理委员会．城市规划法规文件汇编．北京：中国建筑工业出版社，2000

2 中国城市规划设计研究院等．小城镇规划标准研究．北京：中国建筑工业出版社，2000

5 小城镇规划标准体系与主要规划标准技术指标

5.1 小城镇规划标准、标准体系的作用

小城镇规划标准体系和小城镇、村镇规划建设领域的各项工程技术标准,是我国小城镇、村镇现代化建设中的一项重要基础性工作,对于指导和搞好小城镇、村镇科学合理规划,对于小城镇、村镇建设领域实行标准化科学管理,强化政府宏观调控功能,规范建设市场秩序,确保建设按规划科学实施,合理开发利用资源,避免重复建设,确保小城镇、村镇良好生态环境和人居环境,以及促进小城镇、村镇技术进步,提高经济效益、社会效益和环境效益,都具有重要作用。

同时,我国小城镇规划标准体系和各项规划标准又是我国城乡规划标准体系和规划标准的重要组成部分,在城乡规划领域占有越来越重要的地位。

我国现有适用于小城镇与村镇建设的标准很少,规划标准体系尚为空白。

现有城乡技术标准基本上都是适用于城市建设方面,适用于小城镇和村镇建设的标准很少。为适应村镇建设特别是当前小城镇建设快速发展的形势,更需统筹考虑制订城乡建设统一的标准体系,在首先完善城市规划标准体系的同时,加快补充和制定城乡规划中的小城镇和村镇部分的标准和标准体系,并

协调城市、小城镇规划标准体系与村镇规划标准体系中交叉、重叠部分的内容。

小城镇规划标准体系和规划标准的研究和编制是加强对小城镇规划建设管理工作技术指导和技术支持，协助各地做好小城镇、村镇规划设计工作的首要任务，是当前城乡规划行政主管部门和建设行业的一项重要工作。

5.2 现有小城镇规划相关法规与标准

我国现有小城镇规划编制及建设标准很少、很不完善，许多方面无章可循，另一方面法规与标准不配套，难以适应小城镇建设发展的实际情况。

我国现行城市规划法的适用范围虽然包括建制镇，但我国建制镇已从1984年前的以县城和工矿区为主体，发展为当前的以镇管村体制的由传统的乡镇发展而来的建制镇为主体，后者已占建制镇总数的90%左右。受城乡二元分割的影响和当时的认识局限，对于介于城乡之间，起城乡联系纽带作用的小城镇未能在立法和相关技术标准制定工作中引起足够的重视，导致城市法规和技术标准未能较好涵盖小城镇，而小城镇单独立法和制定标准又十分困难的局面。

我国目前与小城镇规划相关的法律、法规和技术标准主要有：

《中华人民共和国城市规划法》；
《城市规划编制办法》；
《城市规划编制办法实施细则》；
《村镇规划编制办法》；
《村镇规划标准》（GB 50188—93）；
《城市规划名词术语标准》（GB/T 50280—98）；
《城市用地分类与规划建设用地标准》（GBJ 137—90）；

5 小城镇规划标准体系与主要规划标准技术指标

《城市用地分类代码》（CTT 46—91）；
《城市居住区规划设计规范》（GB 50180—93）；
《城市规划工程地质勘察规范》（CJJ 57—94）；
《城市用地竖向规划规范》（CJJ 83—99）；
《城市道路交通规划设计规范》（GB 50220—95）；
《城市道路绿化规划与设计规范》（CJJ 75—97）；
《城市工程管线综合规划规范》（GB 50289—98）；
《城市给水工程规划规范》（GB 50282—98）；
《城市排水工程规划规范》（GB 50318—2000）；
《城市电力规划规范》（GB 50293—1999）；
《城市防洪工程设计规范》（CJJ 50—92）；
《防洪标准》（GB 50201—94）；
《城市规划制图标准》（CJJ/T 97—2003）。

上述中的城市规划标准、规范主要适用于城市，难于指导建制镇的规划，而1993年发布的《村镇规划标准》主要适用于全国村庄和集镇规划，虽然包括县城以外的建制镇，但不包括县城镇，且其中工程规划标准没有量化指标。整个来说，上述标准没有或缺少小城镇规划设计的各项标准的应有条款，更没有针对我国不同地区、不同等级层次和规模、不同发展阶段的小城镇规划的合理水平和定量化指标。

5.3 小城镇规划标准体系的制定

5.3.1 关于小城镇规划标准体系制定的若干建议

"小城镇规划标准体系"*研究课题中提出小城镇规划体系的相关建议：

（1）作为城乡规划标准体系的重要组成部分，小城镇规划标准体系研究和制定应最终为我国城乡规划标准体系的制定提供依据和技术支撑。

我国城乡规划标准体系必须以新的《城乡规划法》为依据，城乡规划标准应由城市、小城镇、村镇三方面规划标准组成，涵盖三方面内容，并覆盖《城市规划编制办法》、《小城镇规划编制办法》、《村镇规划编制办法》所规定的城乡规划各阶段的工作。对于标准基础极为薄弱的村镇规划特别是小城镇规划来说，尽快改变规划编制缺少标准或无章可循状况，搞好小城镇规划建设，促进当前小城镇的快速健康发展，十分必要。而作为城乡规划标准体系的重要组成部分，小城镇规划标准体系的研究，应最终为我国小城镇规划标准体系与城乡规划标准体系的制定提供依据和技术支撑。

(2) 小城镇规划标准体系制定宜采取既合编又分编的办法，并协调与城市、村镇规划标准体系的关系。

鉴于小城镇的重要地位和小城镇规划的重要作用及小城镇的不同特点，一方面小城镇规划标准体系作为城乡规划标准体系的重要组成部分作单独的一块研究是必要的。另一方面，我国实施"小城镇，大战略"，我国的城乡规划与建设按"城乡统筹"和科学发展观统筹规划，城乡规划标准及其标准体系更有必要作为一个整体考虑，而且城市、小城镇和村镇规划的基础标准和专业内容许多相近，体系的这一部分内容采用合编的办法既有利集中和整体协调研究，又更便于使用和管理；而对于标准体系中的通用标准和专用标准则宜考虑小城镇的不同特点采取分编的办法。值得指出，小城镇规划标准体系今后不论采取整体或单独何种方式制定，协调其与城市、村镇规划标准体系的关系均很重要。在城市规划、小城镇规划、村镇规划标准体系及其整体关系和相互间协调研究的基础上，由行政主管部门确定小城镇规划标准体系的整体与分体、合编与分编等制定方式并做出必要调整，既有利于编制突出重点，又有利于防止上述城乡规划标准体系内容的遗漏，避免编制重复。

（3）小城镇规划标准体系既要考虑调整需要同国际接轨的部分技术标准，更需体现我国小城镇特色的技术要求。

根据中国科学技术信息研究所通过国际国内联机检索，查找与小城镇规划标准研究课题有关的国内外献及专利，得出结果和对比性结论表明："发达国家的城市规划多为规范化管理，各项标准、规范已趋成熟。但是，国外设镇标准、城镇类型、规划层次等均与国内有较大差异，就标准规范而言似无多大的可比性。"

我国实施"小城镇，大战略"和"城乡一体化"，需要了解国际城镇发展趋势，借鉴国际城镇规划及其标准的有用部分，既有必要调整规划标准体系中同国际接轨的部分技术标准，又要着重研究符合我国国情、体现中国小城镇特色的小城镇规划标准及其体系。

5.3.2 小城镇规划标准体系制定研究

5.3.2.1 小城镇规划标准体系制定原则

（1）突出小城镇规划标准体系是城乡规划标准体系的重要组成部分，既有利于小城镇规划建设的标准化科学管理，又有利于城乡规划建设的整体标准化科学管理。

（2）采用系统分析的方法，结构优化，层次分明，同时体现与时俱进，适应标准的现状管理并与今后标准体制改革相结合，以便与今后城乡规划标准体系制定协调与配套。

1）标准体系通用标准与专用标准有效衔接，专业标准按学科划分，按专业建立，不涉及相关行业管理。

2）体系中标准不分国标、行标以及强制性与推荐性，以便为今后制定留有更大余地。

5.3.2.2 小城镇规划标准体系框架

(1) 小城镇规划标准体系及相关标准体系框图

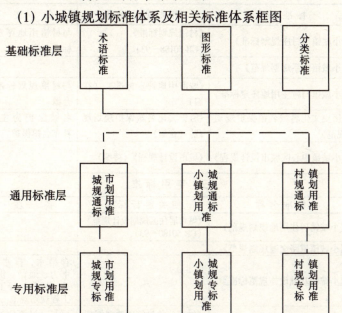

注：上框图中村镇规划通用标准和专用标准一部分可与小城镇相关标准合编，个别小城镇规划通用标准也可考虑与城市规划相关标准合编。

(2) 小城镇规划技术标准体系框架表

一、基础标准

	标准名称	相关现行标准	备注
术语标准：	《城乡规划术语标语》	城市规划基本术语标准 GB/T 50280—98	整体合编
图形标准：	城乡规划制图标准	《城市规划制图标准》（CTT/T 97—2003）	统编，在编
分类标准：	《城镇用地分类与规划建设用地标准》	城市用地分类与规划建设用地标准 GBJ 137—90	城镇合编
	《城镇用地分类代码》	《城市用地分类代码》 GTT 46—91	城镇合编
	《城乡规划基础资料搜集规程》		统编，可合列城市、小镇、村镇规划，共同部分，分列不同部分

二、通用标准

标准名称	相关现行标准	备注
《小城镇与村庄规划标准》	《村镇规划标准》（GB 50188—93）	与村镇用地评定标准合编
《小城镇体系规划规范》		
《小城镇与村庄用地评定标准》	《城市用地评定标准》（在编）	与村镇规划标准合编
《历史文化名城名镇保护规划规范》	《历史文化名城保护规划规范》（在编）	名城保护为主，补充名镇保护
《小城镇中心区城市设计规程》	《城市设计规程》（待编）	

三、专用标准

标准名称	相关现行标准	备注
《小城镇居住用地规划规范》	《城市居住区规划设计规范》（GB 50180—93）	
《小城镇道路交通规划规范》		
《小城镇基础设施规范标准》		含给水、排水、电力、通信、供热、燃气、环卫工程规划规范
《小城镇公共建筑用地规划规范》	《村镇公共建筑用地规划规范》（CT7/T 87—2000）	可与《村镇公共建筑用地规划规范》合编
《小城镇生态环境保护规划规范》		
《小城镇防灾规划规范》		可与村镇规划相关规范合编
《小城镇生产与仓储用地规划规范》		可与村镇规划相关规范合编
《小城镇绿地规划规范》		

5.3.2.3 小城镇规划标准体系及标准说明

(1) 标准体系说明

前述小城镇规划标准体系框图与框架表是作为小城镇规划标准体系研究提出的，在相关标准体系制定中可作调整。

小城镇的县城镇，其规划标准比较容易从城市规划标准中区分出来，从而更具针对性和适应性；而将中心镇、一般镇作为小城镇主要载体部分研究规划标准，同样也更具针对性和适应性。但其与村镇规划标准及其体系的重叠部分的分属划分，在研究基础上，尚待主管部门确定，这里不过多述及。

(2) 标准说明

1) 基础标准

基础标准是城乡规划专业范围内作为其他标准的基础并普遍使用，具有广泛指导意义的术语、符号、计量单位、图形、基本分类、原则等的标准。小城镇规划标准体系基础标准含术语、图形、分类标准共5个，采用城乡规划整体合编方式。

基础标准共5项，其中术语标准、图形标准各1项，分类标准3项。

①术语标准

《城乡规划术语标准》

该标准统一城乡规划通用术语的定义，界定相关术语的差异，在原《城市规划基本术语标准》的基础上延伸小城镇、村镇统一规划术语内容和补充城乡规划最新增加的通用技术术语。

②图形标准

《城乡规划制图标准》

该标准旨在统一规范城乡规划制图要求，提高图纸表述质量。本标准对城乡规划制图的图线、比例与图幅、色彩、符号、计量单位、坐标和标高、标注以及图例做出统一规定和说明。

③分类标准

(A)《城镇用地分类与规划建设用地标准》

该标准适用于城镇总体规划，在原《城市用地分类与规划建设用地标准》确定城市用地分类和代号、城市用地计算原则以及规划建设用地标准的基础上,重点补充小城镇的用地分类和规划建设用地标准。

(B)《城镇用地分类代码》

该标准与《城镇用地分类与规划建设用地标准》相配套。依据《城镇用地分类与规划建设用地标准》拟定的用地分类,以及《标准化工作导则信息分类编码的基本原则和方法》中确定的编码基本原则,编制城镇用地分类代码方法和城镇用地分类代码表。在原城市用地分类代码的基础上,重点补充小城镇用地分类代码,以实现城镇用地分类统计和查询的计算机化,有利于城镇用地数据资源共享和提高工作效率。

(C)《城乡规划基础资料搜集规程》

基础资料搜集是城乡规划的一项重要前期工作。

该规程确定编制城乡规划必须搜集的勘察、测量以及有关城镇和区域经济社会发展、自然环境、资源条件、历史和现状等基础资料的内容、深度;确定各种数据、指标的统一口径,提出数据整理的基本要求和方法。

为满足计算机辅助规划需要,便于城镇基础资料的存储、查询,有利信息联网共享,同时制定基础资料分类代码。

该规程不仅有利于城乡规划的编制和城镇之间的对比分析,也便于统计、勘探、环保、经济、行政管理等相关行业部门的使用。

该规程宜采取统编,可合列城市、小城镇、村镇规划共同部分,分列不同部分。

2) 通用标准

通用标准是指针对通用小城镇规划制订的覆盖面较大的共性标准。它可作为制订小城镇规划专用标准的依据。

小城镇规划标准体系通用标准共5项。

① 《小城镇与村庄规划标准》

5.3 小城镇规划标准体系的制定

该标准主要适用于以县城镇、中心镇和一般镇为主要载体的小城镇,也适用于集镇和村庄。

该标准是指导小城镇规划和村镇规划的工作标准,可在现行村镇标准修订基础上重点增加县城镇规划通用标准内容,并根据我国小城镇发展情况,补充小城镇规划其他共用的技术标准条款。

② 《小城镇体系规划规范》

该规范适用于小城镇和乡村范围,可为小城镇规划和村镇规划共用。该规范对县(市)域城镇体系和镇域村镇体系规划编制的技术要求,包括小城镇、村庄等级规模的现状与发展预测、性质、职能、小城镇、乡镇空间布局、主要社会和工程基础设施安排、土地、环境的全面规划部署作了规定。

③ 《小城镇和村庄用地评定标准》

小城镇发展用地的工程技术综合评价和确定用地适用程度是合理选择规划用地的依据和编制小城镇总体规划的基础工作。该标准依据小城镇用地特点和用地地基承载力、地震烈度、地下水位、洪水淹没线、地形坡度及其他主要相关工程地质和地震地质条件,提出小城镇用地评定的分类定级和适用性分析技术标准。同时包括村庄用地适用程度主要分析技术标准。

④ 《历史文化名城、名镇保护规划规范》

该规范在《历史文化名城保护规划规范》编制的基础上,增补历史文化名镇保护规划规范的相关内容。

⑤ 《小城镇中心区城市设计规程》

该规程提出小城镇规划运用中心区等城市设计方法,保护历史文化遗产、传统风貌地方特色,提出小城镇中心区城市设计基本要求、原则与规程,促进小城镇发展与自然景观的和谐统一,提高小城镇自然景观和人文景观品质。

3) 专用标准

专用标准是针对小城镇某一具体专项规划或作为通用标准的补充，延伸制订的覆盖面一般不大的专项标准。

小城镇规划标准体系专用标准共列8项。

① 《城镇居住用地规划规范》

该规范是在《城市居住区规划设计规范》的基础上补充小城镇居住小区规划设计规范内容。提出小城镇居住小区用地选择与控制指标、组织结构与分级标准、住宅和配建服务设施、绿地、休闲设施与道路的布局等要求。

② 《小城镇道路交通规划规范》

该规范针对小城镇道路交通特点，提出不同层次小城镇道路交通规划的交通需求预测道路功能、分类、等级、规划内容、设施与管理等综合技术标准；县（市）域城镇体系道路交通规划规范；小城镇镇域道路交通规划规范；县城镇、中心镇道路交通规划布局及对外客、货运交通过境交通、道路出入口、镇区道路、道路交通景观体系要求与技术指标；一般镇道路交通规划规范。

③ 小城镇基础设施规划标准

小城镇基础设施标准提出小城镇基础设施合理化水平和定量化指标及其适用小城镇的不同地区、不同规模等级层次和发展阶段的划分标准；小城镇基础设施的规划原则、规划内容、需求预测、系统与网络结构、主要设施规模、选址、布局与用地、线路与管网敷设等的技术规定和技术经济指标。

小城镇基础设施规划标准包括：

（A）《小城镇给水工程规划规范》

该规范是针对小城镇给水工程特点，提出小城镇给水工程规划内容、范围，用地用水指标，小城镇水厂用地控制指标，同时提出对水资源、水质与水源选择、给水系统、水源地与水厂、泵站的规划要求。

5.3 小城镇规划标准体系的制定

(B)《小城镇排水工程规划规范》

该规范是针对小城镇排水工程特点,提出小城镇排水工程规划内容、范围,小城镇综合生活污水量、工业废水量、雨水量的计算确定,小城镇污水处理厂用地控制指标,并提出对排水体制、排水受纳体、污水处理与雨污水利用、排放的规划要求。

(C)《小城镇电力工程规划规范》

针对小城镇电力工程特点,提出小城镇电力工程规划内容,预测水平,小城镇规划单位建设用地负荷指标、单位建筑面积用电负荷指标,小城镇主要电力设施35~110KV变电所规划用地面积控制指标,同时提出对电力平衡,确定电源和电压等级,电力网规划与主要电力设施配置,确定高压线走廊等的规划要求。

(D)《小城镇通信工程规划规范》

该规范是针对小城镇通信工程特点,提出小城镇通信工程规划方案,电话普及率预测水平,按单位建筑测算小城镇电话需求用户指标、小城镇电信局所、邮电支局用地控制指标,同时提出对局所与移动通信规划、通信线路与管道规划、邮政、广播、电视规划的要求。

(E)《小城镇供热工程规划规范》

该规范是针对供热区域小城镇供热工程特点,提出小城镇供热工程规划内容,供热负荷的预测指标和供热设计用地控制指标,并提出对热源规划、供热管网及其敷设规划等的要求。

(F)《小城镇燃气工程规划规范》

该规范是针对小城镇供气工程特点,提出小城镇供气工程规划内容,用气量预测指标,提出小城镇气源及其选择,燃气供应系统、输配系统、燃气管网布置和敷设的规划要求。

(G)《小城镇环境卫生工程规划规范》

该规范是针对小城镇环境卫生工程特点,提出小城镇环境卫生工程规划的内容和生活垃圾量、工业固体废物量预测指标,以及垃圾污染控制和环境卫生评估指标，同时对小城镇垃圾收运、处理与综合利用、环境卫生公共设施规划提出规划要求。

④《小城镇公共建筑用地规划规范》

该规范对小城镇公共建筑类型分类、规划原则、配置依据、分级配置体系、布局方式和选址做出技术规定，提出不同层次小城镇各类公共建筑用地面积和建筑面积的控制指标。

该规范可与《村镇公共建筑用地规划规范》合编，以小城镇为主。

⑤《小城镇生态建设环境保护规划规范》

该规范主要对小城镇生态环境规划提出规划编制内容、程序和技术要求。其中生态规划包括对小城镇及其相关区域的生态环境现状评估、小城镇资源、环境与小城镇发展关系分析、小城镇生态分区、生态环境容量对小城镇规划建设的指导和控制要求及生态敏感区的保护；对小城镇环境规划提出包括小城镇大气环境、水体土壤、环境保护规划和噪声技术规定。

小城镇的固体废弃物收集处理等，在《小城镇基础设施规划标准》的环卫设施规范中。

⑥《小城镇防灾规划规范》

该规范针对不同地区、不同层次类别的小城镇防灾减灾规划，对小城镇防洪、人防、消防、抗震、防震以及防其他地质灾害按设防标准，提出相关的技术要求和措施规定。

其中小城镇防洪规划标准应提出规划内容、依据、原则、防洪标准、防洪方案选择、工程技术规定、防洪设施与防洪措施等。

本标准可与《村镇防灾规划规范》合编。

⑦《小城镇生产与仓储用地规划规范》

该规范对小城镇包括工业、农业的生产和仓储的不同类型用地提出各项技术规定、规范，内容包括选址、布局、道路交通、工程管线、安全防护、环境绿化等相关规定。

该规范可与《村镇生产与仓储用地规划规范》合编。

⑧《小城镇绿地规划规范》

该规范提出小城镇绿地分类，提出各类绿地（公园绿地、防护绿地、生态绿地、生产绿地、道路绿地等）的用地功能、用地布局、用地面积、绿地用地计算原则与方法等技术规定。

该规范可与《村镇绿地规划规范》合编。

5.4 小城镇主要规划技术指标

5.4.1 小城镇建设用地规划技术指标

5.4.1.1 小城镇用地分类

1）小城镇用地是指建制镇（或规划期内上升为小城镇的集镇）建设规划区内的各项用地的总称。建设规划区包括小城镇建设的现状用地、发展用地和规划需要控制的区域。

2）小城镇用地按土地使用的主要性质分九大类 28 小类、各类别用字母与数字结合的代号表示。小城镇分类和代号应符合表 5-1 的规定。

小城镇用地分类和代号　　　　表 5-1

类别代号		类别用地	范　围
大类	小类		
R		居住建筑用地	各类居住建筑及其间距和内部道路、场地、绿化等用地
	R1	居民住宅用地	居民住宅、庭院及其间距用地。
	R2	村民住宅用地	村民独家使用的住房和附属设施及其户间间距用地、进户小路用地；不包括自留地及其他生产性用地。
	R3	其他居住用地	R1、R2 以外的居住用地，如单身宿舍、青年公寓、老年人住宅等用地

续表

类别代号 大类	类别代号 小类	类别用地	范围
C		公共建筑用地	各类公共建筑物及其附属设施、内部道路、场地、绿化等用地
	C1	行政管理用地	政府、团体、经济贸易管理机构等用地。
	C2	教育机构用地	幼儿园、托儿所、小学、中学及各类高、中级专业学校、成人学校等用地。
	C3	文体科技用地	文化图书、科技、展览、娱乐、体育、文物、宗教等用地。
	C4	医疗保健用地	医疗、防疫、保健、休养和疗养等机构用地
C	C5	商业金融用地	各类商业服务业的店铺，银行、信用、保险等机构，及其附属设施用地。
	C6	集贸设施用地	集市及各种专项贸易的建筑和场地。不包括临时占用街道、广场等设摊用地
M		生产建筑用地	独立设置的各种所有制的生产性建筑及其设施和内部道路、场地、绿化等用地
	M1	一类工业用地	对居住和公共环境基本无干扰和污染的工业，如缝纫、电子、工艺品等工业用地。
	M2	二类工业用地	对居住和公共环境有一定干扰和污染的工业，如纺织、食品、农副产品加工、小型机械等工业用地。
	M3	三类工业用地	对居住和公共环境有严重干扰和污染的工业，如采矿、冶金、化学、造纸、制革、建材、大中型机械制造等工业用地。
	M4	农业生产设施用地	各类农业建筑，如打谷场、饲养场、农机站、育秧房、兽医站等及其附属设施用地；不包括农林种植地、牧草地、养殖水域
W		仓储用地	物资的中转仓库、专业收购和储存建筑及其附属道路、场地、绿化等用地
	W1	普通仓储用地	存放一般物品的仓储用地。
	W2	危险品仓储用地	存放易燃、易爆、剧毒等危险品的仓储用地
T		对外交通用地	对外交通的各种设施用地
	T1	公路交通用地	公路站场及规划范围内的路段、附属设施等用地。
	T2	其他交通用地	铁路、水运及其他对外交通的路段和设施等用地
S		道路广场用地	规划范围内的道路、广场、停车场等设施用地
	S1	道路用地	干路、支路用地。包括其交叉路口用地；不包括各类用地内部的道路用地。
	S2	广场用地	公共活动广场、停车场用地；不包括各类用地内部的场地

5.4 小城镇主要规划技术指标

续表

类别代号 大类	类别代号 小类	类别用地	范围
U		公用工程设施用地	各类公用工程和环卫设施用地,包括其建筑物、构筑物及管理、维修设施等用地
U	U1	公用工程用地	给水、排水、供电、邮政、电信、广播电视、供气、供热、殡葬、防灾和能源等工程设施用地。
	U2	环卫设施用地	公厕、垃圾站、粪便和垃圾处理设施等用地
		绿化用地	各类公共绿地、生产防护绿地;不包括各类用地内部的绿地
G	G1	公共绿地	面向公众、有一定游憩设施的绿地,如公园、街巷中的绿地、路旁或临水宽度等于和大于5m的绿地。
	G2	生产防护绿地	提供苗木、草皮、花卉的圃地,以及用于安全、卫生、防风等的防护林带和绿地
	E1	水域和其他用地	规划范围内的水域、农林种植地、牧草地、闲置地和特殊用地。
		水域	江河、湖泊、水库、沟渠、池塘、滩涂等水域;不包括公园绿地中的水面。
E	E2	农林种植地	以生产为目的的农林种植地,如农田、菜地、园地、林地等。
	E3	牧草地	生长各种牧草的土地。
	E4	闲置地	尚未使用的土地。
	E5	特殊用地	军事、外事、保安等设施用地;不包括部队家属生活区、公安、消防机构等用地

5.4.1.2 人均建设用地指标

小城镇人均建设用地指标应为规划范围内的建设用地面积除以常住人口数的平均值,人口统计范围应与用地统计范围相一致。

人均建设用地指标应按表5-2的规定分为三级。

人均建设用地指标分级　　　　表5-2

级别	一	二	三
人均建设用地指标(m^2/人)	>80 ≤100	>100 ≤120	>120 ≤130

新建小城镇的规划,其人均建设用地指标宜按表 5-2 中的第一、二级中确定。

对已有小城镇进行规划时,其人均建设用地指标应以现状建设用地的人均水平为基础,根据人均建设用地指标级别和允许调整幅度确定,并应符合表 5-3 的规定。

*人均建设用地指标　　　　　　　　表 5-3

现状人均建设用地(m^2/人)	人均建设用地指标级别	允许调整幅度(m^2/人)
≤80	一	可增 0~10
80.1~100	一、二	可增、减 0~10
100.1~120	一、二	可减 0~10
120.1~130	二、三	可减 0~20
>130	三	应减至 130 以内

*地多人少的边远地区的小城镇,可根据所在省、自治区人民政府规定的建设用地指标确定。

5.4.1.3 建设用地构成比

小城镇规划中的居住建筑、公共建筑、道路广场及绿化用地中公共绿地四类用地占建设用地的比例宜符合表 5-4 的规定。

建设用地构成比例　　　　　　　　表 5-4

类别代号	用地类别	占建设用地比例(%)	
		中心镇	一般镇
R	居住建筑用地	30~45	35~50
C	公共建筑用地	12~24	10~18
S	道路广场用地	11~19	10~17
G1	公共绿地	5~8	4~6
	四类用地之和	65~85	67~87

注:通勤人口和流动人口较多的中心镇,其公共建筑用地所占比例,可选取规定幅度内的较大值。

工商业型城镇,通勤人口超过常住人口 5%时,生产建筑及设施用地允许超过规定的上限。

邻近旅游区或以旅游业为主导型城镇,其公共绿地所占比例可大于表 5-4 的比例规定。

5.4.2 小城镇道路交通规划技术指标

5.4.2.1 道路分级

小城镇道路分级应符合 5-5 规定。

小城镇道路分级　　　　表 5-5

小城镇等级	规模	干路 一	干路 二	支（巷）路 三	支（巷）路 四
县城镇中心镇	大	●	●	●	●
县城镇中心镇	中	●	●	●	●
县城镇中心镇	小	○	●	●	●
一般镇	大	○	●	●	●
一般镇	中	—	●	●	●
一般镇	小	—	○	●	●

注：其中●—应设；○—可设。

5.4.2.2 道路规划技术指标

小城镇道路规划技术指标应符合表 5-6 规定。

小城镇道路规划技术指标　　　　表 5-6

规划技术指标	干路 一	干路 二	支（巷）路 三	支（巷）路 四
计算行车速度（km/h）	40	30	20	—
道路红线宽度（m）	24~32 (25~35)	16~24	10~14 (12~15)	—
车行道宽度（m）	14~20	10~14	6~7	3.5
每侧人行道宽度（m）	4~6	3~5	2~3.5	—
道路间距（m）	≥500	250~500	120~300	60~150

注：1. 表中一二三级道路用地按红线宽度计算，四级道路按车行道宽度计算。
2. 一级路、三级路可酌情采用括号值，大型县城镇中心镇道路，个别交通量大、车速要求较高的情况也可考虑三块板道路横断面，加宽路幅可考虑 40m。

5.4.2.3 道路交叉口形式

小城镇镇区道路交叉口形式应符合表5-7规定。

小城镇道路交叉口形式　　　　表5-7

镇等级	规模	相交道路	干路	支路
县城镇 中心镇	大	干路	C、D、B	D、E
		支路		E
	中、小	干路	C、D、E	E
一般镇	大中	干路	D、E	E
		支路		E
	小	支路		E

注：B 为展宽式信号灯管理平面交叉口；
　　C 为平面环形交叉口；
　　D 为信号灯管理平面交叉口；
　　E 为不设信号灯的平面交叉口。

5.4.2.4 道路平面交叉口规划用地面积

小城镇镇区道路平面交叉口用地宜符合表5-8规定。

小城镇道路平面交叉口规划用地面积（万 m²）　　表5-8

	T字型交叉口	十字型交叉口	环形交叉口		
			中心岛直径(m)	环道宽度(m)	用地面积(万 m²)
干线与干路	0.25	0.40	30~50	16~20	0.8~1.2
干线与支路	0.22	0.30	30~40	14~10	0.6~0.9
支线与支路	0.12	0.17	25~35	12~15	0.5~0.7

5.4.2.5 道路广场用地

小城镇道路广场用地占建设用地比例应符合表5-9规定。

小城镇道广场用地占建设用地比例　　表5-9

	县城镇、中心镇	一般镇
道路广场占建设用地比例（%）	11~19	10~17

注：规划期内将发展为小城市的县城镇、中心镇上述比例可调整为10%~15%。

5.4.3 小城镇公共建筑规划技术指标

5.4.3.1 分级配置

小城镇公建配置应符合表 5-10 规定，并结合小城镇性质、类型、人口规模、经济社会发展水平、居民经济收入和生活水平、风俗民情及周边条件等实际情况，分析比较选定或适当调整。

小城镇公建分级配置表　　　　表 5-10

公建类别	项目名称	一级配置			二级配置		三级配置	备注
		县城镇	中心镇	一般镇	居住小区（Ⅰ）	居住小区（Ⅱ）	住宅组群	
1 行政管理	县、镇党、政、（人大、政协）机构	●	●	●	—	—	—	属必设公益型，均由政府投资兴建
	公、检、法机构	●	●	●	—	—	—	
	建设、土地管理机构	●	●	●	—	—	—	
	农、林、牧、副、渔及水、电管理机构	●	●	●	—	—	—	
	工商、税务管理机构	●	●	●	—	—	—	
	粮、油、棉管理机构	●	●	●	—	—	—	
	交通监理机构	●	○	○	—	—	—	
	街道办事处	●	●	●	—	—	—	
	居民（村）委员会	—	—	—	●	●	○	
2 教育科技	托儿所、幼儿园	○	○	○	●	●	●	属必设公益型，基本上由政府投资兴建，亦有由私人、企业或社团等出资兴建
	完全小学	●	●	●	●	○	—	
	初级中学	●	●	●	○	—	—	
	高级中学	●	●	○	—	—	—	
	职业中学	●	●	○	—	—	—	
	专科学校	●	○	—	—	—	—	
	科技站、信息馆（站）、培训中心、成人教育	●	●	●	○	—	—	

续表

公建类别	项目名称	项目配置					备注
		一级配置			二级配置		三级配置	
		县城镇	中心镇	一般镇	居住小区（Ⅰ）	居住小区（Ⅱ）	住宅组群	
3 文化娱乐	儿童乐园	●	●	●	●	●	○	兼有必设型和选设型以及股份型三类，政府兴建和其他投资兴建
	青少年宫	●	●	●	○	—	—	
	老年活动中心	●	●	●	●	●	○	
	敬老院/老年公寓	●	●	●	—	—	—	
	俱乐部	●	○	○	—	—	—	
	影剧院	●	●	●	—	—	—	
	博物馆	●	●	—	—	—	—	
	体育场馆	●	●	●	—	—	—	
	展览馆/博物馆	●	●	○	—	—	—	
	文化站	●	●	●	○	○	—	
	电视台、转播台、差转台	●	○	—	—	—	—	
	广播站	●	●	●	—	—	—	
4 医疗卫生	防疫站	●	○	○	—	—	○	以必设型为主，兼有选设型，除政府投资兴建外，也有其他投资兴建
	保健站	●	○	○	●	○	—	
	卫生所	●	●	●	●	●	—	
	综合医院	●	●	●	—	—	—	
	专科诊所	●	●	●	●	●	—	
5 邮电金融	邮政局	●	●	—	—	—	—	"必设型"和"选设型"兼有，除邮电、银行主要由政府兴建外，其他项目亦有非政府投资兴建
	电信局	●	—	—	—	—	—	
	邮电支局	●	●	●	—	—	—	
	邮电营业所	○	○	○	●	●	—	
	银行及信用社	●	●	●	—	—	—	
	保险公司	●	○	○	—	—	—	
	证券公司	●	—	—	—	—	—	
	信用社	●	○	○	—	—	—	

5.4 小城镇主要规划技术指标

续表

公建类别	项目名称	项目配置						备注
		一级配置			二级配置		三级配置	
		县城镇	中心镇	一般镇	居住小区（Ⅰ）	居住小区（Ⅱ）	住宅组群	
6 商业服务	百货商场	●	●	●	—	—	—	本类公建项目乃居民生活之必需，随着我国市场经济的发展，本类公建多由非政府投资兴建及经营
	专业商店	●	●	○	—	—	—	
	供销社	●	●	●	—	—	—	
	超市	●	○	○	○	○	—	
	粮油副食店	●	●	●	●	●	○	
	日杂用品店	●	●	●	●	●	—	
	宾馆	●	○	—	—	—	—	
	招待所	●	●	●	—	—	—	
	餐馆/茶馆	●	●	●	●	●	—	
	酒吧/咖啡座	○	○	—	—	—	—	
	照相馆	●	●	●	—	—	—	
	美发美容店	●	●	●	○	○	—	
	浴室	●	●	●	●	●	—	
	洗染店	●	●	●	○	○	—	
	液化石油气站/煤场	●	●	●	—	—	—	
	综合修理服务	●	●	●	●	●	—	
	旧、废品收购站	●	●	●	—	—	—	
7 集市贸易	小商品批发市场	●	●	—	—	—	—	"选设型"多由非政府投资兴建及经营
	禽、畜、水产市场	●	●	●	—	—	—	
	蔬菜、副食市场	●	●	●	●	●	—	
	各种土特产市场	●	●	●	—	—	—	
	供销社	●	●	●	—	—	—	
8 其他	汽车出租站	●	○	—	—	—	—	"必设型"主要由政府投资兴建
	公交始末站	●	●	○	○	—	—	
	公共行车场库	●	●	●	●	●	○	
	消防站	●	●	●	—	—	—	
	公共厕所	●	●	●	●	●	●	
	殡仪馆/火葬场	●	○	—	—	—	—	

注：1. 表中"●"表示必需设置；"○"表示可能设置；"—"表示不设置；
2. 表中居住小区Ⅰ级、Ⅱ级按表5-13划分。
3. 表列8类公建项目为一般配置项目，视不同具体情况可予变更或增减。

5.4.3.2 公建用地占建设用地比例

小城镇公建用地占建设用地比例应符合表 5-11 规定。

小城镇公建用地占建设用地比例　　　　表 5-11

	县城镇	中心镇	一般镇
公建用地占建设用地比例(%)	15～24	12～20	10～18

5.4.3.3 公建用地面积和建筑面积控制指标

公建用地面积和建筑面积控制指标应符合表 5-12 规定。

小城镇公建用地面积和建筑面积控制指标　　　　表 5-12

公建用地类别	用地面积指标（m²/1000人）			建筑面积指标（m²/1000人）		
	县城镇	中心镇	一般镇	县城镇	中心镇	一般镇
1 行政管理类用地	450～1100	300～1500	200～2200	270～330	180～450	120～660
2 教育科技类用地	2200～8000	2800～9500	3200～10000	1540～3200	1960～3800	2240～4000
3 文化娱体类用地	960～7200	850～6400	750～4100	580～3600	510～3200	450～2050
4 医疗卫生类用地	400～1600	300～1300	300～1500	320～1120	240～910	240～1050
5 邮电金融类用地	400～900	250～650	130～600	560～990	350～720	180～660
6 商业服务类用地	2400～5400	1450～3950	800～4000	3000～5670	1820～4150	1050～4250
7 集市贸易类用地	按集市贸易的经营、交易品类、销售和交易额大小、赶集人数，以及相关潜在需求和地方有关规定确定					
8 其他类用地	按其他类公建的实际需要确定					
八类公建总用地	＜28800	＜24000	＜21600			

注：1. 表中指标主要适用人口考虑：县城镇 2～8 万，中心镇 1～4 万，一般镇 0.3～2 万，人口规模在上述范围外，小城镇表中指标宜据实际需要适当调整。

2. 表中指标适当考虑了暂住人口和辐射服务范围人口的因素。

3. 表中指标幅度值考虑了我国东西部小城镇人口密度、地理条件及其社会经济发展水平等差异造成的公建需求差别和同一等级不同功能分类、不同规模对公建需求的不同，同时也考虑了教育科技类、文化娱体类有无较大规模的学校、体育运动场所、文化娱乐设施的较大影响。

5.4.4 小城镇居住小区规划技术指标

5.4.4.1 居住分级规模

小城镇居住分级及其居住规模应按表5-13规定。

小城镇居住分级规模　　　　　　表5-13

居住单位名称		居住规模	
		人口数(人)	住户数(户)
居住小区	Ⅰ级	8000~12000	2000~3000
	Ⅱ级	5000~7000	1250~1750
住宅组群	Ⅰ级	1500~2000	375~500
	Ⅱ级	1000~1400	250~350
住宅庭院	Ⅰ级	250~340	63~85
	Ⅱ级	180~240	45~60

5.4.4.2 住宅建筑

小城镇住宅功能空间种类、数量及住栋类型可按表5-15选择。

5.4.4.3 小区道路控制线间距与路面宽度

居住小区道路由居住小区级、住宅组群级和宅前路及其他人行路级三级道路。其控制线间距和路面宽度如表5-14。

小城镇居住小区道路控制线间距及路面宽度表　　表5-14

道路名称	建筑控制线之间的距离(m)		路面宽度(m)	备注
	采暖区	非采暖区		
居住小区级道路	16~18	14~16	6~7	应满足各类工程管线埋设要求；严寒积雪地区的道路路面应考虑防滑措施并应考虑清扫道路积雪的面积，路面可适当放宽；地震区道路宜做柔性路面
住宅组群级道路	12~13	10~11	3~5	
宅前路及其他人行路			2~2.5	

5 小城镇规划标准体系与主要规划标准技术指标

住宅功能空间种类、数量及住栋类型选择　　　　表 5-15

户职业类型	户籍分结构	人口规模(人)	卧室	浴室	厨房	贮藏室	客厅	书房	客卧	健身游戏室	家务劳动室	日光室	手工作坊	商店	库房	车库	仓合	禽畜舍	套型系列	住栋类型
种植户	两代	3	2~3	1	与划分的小户头数量相同	按类似原则配置，数量视具体情况确定	1	1	1	1	1	1	1		1	1	1	1	2~3个卧室 一户一套	水平、垂直或混合分户
养殖户	两代	4	3	1~2			1	1	1	1	1	1	1		1	1	1	1	3~5个卧室 一户两套 可分可合	宜垂直分户
	三代	5	3~4	1~2			1~2	1~2	1	1	1~2	1	1		1	1	1	1		
		6	4~5	2~3			1														
	四代	5	5	2			1													5~7个卧室 一户两套或户三套 可分可合	垂直分户
		6	5~6	2~3			1~2	1~2	1	1	1~2	1	1		1	1	1	1		
		7	6~7	3			1														
		8																		
兼业户	两代	3	2~3	1			1	1	1	1	1	1	1	1	1	1	1	1	2~3个卧室 一户一套	宜垂直分户
		4	3	1~2			1														
	三代	5	3~4	1~2			1~2	1~2	1	1	1~2	1	1	1	1	1	1	1	3~5个卧室 一户两套 可分可合	垂直分户
		6	4~5	2~3			1														
专业户	两代	3	2~3	1			1	1	1	1	1	1		1	1	1	1	1	2~3个卧室 一户一套	水平分户
		4	3	1~2			1														
商业户	两代	3	2~3	1			1	1	1	1	1	1		1	1	1	1		3~5个卧室 一户两套 可分可合	水平分户
		4	3	1~2			1														
职业户	两代	3	2~3	1			1~2	1~2	1	1	1~2									
		4	3	1~2			1														
	三代	5	3~4	2~3																

注：
1. 种植户、养殖户及兼业户多聚居于小城镇边缘的农业产业化小区，是乡村城市化过程中一种过渡的居住形态。所谓兼业户，多以种植及养殖为主业的农业户兼营的：
2. 基本功能空间是每个住户所必需的，但卧室、浴室、厨房及贮藏室、楼层为生活用房，水平分户、合用楼梯；
3. 表中室所说的水平垂直朝阳，但卧室外墙必须朝阳，采用全宽落地玻璃阳窗，亦可用玻璃封闭式阳台代日光室；
4. 日光室不包括在套型系列卧室数之内；
5. 客卧不包括在套型系列卧室数之内；
6. 各类功能空间数量及面积可根据实际需要选择。

5.4.4.4 小区各类道路纵坡

小城镇居住小区内各类道路纵坡的控制应符合表5-16规定。

小城镇小区内道路纵坡控制参数表　　　　表5-16

道路类别	最小纵坡（%）	最大纵坡（%）	多雪严寒地区最大纵坡（%）
机动车道	0.3	8.0 $L \leqslant 200m$	5.0 $L \leqslant 600m$
非机动车道	0.3	3.0 $L \leqslant 50m$	2.0 $L \leqslant 100m$
步行道	0.5	8.0	4

注：1. 表中"L"为道路的坡长；
　　2. 机动车与非机动车混行的道路，其纵坡宜按非机动车道要求，或分段按非机动车道要求控制；
　　3. 居住小区内道路坡度较大时，应设缓冲段与城市道路衔接。

5.4.4.5 小区公共绿地面积及休闲设施配置

小城镇居住小区公共绿地面积及休闲设施配置应符合表5-17规定。

小城镇居住小区公共绿地面积及休闲设施配置　　　表5-17

居住单位名称		中心绿地名称		设施项目	最小面积规模（hm^2）	备　注
居住小区	I	小区游园	I	草坪、花木、花坛、水面、儿童游乐设施、坐椅、台桌、铺装地面、雕塑或其他建筑小品	0.6~0.7	园内布局应有明确的功能划分
	II		II		0.4~0.5	
住宅组群	I	组群中心绿地	I	草坪、花木、坐椅、台桌简易儿童游乐设施	0.09~0.10	儿童游乐设施应布置在中心绿地的非阴影区地段
	II		II		0.07~0.08	
住宅庭院	I	庭院绿地	I	草坪、花木、坐椅、台桌、铺装地面	0.04~0.06	坐椅台座应布置在非阴影区地段
	II		II		0.02~0.03	

5.4.4.6 居住小区人均建设用地指标

小城镇居住小区人均用地指标应按照表5-18的规定,并依据所在省市自治区政府的有关规定,结合小城镇性质、类型、经济社会发展现状、居住用地水平、生活习惯、风俗民情等实际情况,分析比较选定和适当调整;

小城镇居住小区人均建设用地指标　　　表5-18

人均用地指标(m²/人) \ 居住单位 \ 层数	居住小区 Ⅰ级	居住小区 Ⅱ级	住宅组群 Ⅰ级	住宅组群 Ⅱ级	住宅庭院 Ⅰ级	住宅庭院 Ⅱ级
低(少)层	48~55	40~47	35~38	31~34	29~31	26~28
低(少)层、多层	36~40	30~35	28~30	25~27	25~27	22~24
多层	27~30	23~26	21~22	18~20	19~20	17~18

5.4.4.7 居住小区用地构成控制指标

小城镇居住小区内各类用地所占比例的用地平衡控制指标,应按照表5-19规定,并结合小城镇实际,分析比较确定。

小城镇居住小区用地构成控制指标　　　表5-19

居住单位 \ 用地指标(%) \ 用地类别	居住小区 Ⅰ级	居住小区 Ⅱ级	住宅组群 Ⅰ级	住宅组群 Ⅱ级	住宅庭院 Ⅰ级	住宅庭院 Ⅱ级
住宅建筑用地	54~62	58~66	72~82	75~85	76~86	78~88
公共建筑用地	16~22	12~18	4~8	3~6	2~5	2~117
道路用地	10~16	10~13	2~6	2~5	1~3	1~2
公共绿地	8~13	7~12	3~4	2~3	2~3	1.5~2.5
总计用地	100	100	100	100	100	100

5.4.4.8 住宅户均建筑面积指标

小城镇居住小区建筑面积可采用户均建筑面积指标、住宅基本功能空间面积指标和住宅附加功能空间面积指标加以控制；住宅户均建筑面积指标，应根据不同户结构、不同户规模按表5-20确定。

小城镇住宅户均建筑面积指标　　　　　表5-20

户结构	户均建筑面积(m²)	户均使用面积(m²)	说　明
两代	85~95	65~82	夫妇及一个孩子面积标准稍低些，两个孩子面积标准稍高些
三代	100~140	82~120	三代6人面积标准稍高些，5人以下面积标准稍低些
四代	150~200	125~170	四代8人面积标准稍高些，7人以下面积标准稍低些

5.4.4.9 住宅基本功能空间面积标准

小城镇住宅基本功能空间面积指标应按表5-21并结合实际情况选定；

小城镇住宅基本功能空间面积标准　　　　　表5-21

功能空间名称	门厅	起居室	餐厅	主卧室老人卧室	次要卧室	厨房	卫生间	基本贮藏间	
								数量(间)	面积(m²)
面积标准(m²)	3~5	16~26	9~14	14~18	8~12	6~9	4~7	3~6	4~10

注：贮藏间数量应视不同家庭户结构、户规模及不同生活水平等实际情况确定。

住宅附加功能空间面积标准

小城镇住宅附加功能空间面积指标应按表5-22并结合实际情况确定。

小城镇住宅附加功能空间面积标准　　表5-22

功能空间名称	生活性附加功能空间						生产性附加功能空间
	客厅	书房	客卧	家务劳动室	健身游戏室	阳光室	
面积标准(m²)	18~30	12~16	8~12	12~14	14~20	7~12	专用空间的种类、数量及面积大小根据住户从业的实际需要确定

5.4.5 小城镇基础设施规划合理水平和定量化指标

小城镇基础设施规划的合理水平和定量化指标，直接关系到小城镇基础设施规划的科学及其建设的投资合理、作用的大小、效益的好坏，也直接关系到小城镇基础设施与小城镇建设的可持续发展。

5.4.5.1 合理水平和定量化指标的相关因素

小城镇基础设施规划合理水平与定量化指标的相关因素有共同相关因素和非共同相关因素。

对水、电、通信等基础设施来说，共同相关因素主要是小城镇性质、类型、地理区域位置、经济与社会发展、城镇建设水平、人口规模，还有小城镇居民的经济收入、生活水平。其中水、电设施的共同相关因素还有气候条件。

小城镇基础设施规划合理水平与定量化指标也与各项设施的非共同相关因素相关，例如：

给水设施供水规模与水资源状况、居民生活习惯相关；

排水和污水处理系统的合理水平与环境保护要求、当地自然条件和水体条件、污水量和水质情况相关；

电力设施电力负荷水平与能源消费构成、节能措施等相关；

电信设施电话普及率与居民收入增长规律、第三产业和新部门增长发展规律相关；

5.4 小城镇主要规划技术指标

防洪设施防洪标准除主要与洪灾类型、所处江河流域、邻近防护对象相关外,还与受灾后造成的影响、经济损失、抢险难易,以及投资的可能性相关;

环卫设施生活垃圾量与当地燃料结构、消费习惯、消费结构及其变化、季节和地域情况相关。

综上所述,小城镇基础设施规划合理水平和定量化指标,应根据不同设施的不同特点,分析共同和非共同相关因素。

5.4.5.2 合理化水平和定量化指标选择的小城镇分级

我国地域辽阔,不同地区小城镇自然条件、历史基础、产业结构不同,经济发展很不平衡,小城镇人口规模、基础设施差别很大。

考虑便于小城镇基础设施规划能在一个较合适的幅度范围内结合实际条件分析对比选取定量化指标,小城镇基础设施的合理水平和定量化指标,宜分❶三种经济发展不同地区、三个规模等级层次、两个发展阶段(规划期限)。

三种经济发展不同地区为:

经济发达地区;

经济发展一般地区;

经济欠发达地区。

三个规模等级层次为:

一级镇:县驻地镇、经济发达地区3万以上镇区人口的中心镇、经济发展一般地区2.5万以上镇区人口的中心镇;

---

❶经济发达地区主要是东部沿海地区,京、津、唐地区,现状农民人均年纯收入一般大于3300元左右,第三产业占总产值比例大于30%。

经济发展介于经济发达地区、欠发达地区之间的经济发展一般地区,主要是中、西部地区,现状农民人均年纯收入一般在1800~3300元左右,第二产业占总产值比例约20%~30%。

经济欠发达地区主要是西部、边远地区,现状农民人均年纯收入一般在1800元以下,第三产业占总产值比例小于20%。

5 小城镇规划标准体系与主要规划标准技术指标

二级镇：经济发达地区一级镇外的中心镇和2.5万以上镇区人口的一般镇、经济发展一般地区一级镇外的中心镇、2万以上镇区人口的一般镇、经济欠发达地区1万以上镇区人口县城镇外的其他镇；

三级镇：二级镇以外的一般镇和在规划期将发展为建制镇的乡镇。

两个规划发展阶段(规划期限)为：

近期规划发展阶段(规划年限至2005年)；

远期规划发展阶段(规划年限至2020年)。

我国小城镇规模普遍过小，镇区人口少数超过1万人，多数在5000人以下，以经济发达的浙江省为例，全省建制镇中城镇人口规模在1万人以下的占80%，5000人以下的占一半。小城镇规模过小，集聚能力和辐射功能不强，而就基础设施而言，小城镇规模小，基础设施配备不经济，也难发挥效益。国内外有关小城镇相关合适规模研究，一般城镇人口规模在2.5万或3万以上。基础设施配备较经济，经营运作较合理。

表5-23为京郊小城镇基础设施投资情况调查表。

京郊小城镇公共基础设施投资调查表　　表5-23

项目 人口	供水			供暖			供电			供气		
	规模 (万吨 /年)	投资 (万元)	人均 投资 (元)	规模 (t)	设备 厂房 人均 投资 (元/人)	设备 厂房 人均 投资 (元/人)	规模 (kVA)	投资 (万元)	人均 投资 (元/人)	规模 (m³)	投资 (万元)	人均 投资 (元/人)
2000	19	130	650	6	170	850	24496	4574	22870	2500	660	3300
5000	47	130	260	12	270	540	34994	5717	11434	2500	800	1600
10000	95	130	130	18	410	410	43743	6352	6352	5000	960	960
20000	190	260	130	24	500	250	48604	7058	3529	5000	1410	705
30000	285	260	86.7	60	735	245	54004	7843	2614	7500	1760	587
40000	380	390	97.5	100	1400	350	60005	8560	2140	10000	2310	577
50000	475	3000	600	130	2010	402	74055	10700	2140	10000	2720	544
60000	570	3000	500	160	2550	425	88975	12846	2141	10000	2720	453

资料来源：郑一淳等．城郊小城镇发展研究．《小城镇建设》4/2001

分析上表供水、供暖、供电、供气四项公共设施调查数据，2000人时人均投资最大为27670元/人。万人时，人均投资最少为3165元/人，3万人以后就大致在4000元左右。可见，较经济合理配备基础设施，小城镇一般应在3万人以上。总之，小城镇通过适当迁并，形成3万人及以上规模，对于小城镇基础设施经济合理配备和运行以及增强小城镇发展活力都十分必要。

同时，小城镇基础设施合理水平和定量化指标，对小城镇的分级，考虑经济发展不同地区、小城镇不同性质、类别分级规模的差别也是必要的，以更好实施分类指导。

县驻地镇一般都有一定规模基础，又是县域经济、政治、文化中心，基础设施合理水平应以一级规模镇要求，经济发达地区和经济发展一般地区应重点抓好中心镇建设，通过调查研究和分析比较并考虑不同经济发展地区的差别，把经济发达地区镇区人口3万人以上的中心镇、经济发展一般地区镇区人口2.5万人以上的中心镇基础设施合理水平划为一级规模小城镇要求，有利于促进中心镇建设，有利于选择和扶持经济发达地区一些条件好的中心镇逐步向小城市过渡，同时也比较符合中心镇发展的实际情况；经济欠发达地区，小城镇建设基础薄弱的县抓中心镇建设实际上就是抓县城建设，因此这里一级镇不含县城镇外的中心镇。

一个县(市)一般仅宜设1~2个中心镇，二级规模镇除少数规模较小的中心镇外，主要是具备条文规模的发展基础较好的一般镇。

三级镇为二级镇外的一般镇和在规划期将成为建制镇的乡镇。后者基础设施合理水平划为三级镇要求，有利其从乡镇向建制镇过渡。

5.4.5.3 合理水平和定量化技术指标

小城镇基础设施的合理水平和定量化指标，两者是密切相关的。定量化指标主要反映设施规模的合理水平,此外,基础设施合理水平主要反映与小城镇发展相适应的设施技术的先进程度。

小城镇基础设施的合理水平主要依据前述相关因素和小城镇分级外,尚应根据基础设施自身特点及其在小城镇经济社会发展中的作用,并考虑规划建设中的适当超前,同时,小城镇基础设施的合理水平还应考虑以下两种情况:

第一,大中城市规划区范围内的郊区制建镇的基础设施合理水平应与一并考虑的城市基础设施水平相适应;

第二,较集中分布或连绵分布,相互间可依托的小城镇基础设施合理水平,应符合城镇区域考虑的规划优化基础上联建共享的设施合理水平。

给水、排水、电力、通信、防洪和环境卫生工程设施的合理水平和定量化技术指标

(1) 给水、排水工程设施

1) 小城镇人均综合生活用水量指标

小城镇人均综合生活用水量指标(L/(人·d))　　表 5-24

地区区划	小城镇规模分级					
	一		二		三	
	近期	远期	近期	远期	近期	远期
一区	190~370	220~450	180~340	200~400	150~300	170~350
二区	150~280	170~350	140~250	160~310	120~210	140~260
三区	130~240	150~300	120~210	140~260	100~160	120~200

注:1. 一区包括:贵州、四川、湖北、湖南、江西、浙江、福建、广东、广西、海南、上海、云南、江苏、安徽、重庆;
二区包括:黑龙江、吉林、辽宁、北京、天津、河北、山西、河南、山东、宁夏、陕西、内蒙古河套以东和甘肃黄河以东的地区;
三区包括:新疆、青海、西藏、内蒙古河套以西和甘肃黄河以西的地区(下同)。
2. 用水人口为小城镇总体规划确定的规划人口数(下同)。
3. 综合生活用水为小城镇居民日常生活用水和公共建筑用水之和,不包括浇洒道路、绿地、市政用水和管网漏失水量。
4. 指标为规划期最高日用水量指标(下同)。
5. 特殊情况的小城镇,应根据实际情况,用水量指标酌情增减(下同)。

人均综合生活用水量指标在目前各地建制镇、村镇给水工程规划中作为主要用水量预测指标普遍采用。但除县级市给水工程规划可采用国标《城市给水工程规划规范》的指标外，其余建制镇规划无适宜标准可依，均由各规划设计单位自定指标；同时也缺乏小城镇这一方面的相关研究成果。

表 5-24 小城镇人均综合生活用水量指标是在四川、重庆、湖北、福建、浙江、广东、山东、河南、天津 89 个小城镇(含调查镇外，补充收集规划资料的部分镇)的给水现状、用水标准、用水量变化、规划指标及相关因素的调查资料收集和相关变化规律的研究分析、推算，以及对照《城市给水工程规划规范》、《室外给水设计规范》成果延伸的基础上，按全国生活用水量定额的地区区划(下称地区区划)、小城镇规模分级和规划分期设定。

表中地区区划采用《室外给水设计规范》城市生活用水量定额的区域划分；人均综合生活用水量系指城市居民生活用水和公共设施用水两部分的总水量，不包括工业用水、消防用水、市政用水、浇洒道路和绿化用水、管网漏失等水量。上述与《城市给水工程规划规范》完全一致，以便小城镇给水工程规划标准制定和给水工程规划使用的衔接。表值相关分析研究主要是：

(A) 根据按不同地区区划、小城镇不同规模分级，分析整理的若干组有代表性的现状人均综合生活用水量和时间分段的综合生活用水量年均增长率、逐步推算出规划年份的人均综合生活用水量指标，并分析比较相同、相仿小城镇的相关规划指标、选定适宜值。

(B) 近期年段综合生活用水量年均增长率由调查分析近年年均增长率确定；2005 年到 2020 年的后期年段年均增长率由研究分析经济发展等相关因素相当的有代表性的城镇生活用水

量增长规律和类似相关比较分析、分段确定。

(C) 根据同一区划、同一小城镇规模分级的不同地区生活用水量相关因素差别影响的横向、竖向分析和推算，确定适宜值的幅值范围。

(D) 县驻地镇人均综合生活用水量指标的远期上限对照与《城市给水工程规划规范》相关县级市时间延伸指标的差距得出。

(E) 近期指标年限推算到2005年，远期指标年限推算或延伸到2020年。

2) 小城镇单位居住用地用水量指标，见表5-25。

单位居住用地用水量指标($10m^4/(km^2 \cdot d)$)　　表5-25

地区区划	小城镇规模分级		
	一	二	三
一区	1.00~1.95	0.90~1.74	0.80~1.50
二区	0.85~1.55	0.80~1.38	0.70~1.15
三区	0.70~1.34	0.65~1.16	0.55~0.90

注：表中指标为规划期内最高日用水量指标，使用年限延伸至2020年，即远期规划指标，近期规划使用应酌情减少，指标已含管网漏失水量。

表5-25是结合小城镇规划标准研究专题之四提出的用地标准，按小城镇的规模分级，在《城市给水工程规划规范》、《室外给水设计规范》相关成果和小城镇居民用水量等资料的调查分析基础上推算得出。宜结合小城镇实际选用和必要适当调整。

居住用地用水量包括居民生活用水量及其公共设施，道路浇洒用水和绿化用水。

小城镇公共设施用地、工业用地及其他用地用水量与城市相应用地用水量共性较大，可结合小城镇实际情况的分析对比，选用《城市给水工程规划规范》的相应指标，并考虑必要的调整。

3) 小城镇排水体制、排水与污水处理规划合理水平, 见表 5-26。

小城镇排水体制、排水与污水处理规划要求　　表 5-26

分项		经济发达地区						经济发展一般地区						经济欠发达地区					
小城镇分级规划期		一		二		三		一		二		三		一		二		三	
		近期	远期	近期	远期	近期	远期	近期	远期	近期	远期	近期	远期	近期	远期	近期	远期	近期	远期
排水体制一般原则	1.分流制或 2.不完全分流制	△	●	△	●	●	●	△2	○2	○2	●	●	●	○2	●	△	●	△2	△2
	合流制															○		○部分	
排水管网面积普及率(%)		95	100	90	100	85	95~100	85	100	80	95~100	75	90~95	75	90~100	50~60	80~85	20~40	70~80
不同程度污水处理率(%)		80	100	75	100	65	90~95	65	100	60	95~100	50	80~85	50	80~90	20	65~75	10	50~60
统建、联建、单建污水处理厂		△	●	△	●	●	●	●	●	●	●	●	●	△	△				
简单污水处理							○						○				○低水平		△较高水平

注: 1. 表中 ○——可设, △——宜设, ●——应设。
2. 不同程度污水处理率指采用不同程度污水处理方法达到的污水处理率。
3. 统建、联建、单建污水处理厂指郊区小城镇、小城镇群应优先考虑统建、联建污水处理厂。
4. 简单污水处理指经济欠发达、不具备建设较现代化污水处理厂条件的小城镇, 选择采用简单、低耗、高效的多种污水处理方式, 如氧化塘、多级自然处理系统, 管道处理系统, 以及环保部门推荐的几种实用污水处理技术。
5. 排水体制的具体选择按上表要求外, 同时应根据总体规划和环境保护要求, 综合考虑自然条件、水体条件、污水量、水质情况、原有排水设施情况, 技术经济比较确定。

表 5-26 是在全国小城镇概况分析的同时, 重点对四川、重庆、湖北的中心城市周边小城镇、三峡库区小城镇、丘陵地

区和山区小城镇、浙江的工业主导型小城镇、商贸流通型小城镇、福建的生态旅游型小城镇、工贸型等小城镇的社会、经济发展状况、建设水平、排水、污水处理状况、生态状况及环境卫生状况的分类综合调查和相关规划分析研究及部分推算的基础上得出来的,因而具有一定的代表性。

对不同地区、不同规模级别的小城镇按不同规划期提出因地因时而宜的规划不同合理水平,增加可操作性,同时表中除应设要求外,还分宜设、可设要求,以增加操作的灵活性。

4)给水、排水设施用地控制指标

给水、排水设施的水厂用地、泵站用地、污水处理厂用地、排水泵站用地控制指标,一般结合小城镇实际、引用相关标准规范的有关规定。

(2)供电、通信工程设施

1)小城镇规划用电负荷指标

表 5-27 为小城镇规划人均市政、生活用电指标。

小城镇规划人均市政、生活用电指标(kW·h/人·年)

表 5-27

	经济发达地区			经济发展一般地区			经济欠发达地区		
	小城镇规模分级								
	一	二	三	一	二	三	一	二	三
近期	560~630	510~580	430~510	440~520	420~480	340~420	360~440	310~360	230~310
远期	1960~2200	1790~2060	1510~1790	1650~1880	1530~1740	1250~1530	1400~1720	1230~1400	910~1230

表 5-27 主要依据及分析研究:

(A)四川、重庆、湖北、福建、浙江、广东、山东、河南、天津等省、市不同小城镇的经济社会发展与市政建设水平、居民经济收入、生活水平、家庭拥有主要家用电器状况、能源消费构成、节能措施、用电水平及其变化趋势的调查资料

5.4 小城镇主要规划技术指标

及市政、生活用电变化规律的研究分析。

（B）中国城市规划设计研究院城市二次能源用电水平预测课题调查及其第一、第二次研究的成果。

（C）《城市电力规划规范》中的相关调查分析。

（D）根据调查和上述有关的综合研究分析，得出2000年不同地区、不同规模等级的小城镇人均市政、生活用电负荷基值及其2000~2020年分段预测的年均增长速度如表5-28。

小城镇人均市政、生活用电负荷基值及其
2000~2020年各分段年均增长速度预测表　　表5-28

人均市政生活用电负荷	经济发达地区			经济发展一般地区			经济欠发达地区		
	小城镇规模分级								
	一	二	三	一	二	三	一	二	三
2000年基值(kW·h/人·年)	350~400	320~370	270~370	290~340	270~310	220~270	230~280	200~240	150~190
平均年均增长率(%)									
2000~2005年	9.5~10.5			8.5~9.5			9.0~10.0		
2005~2010年	8.8~9.4			9.2~9.8			9.5~10.5		
2010~2020年	8.2~8.8			8.8~9.2			8.9~10.2		
备注	人均市政生活用电负荷基值为有代表性的调查值或相关调查值的分析比较确定值								

表5-29、表5-30为小城镇规划单位建设用地用电负荷指标和单位建筑面积用电负荷指标。

小城镇规划单位建设用地负荷指标　　表5-29

建设用地分类	居住用地	公共设施用地	工业用地
单位建设用地用电负荷指标(kW/hm²)	80~280	300~550	200~500

注：表外其他类建设用地的规划单位建设用地负荷指标的选取，可根据当地小城镇实际情况，调查分析确定。

小城镇规划单位建筑面积用电负荷指标　表 5-30

建设用地分类	居住建筑	公共建筑	工业建筑
单位建筑面积负荷指标(W/m^2)	15~40W/m^2 (1~4kW/户)	30~80	20~80

注：表外其他类建筑的规划单位建筑面积用电负荷指标的选取，可根据当地小城镇实际情况，调查分析确定。

2) 供电设施用地控制指标

供电设施的 35~110kV 变电所用地等控制指标，一般结合小城镇实际、引用相关标准规范的有关规定。

3) 小城镇电话普及率预测水平，见表 5-31。

小城镇电话普及率预测水平(部/百人)　表 5-31

	经济发达地区			经济发展一般地区			经济欠发达地区		
	小城镇规模分级								
	一	二	三	一	二	三	一	二	三
近期	38~43	32~38	27~34	30~36	27~32	20~28	23~28	20~25	15~20
远期	70~78	64~75	50~68	60~70	54~64	44~56	50~56	45~55	35~45

表 5-31 的主要依据和相关分析研究：

(A) 四川、重庆、湖北、福建、浙江、广东、山东、河南、天津等省、市不同经济发展地区，不同规模等级小城镇的现状电话普及率和有代表性的历年统计数据，以及相关因素。

(B) 结合上述调查和编者《城市通信动态定量预测与主要设施用地研究》课题的相关电话普及率增长预测的成果，研究分析有代表性小城镇的电话普及率增长规律，据此比较分析得出不同小城镇各规划期的普及率年均增长速度和增长规律。

(C) 按不同经济发展地区、不同规模等级，根据上述 1)、2)推算有代表性的不同规划期小城镇电话普及率预测指标，并对比分析确定其幅值范围。

(D) 上述指标与小城镇所在省、市电信部门电信规划相关普及率宏观预测指标分析比较，提出修正值作为标准推荐值。

4）按单位建筑面积测算小城镇电话需求分类用户指标见表5-32所示。

按单位建筑面积测算小城镇电话需求分类用户指标(线/m²)　　表5-32

	写字楼办公楼	商店	商场	旅馆	宾馆	医院	工业厂房	住宅楼房	别墅、高级住宅	中学	小学
经济发达地区	1/(25~35)	1/(25~50)	1/(70~120)	1/(30~35)	1/(20~25)	1/(100~140)	1/(100~280)	1/户面积	(1.2~2)/(200~300)	(4~8)线/校	(3~4)线/校
经济一般地区	1/(30~40)	(0.7~0.9)/(25~50)	(0.8~0.9)/(70~120)	(0.7~0.9)/(30~35)	1/(25~35)	(0.8~0.9)/(100~140)	1/(120~200)	(0.8~0.9)/户面积		(3~5)线/校	(2~3)线/校
经济欠发达地区	1/(35~45)	(0.5~0.7)/(25~50)	(0.5~0.7)/(70~120)	(0.5~0.7)/(30~35)	1/(30~40)	(0.7~0.8)/(100~140)	1/(150~250)	(0.5~0.7)/户面积		(2~3)线/校	(1~2)线/校

表5-32主要依据《城市通信动态定量预测及主要设施用地的研究》课题的研究成果，结合表5-29说明中的一些省市不同小城镇的相关调查研究，比较分析推算得出。

5）小城镇电信局所、邮电支局预留用地，见表5-33、表5-34。

小城镇电信局所预留用地面积　　表5-33

局所规模(门)	≤2000	3000~5000	5000~10000	30000	60000	100000
预留用地面积(m²)	1000~2000	1000~2000	2000~3000	4500~5000	6000~6500	8000~9000

注：1. 用地面积同时考虑兼营业点用地；
　　2. 当局所为电信枢纽局(长途交换局、市话汇接局)时，2万~3万路端用地为15000~17000m²；
　　3. 表中所列规模之间大小的局所预留用地，可比较、酌情预留。

邮电支局预留用地面积（m²） 表5-34

用地面积 \ 支局级别 \ 支局名称	一等局业务收入 1000万元以上	二等局业务收入 500~1000万元	三等局业务收入 100~500万元
邮电支局	3700~4500	2800~3300	2170~2500
邮电营业支局	2800~3300	2170~2500	1700~2000

表5-33、表5-34主要依据小城镇电信局所的相关调查《城市通信动态定量预测和主要设施用地研究》课题研究成果及原邮电部的相关规范的有关建筑面积规定。

6) 小城镇通信线路敷设方式规划合理水平，见表5-35。

小城镇通信线路敷设方式 表5-35

敷设方式	经济发达地区						经济发展一般地区						经济欠发达地区					
	一		二		三		一		二		三		一		二		三	
	近期	远期	近期	远期	近期	远期	近期	远期	近期	远期	近期	远期	近期	远期	近期	远期	近期	远期
架空电缆											○	○			○		○	
埋地管道电缆	△	●	△	●	部分△	部分●	部分●	●	●	●	△	●	△	●	△	●	部分△	

注：表中○—可设，△—宜设，●—应设。

随着小城镇经济发展，通信用户的不断增加，考虑小城镇镇区景观和通信安全的要求，中远期小城镇镇区通信线路原则上都应考虑埋地管道敷设，考虑小城镇经济和通信发展相差较大，对经济发展一般地区三级镇和经济欠发达地区的二级、三级镇因地制宜选择适宜敷设方式，增加规划的可操作性和灵活性。

表5-35宜同时考虑小城镇不同类别的要求，如生态旅游主导型小城镇对小城镇景观要求高，通信线路规划宜及早考虑埋地敷设。

(3) 防洪和环境卫生工程设施

5.4 小城镇主要规划技术指标

1) 小城镇防洪标准，见表5-36。

小城镇防洪标准　　　　表5-36

	河(江)洪、海潮	山洪	泥石流
防洪标准 (重现期)(年)	50~20	10~5	20

小城镇防洪标准同时对沿江河湖泊和邻近大型工矿企业、交通运输设施、文物古迹和风景区等防护对象情况防洪标准作出规定。

小城镇防洪标准按洪灾类型区分，并依据现行行标《城市防洪工程设计规范》和国标《防洪标准》的相关规定。

从小城镇所处河道水系的流域防洪规划和统筹兼顾流域城镇的防洪要求考虑，小城镇防洪标准应不低于其所处江河流域的防洪标准。

大型工矿企业、交通运输设施、文物古迹和风景区受洪水淹没、损失大、影响严重、防洪标准相对较高。本条款从统筹兼顾上述防洪要求，减少洪水灾害损失考虑，对邻近大型工矿企业、交通运输设施、文物古迹和风景区等防护对象的小城镇防洪规划，当不能分别进行防护时，应按就高不就低的原则，按其中较高的防洪标准执行。

2) 小城镇生活垃圾预测指标

当采用小城镇生活垃圾人均预测指标预测，人均预测指标可按0.9~11.4kg/(人·d)，结合相关因素分析比较选定；当采用增长率法预测，应根据垃圾量增长的规律和相关调查和分析比较，按不同时间段确定不同的增长率预测。

据有关统计，我国城市目前人均日生活垃圾产量为0.6~1.2kg/(人·d)，由于小城镇的燃料结构，居民生活水平，消费习惯和消费结构、经济发展水平与城市差异较大，小城镇的人均生活垃圾量比城市要高；同时综合分析四川、重庆、云南、福建、浙江、广东等省市的小城镇实际和规划人均生活垃圾量及其增长的调查结果，分析比较发达国家生活垃圾的产生量情况和增长规律，提出小城镇生活垃圾量的规划预测人均指标为0.9~1.4kg/(人·d)。

年均增长率随小城镇人口增长、规模扩大、经济、社会发展、生活水平提高、燃料结构、消费水平与消费结构的变化而变化。分析国外发达国家城镇生活垃圾变化规律，其增长规律类似一般消费品近似 *S* 曲线增长规律，增长到一定阶段增长减慢直至饱和，1980~1990年欧美国家城市生活垃圾产量增长率已基本在3%以下。我国城市垃圾还处在直线增长阶段，自1979年以来平均为9%。

根据小城镇的相关调查分析和推算，小城镇近期生活垃圾产量的年均增长一般可按8%~10.5%，结合小城镇实际情况分析比较选取或适当调整。

3）小城镇垃圾污染控制和环境卫生评估指标，见表5-37。

小城镇垃圾污染控制和环境卫生评估指标　　表5-37

	经济发达地区						经济发展一般地区						经济欠发达地区					
	小城镇规模分级																	
	一		二		三		一		二		三		一		二		三	
	近期	远期	近期	远期	近期	远期	近期	远期	近期	远期	近期	远期	近期	远期	近期	远期	近期	远期
固体垃圾有效收集率(%)	65~70	≥98	60~65	≥95	55~60	95	60	95	55~60	90	45~55	85	45~50	90	40~45	85	30~40	80
垃圾无害化处理率(%)	≥40	≥90	35~40	85~90	25~30	75~85	≥35	≥85	30~35	80~85	20~30	70~80	30	≥75	25~30	70~75	15~25	60~70
资源回收利用率(%)	30	50	25~30	45~50	20~25	35~45	25	45~50	20~25	40~45	15~20	30~40	20	40~45	15~20	35~40	10~15	25~35

注：资源回收利用包括工矿业固体废物的回收利用，结合污水处理和改善能源结构，粪便、垃圾生产沼气回收其中的有用物质等。

提出小城镇环境卫生污染控制目标宜主要通过小城镇环境卫生污染源头固体垃圾的有效收集和无害化处理来实现,并可采用其有效收集率和无害化处理率作为评估指标。表5-37根据上述省市不同小城镇的大量相关调研与规划目标综合分析研究所得出。

4) 小城镇公共厕所、小型垃圾转运站设置合理水平

小城镇公共厕所、小型垃圾转运站设置合理水平的一般要求,在小城镇现状调查基础上,充分考虑小城镇发展,人口密度增加,居民生活水平提高,对改善环境卫生条件的要求,并考虑小城镇与城市差别,在城市有关标准基础上适当修改提出。

5.4.6 小城镇环境保护规划技术指标

(1) 小城镇大气环境保护规划目标宜包括大气环境质量、小城镇气化率、工业废气排放达标率、烟尘控制区覆盖率等。小城镇大气环境质量标准分为三级,空气污染物的三级标准浓度限值应符合表5-38的有关规定。

空气污染物的三级标准浓度限值   表5-38

污染物名称	取值时间	浓度限值(mg/m^3)		
		一级标准	二级标准	三级标准
总悬浮微粒	日平均	0.15	0.30	0.50
	任何一次	0.30	1.00	1.50
飘尘	日平均	0.05	0.15	0.25
	任何一次	0.15	0.50	0.70
氮氧化合物	日平均	0.05	0.10	0.15
	任何一次	0.10	0.15	0.30
SO_2	年日平均	0.02	0.06	0.10
	日平均	0.05	0.15	0.25
	任何一次	0.15	0.50	0.70

续表

污染物名称	浓度限值/(mg.m^{-3})			
	取值时间	一级标准	二级标准	三级标准
CO	日平均	4.00	4.00	6.00
	任何一次	10.0	10.0	20.0
光化学氧化剂(O_3)	1h平均	0.12	0.16	0.20

注:日平均——任何一日的平均浓度不许超过的限值;
年日平均——任何一年的日平均浓度;
任何一次——任何一次采样测定不许超过的限值,不同污染物"任何一次"采样时同见有关规定。
引自环境空气质量标准(GB 3095—96)

(2) 小城镇水体环境保护的规划目标宜包括水体质量,饮用水源水质达标率、工业废水处理率及达标排放率、生活污水处理率等。地面水环境质量标准应符合表5-39规定。

地面水环境质量标准　　　表5-39

序号		Ⅰ类	Ⅱ类	Ⅲ类	Ⅳ类	Ⅴ类
	基本要求	所有水体不应有非自然原因所致的下述物质: (1) 凡能沉淀而形成令人厌恶的沉积物; (2) 飘浮物,如碎片、浮渣、油类或者其他的一些引起感官不快的物质; (3) 产生令人厌恶的色、臭、味或者混浊度的物质; (4) 对人类、动物或植物有损害、毒性或不良生理反应的物质; (5) 易滋生令人厌恶的水生生物的物质				
1	水温(℃)	人为造成的环境水温变化应限制在:夏季周平均最大温升<1℃,冬季周平均最大温降<2℃				
2	pH	6.5~8.5				6~9
3	硫酸盐* (以SO_4^{-2}计)	<250以下	<250	<250	<250	<250
4	氯化物* (以Cl^{-1}计)	<250以下	<250	<250	<250	<250
5	溶解性铁*	<0.3以下	<0.3	<0.5	<0.5	<1.0
6	总锰*	<0.1以下	<0.1	<0.1	<0.5	<1.0
7	总铜*	<0.01以下	<1.0	<1.0	<1.0	<1.0
8	总锌*	<0.05	<1.0	<1.0	<2.0	<2.0
9	砂酸盐 (以N计)	<10以下	<10	<20	<20	<25

续表

序号		Ⅰ类	Ⅱ类	Ⅲ类	Ⅳ类	Ⅴ类
10	亚硝酸盐（以 N 计）	<0.06	<0.1	<0.15	<1.0	<1.0
11	非离子氨	<0.02	<0.02	<0.02	<0.2	<0.2
12	凯氏氮	<0.5	<0.5	<1	<2	<2
13	总磷（以 P 计）	<0.02	<0.1	<0.1	<0.2	<0.2
14	高锰酸钾指数	<2	<4	<6	<8	<10
15	溶解氧	>饱和90%	>6	>5	>3	>2
16	化学需氧量（COD_{cr}）	<15 以下	<15 以下	<15	<20	<25
17	生化需氧量（BOD_5）	<3 以下	<3	<4	<6	<10
18	氟化物（以 F^{-1} 计）	<1.0 以下	<1.0	<1.0	<1.5	<1.5
19	硒（四价）	<0.01 以下	<0.01	<0.01	<0.02	<0.02
20	总砷	<0.05	<0.05	<0.05	<0.1	<0.1
21	总汞**	<0.00005	<0.00005	<0.0001	<0.001	<0.001
22	总镉**	<0.001	<0.005	<0.005	<0.005	<0.01
23	铬（六价）	<0.01	<0.05	<0.05	<0.05	<0.1
24	总铅	<0.01	<0.05	<0.05	<0.05	<0.1
25	总氰化物	0.005	<0.05	<0.2	<0.2	<0.2
26	挥发酚**	<0.002	<0.002	<0.005	<0.01	<0.1
27	石油类**（石油醚萃取）	<0.05	<0.05	<0.05	<0.5	<1.0
28	阴离子表面活性剂	<0.2 以下	<0.2	<0.2	<0.3	<0.3
29	总大肠菌群***（个/L）			<10000		
30	苯并(a)芘***（$\mu g/L$）	<0.0025	<0.0025	<0.0025		

注：* 允许根据地方水域背景值特征适当调整的项目；
　　** 规定分析检测方法的最低检出限，达不到基准要求；
　　*** 试行标准。
引自《地面水环境质量标准》(GB 3858—88)

(3) 小城镇声环境保护规划目标主要为小城镇各类功能区环境噪声平均值与干线交通噪声平均值,并应符合表 5-40 的规定。

小城镇各类功能区环境噪声标准值等效率级 L_{eq}(dB)　　表 5-40

适用区域	昼间	夜间
特殊居民区	45	35
居民、文教区	50	40
工业集中区	65	55
一类混合区	55	45
二类混合区 商业中心区	60	50
交通干线 道路两侧	70	55

注:特殊住宅区:需特别安静的住宅区;
　　居民、文教区:纯居民区和文教、机关区;
　　一类混合区:一般商业与居民混合区;
　　二类混合区:工业、商业、少量交通与居民混合区;
　　商业中心区:商业集中的繁华地区;
　　交通干线道路两侧:车流量每小时 100 辆以上的道路两侧。
　　参照:城市区域环境噪声标准。

参 考 文 献

1　中国城市规划设计研究院等. 小城镇规划标准研究. 北京:中国建筑工业出版社,2002

2　建设部工程技术标准体系编制组. 工程建设标准体系. 城乡规划、城镇建设、房屋建筑部分. 北京:中国建筑工业出版社,2002

3　汤铭潭. 小城镇基础设施的合理水平和量化指标编制研究. 工程建设与设计,2002 (5)

4　郑一淳等. 城郊小城镇发展研究. 小城镇建设,2001 (4)

5　汤铭潭. 城市通信动态预测与主要设施用地研究. 中国城市规划设计研究院. 1999

6 地方中心镇规划标准与实施要求

6.1 广东省中心镇规划标准的制定

随着经济的快速增长和城镇化进程的加快，我国许多经济发达地区，特别是沿海经济发达地区的城镇化集聚效应尤显突出，部分服务职能和经济要素向较发达的小城镇聚集，城镇密集区迅速成长，更多的新城镇涌现。如何有效地引导这些经济发达小城镇的规划和建设，防止破坏性的城镇扩张和生态环境恶化，正日益成为许多地方政府的重要课题。

城镇建设，规划先行。目前发达地区小城镇建设中普遍存在的一个十分突出的问题，就是规划滞后、标准偏低、操作性不强。为了抓好中心镇规划的编制和管理工作，切实提高中心镇的规划管理水平，引导中心镇进行科学的和可持续发展的城镇规划建设，广东省建设厅组织编制了《广东省中心镇规划指引(GDPG—005)》。该《指引》结合小城镇发展建设的实际情况，在规划体系、主要内容和实施管理等方面提出了许多建设性的意见和要求。本章将主要以《广东省中心镇规划指引(GDPG—005)》为例，介绍地方中心镇的规划标准与实施要求。

广东省中心镇城镇化水平较高，人口规模较大。为了解决村镇规划标准偏低和实施困难的问题，对那些规模较大的(人口在50000人以上)中心镇，其中一些条件好的、规模大的实际已发展为城市这一部分是按城市规划标准,而针对广东经济发达中心镇特点,其规划标准和实施要求较一般其他同类地区中心镇也更高一些。全国其他地区不同发展水平的小城镇可借鉴。本章中规划标准和实施要求时,应注意以上问题,按分类指导原则,综合自身的经济发展水平和建设条件,考虑符合当地实际情况的地方中心镇规划标准和实施要求。

6.1.1 中心镇规划基本原则

6.1.1.1 宏观着眼,区域协调

中心镇规划必须对中心镇的经济腹地进行区域分析,在超越镇域的区域范围进行资源配置、产业布局和重要基础设施建设的协调和规划,特别是要符合以下两项原则:

(1) 落实上层次规划要求,处理好与周边城镇各项设施和用地的衔接,促进区域基础设施的共建、共享。

(2) 立足长远,科学规划,提出符合区域协调发展的村镇调整、撤并方案。

6.1.1.2 要素集聚,集约发展

中心镇规划要正确引导、合理布局,促进中心镇生产要素的集聚。对经济欠发达地区,规划要强化中心镇作为农村商品生产和交换中心的职能,繁荣农村经济。

(1) 积极引导"工业进(工业)园",严格限制工业零星布点。原则确定集中设置的工业园区的规模和布局,制定集约建设工业区的规划措施,实现项目统一开发、污染集中控制、设施配套完善的目标。对工业园区以外的现状零散工业用地,要提出用地和功能调整的建议和措施。村一级不再独立布置工业用地。

(2) 积极引导"住宅进(社)区",严格限制农村住宅分散建设。镇区内要逐步杜绝单家独户式的私房建设,鼓励农民到镇区购房或按规划集中建设公寓式住宅。提出村庄集约建设的

目标和措施,适度限制村一级非农建设用地的扩张。开展旧村土地整理,将弃置的土地统一安排使用或复垦。

(3) 积极引导"商业进(市)场",严格限制"马路经济"的蔓延。引导商贸活动到镇区成"行"成"市"经营,鼓励集中建设教育、文化娱乐、医疗福利等公共设施。

6.1.1.3 节约用地,合理布局

中心镇规划应确保城镇空间布局紧凑,合理利用土地资源。既要保证城镇各项功能有效运转,又要节约土地资源。

(1) 总体规划的建设用地规模应根据上一层次各项规划和中心镇人均建设用地指标综合确定。要处理好非农建设用地与保护耕地、稳定基本农田面积的关系,既要保证耕地、基本农田的动态平衡,又要为城镇合理发展留出空间。

(2) 推进旧镇区更新改造,提高现状建成区城镇化质量。促进旧区居住形态向城市型转变,提出改善环境、集约用地的措施,使建成区在经济和物质形态方面与城镇发展相协调。

(3) 积极开展迁村并点和土地整理,开发利用荒地和废弃地。

6.1.1.4 突出服务,完善功能

在中心镇规划中,基础设施和公共服务设施应向城镇适当集中,满足城镇居民及周边农村居民日益增长的物质和精神生活的需求。

(1) 中心镇公建配套既要考虑服务城镇居民,又要考虑服务乡村腹地及外来人口的需求。公建配套要根据中心镇人口构成,合理确定服务配套类型、项目、规模和服务范围。

(2) 公建配套应根据中心镇人口规模,按镇级——居住区级——小区级——组团级或镇级——居住区级——小区级的配套层次,分级设置。

6.1.1.5 保护生态,改善环境

中心镇规划与建设要注意生态环境的保护和居住环境的改

善,防止生态环境恶化,为城镇居民创造舒适、健康、优美的生活环境,实现城镇环境的可持续发展。

(1) 逐步改变以牺牲环境和浪费资源为代价的低水平、粗放型的发展模式,防止资源的过度开发和生态环境的恶化。

(2) 结合产业结构的调整,加大防治污染力度。对污染排放未达标企业提出限期整改措施,对不符合产业政策及限期整改仍不达标企业实行关、停、并、转,不断提高中心镇环境质量。

(3) 科学组织中心镇园林绿地系统的软、硬质要素,充分发挥自然生态要素改善城镇生活环境的作用,全面实施"青山、碧水、蓝天、绿地"工程,创造出青山绿水、鸟语花香、舒适优美的中心镇生态环境。

6.1.1.6 因地制宜,保持特色

中心镇规划应加强自然和历史文化的保护,重视城镇特色的塑造,避免城镇个性的丧失。

(1) 培育中心镇主导产业和特色产品,发展特色经济。正确认识中心镇的区位优势、以市场为导向,因地制宜,培育和形成具有地方特色和竞争力的优势产业和特色产品。

(2) 保护并强化中心镇自然环境特色。通过保护和发扬历史文化传统,塑造有特色的建筑风格,形成风貌独特的城镇景观。

6.1.1.7 因势利导,分期建设

正确处理好"远期合理和近期现实,普遍提高和重点突破"的关系,以"长远合理布局"为战略目标,兼顾各分期目标的实现,因地制宜,因势利导,分步实施,促进城镇可持续发展。

(1) 编制与国民经济和社会发展五年计划同步的近期建设规划,确定近期建设目标、内容和实施步骤。根据宏观经济形势,本着实事求是的态度,科学预测近期建设用地量,并确保各项建设的用地控制在国家批准的用地标准和土地利用年度计划内。

(2) 提出城镇土地连片开发和基础设施集中配套的措施。

实事求是地确定镇区综合开发范围，对工业区、住宅区、基础设施、商贸市场提出综合开发、配套建设的时序和要求。

6.1.2 中心镇规划的主要内容和层次

中心镇作为一个由多种体系构成的复杂系统，由于涉及的领域很广，在进行建设时，就可能遇到各种各样、错综复杂的问题，因此要建设好中心镇，就必须合理、科学地解决好中心镇问题，对中心镇各项建设进行统一全面的规划。

6.1.2.1 中心镇规划的主要内容

上述包含了三个内容，即是：

（1）中心镇规划的目的

在规划范围内，促进中心镇的经济、社会、环境的协调与持续的发展；为居住在中心镇的人们提供合适的空间，改善其居住条件、环境条件、服务条件和交通运输等条件，以满足人们的精神和物质生活的需求。

（2）中心镇规划工作的依据

规划工作的依据就是国家有关的方针政策、经济和社会发展的长远规划、区域规划，以及当地的自然、历史、现状等各种条件，其中国家的方针政策和长远规划对全国都有指导意义；某一地区的区域性的经济、社会发展计划则是该地区建设的依据；国家标准与规范，如《中华人民共和国城市规划法》、《小城镇规划标准》(GB 50188—93)、小城镇相关标准等，以及各省市制定的有关城镇建设和规划设计的技术规定及文件。

（3）中心镇规划工作的任务：根据国家中心镇发展和建设的方针及各项技术经济政策，国民经济发展计划和区域规划，在调查了解中心镇所在地区的自然条件、历史演变、现状特点和建设条件的基础上，布置中心镇体系；合理地确定中心镇的性质和规模；确定城镇在规划期内经济和社会发展的目标；统一规划与合理利用中心镇的土地;综合部署中心镇经济、文化、公用事业及战备防灾等各项建设;统筹解决各项建设之间的矛盾,相互配合,各得其所,以保证中心镇按规划有秩序、有步骤地协调发展。

(4) 中心镇规划的主要工作内容

中心镇规划的主要工作内容具体包括以下几个方面:

调查、搜集和分析研究中心镇规划工作所必需的基础资料;

确定中心镇性质和发展规模,拟定中心镇发展的各项技术经济指标;

合理选择中心镇各项建设用地,拟定规划布局结构;

确定中心镇基础设施的建设原则和实施的技术方案,对其环境、生态以及防灾等进行安排;

拟定旧区利用、改建的原则、步骤和方法,拟定新区发展的建设分期等;

拟定中心镇城镇建设风貌的建构原则和设计指引;

安排中心镇各项近期建设项目,为各单项工程设计提供依据。

6.1.2.2 中心镇规划的层次

中心镇规划工作涉及面广,层次与内容很多,工作量也很大。这样大的工作量,需分阶段地进行。一般的城市规划工作基本分为总体规划和详细规划两个阶段,中心镇规划工作也参照城市规划标准分为:中心镇总体规划和中心镇建设规划两个阶段。中心镇正处于城乡两者之间的过渡环节,其要素按城乡二元划分,一部分属城市范畴,另一部分目前仍属乡村范畴,但中心镇规划内容的层次划分不同于大中城市,其他规模较小的城镇严格地讲应包括以下四个层次:

第一层次:县(市)域城镇体系规划;

第二层次：中心镇镇域总体规划；
第三层次：中心镇镇区总体规划；
第四层次：镇区局部地段或村庄的详细规划。

中心镇总体规划往往是由第二、第三层次内容共同组成，在镇域范围内重点确定土地利用性质和空间布局结构。中心镇第一层次的规划是其第二、三层次规划的依据，第四层次则是该规划的延伸和局部的详细内容，有时第三层次也包含有第四层次中的详细规划内容。

6.1.3 规划阶段

中心镇规划一般可分为总体规划和建设规划两个阶段。

6.1.3.1 中心镇总体规划

中心镇总体规划是指在市(区、县)域城镇体系规划及其他上层次相关规划的指导下，对中心镇行政区域内全部用地和各项建设进行的整体部署。中心镇总体规划的期限一般为20年。

在总体规划的基础上，应编制建设用地分区图则，对建设任务和开发强度不同的各类规划建设区(保护地区、完善地区、改造地区和发展地区等)提出相应的分类、分区管制要求。

在总体规划阶段，应单独编制近期建设规划，对中心镇近期的发展布局和重点建设项目做出安排。近期建设规划的期限为5年，原则上与国民经济和社会发展五年计划同步编制。

6.1.3.2 中心镇建设规划

中心镇建设规划是指在总体规划和建设用地分区图则的基础上，详细规定建设用地的各项控制指标和其他规划管理要求，或者直接对当前的各项建设做出具体安排和规划设计。建设规划阶段主要包括详细规划(控制性详细规划、修建性详细规划)、专项规划和城市设计等内容。

6 地方中心镇规划标准与实施要求

修建性详细规划一般可以直接依据建设用地分区图则编制。城镇化程度较高的中心镇,应单独编制重点地区的控制性详细规划,以指导修建性详细规划的编制。

根据实际情况和需要,中心镇还可在总体规划中各专业规划的基础上,单独编制交通系统规划、绿化景观规划、消防规划、防灾规划、工程管线规划、历史文化保护规划等专项规划和城市设计,以指导城镇各项建设。专项规划和城市设计的主要内容及成果要求,遵照国家、省相关规划的编制办法执行。

中心镇规划体系如下图所示(实框为必备内容、虚框为可选内容):

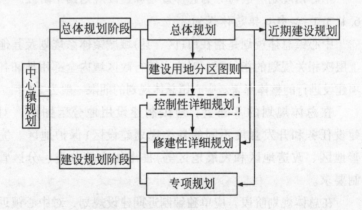

6.1.4 中心镇规划内容与深度

根据中心镇规划体系的要求,各层次规划分别应包含下列内容,并达到相应的深度要求:

6.1.4.1 总体规划

(1) 主要任务

中心镇总体规划的主要任务是:落实上层次规划及发展策略研究提出的各项要求,综合研究和确定城镇的性质、规模和空间发展的形态，统筹安排城镇各项用地，合理配置基础设施。总体规划应重点确定镇域范围的土地利用性质和空间布局结构，通过实施"三区"、"六线"的规划控制体系，引导城镇持续健康发展。

(2) 主要内容

中心镇总体规划的主要内容包括：

1) 确定城镇性质和发展方向，明确城镇规划区范围。
2) 提出规划期内镇域人口及用地发展规模。

中心镇用地发展规划需依靠建设用地总量控制，中心镇建设用地总量是指城镇在规划期内可用于居住、工业生产及商贸等非农建设活动的用地总面积，组织编制中心镇总体规划时，必须明确提出中心镇建设用地总量控制指标，并作为中心镇规划建设的一项硬性管理措施加以贯彻。建设用地总量应根据现行用地标准，结合我省实际确定，在严格控制规模的前提下，满足实际开发建设的需求。

中心镇用地总量一般通过常住人口的人均建设用地和各类用地占城镇建设用地的比例两项指标来控制。

常住人口的人均建设用地指标，应以现状建设用地的人均水平为基础，根据人均建设用地指标分级和允许调整幅度（规划人均建设用地指标对现状人均建设用地水平的增减数值）确定。

规划期内，暂住人口人均建设用地可按中心镇常住人口人均建设用地指标的 60%～80% 计算。

《广东省中心镇规划指引》中对各项主要用地占城镇建设用地的比例应符合以下要求：

中心镇规划中的居住、工业、公共服务设施、道路广场及公共绿地等五大类用地，各自占建设用地的比例宜符合表 6-1 的规定。

6 地方中心镇规划标准与实施要求

中心镇建设用地构成比例　　　　表 6-1

类别代号	用地类别	占建设用地比例(%)
R	居住用地	25~35
M	工业用地	15~35
C	公共服务设施用地	12~20
S	道路广场用地	8~15
G1	公共绿地	8~12

3)镇域范围内确定不准建设区(区域绿地)、非农建设区(城镇建设区)、控制发展区(发展备用地)三大类型地区的规模和范围,并提出相应的规划建设要求。

① 不准建设区

不准建设区(区域绿地)包括具有特殊生态价值的自然保护区、水源保护地、海岸带、湿地、山地、农田、重要的防护绿地以及在重要交通干道和市政设施走廊两侧划定的禁止建设的控制区等。

不准建设区应在中心镇总体规划图上明确标示,并在现场设立明确的地界标志或告示牌。规划期内不准建设区必须保持土地的原有用途,除国家和省的重点建设项目、管理设施外,严禁在不准建设区内进行非农建设开发活动。

② 非农建设区

非农建设区(城镇建设区)包括镇中心区、工业区、乡村居民点等全部非农建设用地范围。

中心镇规划应根据总量控制要求和用地安排需要,确定中心镇非农建设区的范围。非农建设区内可以进行经依法审批的开发建设活动。非农建设区应在中心镇总体规划图上明确标示,并在中心镇规划建设中具体落实界线坐标。

③ 控制发展区

中心镇镇域范围内除不准建设区和非农建设区以外,规划期内原则上不用于非农建设的地域为控制发展区,一般为中心镇远景发展建设备用地。控制发展区应保持现状土地使用性质,非经原规划批准机关的同意,原则上不得在控制发展区内进行非农建设开发活动。

另外《广东省规划指引》中提出:

不准建设区、非农建设区、控制发展区的土地控制总量,应维持3:4:3左右的比例。其中,不准建设区的土地控制面积,不得低于30%,并以"绿线"严格限定;在规划期内,非农建设需占用控制发展区用地的,必须同时从非农建设区中划出同样数量土地返还控制发展区。国家和省、市重点项目需要的建设用地,可根据具体情况,优先在中心镇非农建设区内安排解决,确需占用不准建设区和控制发展区时,须按程序调整总体规划并上报审批。

4)确定城镇建设与发展用地的空间布局和功能分区,以及镇中心区、主要工业区等位置、规模(用地分类按《城市用地分类与建设用地标准》执行)。建立城镇拓展区规划控制黄线、道路交通设施规划控制红线、市政公用设施规划控制黑线、水域岸线规划控制蓝线、生态绿地规划控制绿线、历史文化保护规划控制紫线等"六线"规划控制体系,并提出具体控制要求。"六线"具体是指以下几种控制线:

①城镇拓展区规划控制黄线——"黄线"是用于界定城镇新区、工业新区等新增非农建设用地范围的控制线。

②道路交通设施规划控制红线——"红线"是用于界定城镇主、次干道及重要交通设施用地范围的控制线。

③市政公用设施规划控制黑线——"黑线"是用于界定各类市政公用设施、地面输送廊道用地范围的控制线。

④水域岸线规划控制蓝线——"蓝线"是用于界定较大面

积的水域、水系、湿地及其岸线保护范围的控制线。

⑤生态绿地规划控制绿线——"绿线"是用于界定城镇公共绿地和开敞空间范围的控制线。城镇建设区以外的区域绿地、环城绿带等必须同样进行严格控制和保护的开敞地区，也应一并纳入"绿线"管制范畴。

⑥历史文物保护规划控制紫线——"紫线"是用于界定文物古迹、传统街区及其他重要历史地段保护范围的控制线。

5）确定城镇对外交通系统的布局以及铁路、港口、机场、高速公路等主要交通设施的规模、位置，确定城镇主、次干道系统的走向、断面、主要交叉口形式，确定主要广场、停车场的位置、容量。

6）统筹安排城镇行政、商业、文化、教育、卫生、体育、社会福利等公共服务设施的发展目标和总体布局。

7）综合协调并确定城镇给水、排水、防洪、供电、电信、燃气、消防、环卫等市政公用设施的发展目标和总体布局。

8）确定城镇河湖水系的治理目标和总体布局，分配沿海、沿江岸线。

9）确定城镇园林绿地系统的发展目标及总体布局。

10）确定城镇环境保护目标，提出防治污染措施。

11）根据城镇防灾要求，提出人防、抗震、防灾规划目标和总体布局。

12）确定需要保护的风景名胜、文物古迹、传统街区、划定保护和控制范围，提出保护措施。历史文化名镇(村)要编制专门的保护规划。

13）确定旧区改建、村庄迁并、用地调整的原则、方法和步骤，提出改善旧区生产、生活环境的要求和措施。

14）与相关规划衔接，综合协调镇中心区与独立工矿区、农村居民点的各项建设，统筹安排居住用地、公共服务和市政公用设施。

15) 进行综合技术经济论证，提出规划实施的步骤、措施和方法。

16) 编制近期建设规划，确定近期建设目标、内容和实施部署。

(3) 主要成果

中心镇总体规划的成果包括规划文件和规划图纸。规划文件包括文本和附件（规划说明书和基础资料收入附件），规划文本是对规划的各项目标和内容提出规定性要求的文件，规划说明是对规划文本的具体解释（以下有关条款同）。

1) 总体规划文本的主要内容包括：

①总则，包括规划编制依据、规划期限、规划范围；

②镇域发展战略及总体目标、城镇性质；

③城镇化水平、镇域人口规模及用地发展规模；

④空间布局和功能分区，划定"三区"、"六线"，提出相应的规划建设要求，列出镇域土地利用平衡表和城镇建设用地平衡表；

⑤道路交通系统规划；

⑥公共服务设施规划；

⑦市政公用设施规划；

⑧水域岸线规划；

⑨绿地系统、景观风貌及旅游发展规划；

⑩环境保护规划；

⑪综合防灾规划；

⑫历史文化保护规划；

⑬旧区改建规划；

⑭规划实施措施；

⑮近期建设规划；

⑯附则，包括文本的法律效力、规划的解释权及其他说明等。

2) 总体规划说明书的主要内容包括：

①编制背景与编制过程；

②规划依据、原则、指导思想与主要技术路线；

③现状情况评述；

④区域发展分析；

⑤镇域发展战略及总体目标，城镇性质；

⑥城镇化水平，镇域人口规模及用地发展规模；

⑦镇域土地利用整体控制要求，城镇建设区用地布局，"三区"用地范围和边界，"六线"规划控制体系，列出镇域土地利用平衡表和城镇建设用地平衡表；

⑧道路交通系统规划；

⑨公共服务设施规划；

⑩市政公用设施规划；

⑪水域岸线规划；

⑫绿地系统、景观风貌及旅游发展规划；

⑬环境保护规划；

⑭综合防灾规划；

⑮历史文化保护规划；

⑯旧区改建规划；

⑰规划实施措施；

⑱近期建设规划等。

3) 总体规划的主要图纸包括

①区域、现状分析图(根据需要绘制，图纸比例、数量不限)；

②土地利用现状图；

③规划结构图(根据需要绘制，比例不限)；

④总体规划图;

⑤"三区"、"六线"控制图;

⑥道路交通系统规划图;

⑦公共服务设施规划图;

⑧市政公用设施规划图(包括给水、排水、防洪、供电、电信、燃气、消防、环卫规划等);

⑨绿地系统、景观风貌及旅游发展规划图;

⑩环境保护规划图;

⑪综合防灾规划图;

⑫历史文化保护规划图(根据需要绘制);

⑬近期建设规划图;

⑭远景规划图(根据需要绘制)等。除特别注明的以外,图纸比例一般为 1/5000 ~ 1/10000。

6.1.4.2 建设用地分区图则

(1)主要任务

中心镇建设用地分区图则的主要任务是:在总体规划的基础上,将城镇规划建设区进一步划分为类别不同的典型区域,分别对各类区域的用地性质、人口分布、开发强度、公共服务和市政公用设施的配套要求,以及开发建设时序等做出进一步的安排。建设用地分区图则应重点确定建设用地的开发建设强度和设施配套标准,强化"四类地区"的分区管制要求,为编制建设规划和开展日常管理提供依据。

(2)主要内容

建设用地分区图则的主要内容包括:

1)分析、评估现状建成区内各单元用地的人口分布、土地性质、建筑质量以及公共服务和市政公用设施配套水平,预测、论证新增建设用地和近期重点建设地区的土地性质、规模和开发时序等。

2) 结合建设现状和总体规划，将城镇建设用地划分为保护地区、完善地区、改造地区和发展地区等四类典型地区，制定各典型地区的规划管制政策，原则确定各类地区的开发建设强度、公共服务设施和市政公用设施的配套标准以及景观风貌设计的要求等。

各类控制地区的具体规划要求如下：

① 保护地区

保护地区是指在城镇发展过程中，为延续历史文化、维持生态平衡而需严格予以保护的地区，包括历史保护区和自然保护区等。

保护地区的规划建设，应体现整体性保护的原则。在保护地区不得进行与保护对象无关的工程建设，周边地区的建筑风格、体量、色彩、屋顶高度、建筑材料应与保护地区建筑和景观保持协调。

② 完善地区

完善地区是指目前已基本建成、质量较好但配套设施仍需完善的地区，其用地功能和主要建筑在一定时期内基本保持不变，如成片的工业建成区、建设质量较好的城镇中心区和生活区、镇区外围暂不需要改造的农村居民点等。

完善地区的规划建设，应遵循加强维护、合理利用、逐步改善的原则，统一规划，分期实施。完善公共配套设施和市政设施是该区规划建设的重点。

③ 改造地区

改造地区是指建设质量和环境状况较差，配套设施缺乏，用地功能与城镇规划功能相矛盾的区域，其主要功能或大量建筑物须进行较大规模的更新改造，如功能置换区(工业搬迁、商业改造等)、城中村和闲置废弃地等。

改造地区的规划建设,应主要通过调整用地性质和提高建设标准来实现城镇总体规划的功能安排,从而满足城镇土地优化升级和生活、景观质量提升的需要。

④发展地区

发展地区是指未建设或建设强度不大、尚待开发的新发展地区,包括新城镇中心区、工业园区和商住区等。

发展地区的规划建设,应处理好生产与生活、产业与环境、整体与局部、远期和近期的关系,强化公共服务设施与市政公用设施的配套建设,形成功能齐全、环境优美的新型城区。

3) 按城市分区规划的深度,落实和深化各专项规划的规划要求和基本布局,包括:城镇主次干道的红线位置、断面、控制点坐标和标高,支路的走向、宽度以及主要交叉口、广场、停车场位置和控制范围;工程干管的位置、走向、管径、服务范围以及主要工程设施的位置和用地范围;各级公共服务设施的分布及其用地范围;绿地系统、旅游设施布局以及重点地区的城市设计要求。

4) 建设用地分区图则应采用以下管制指标体系对规划内容进行控制。

①规划控制指标

规划控制指标分为规定性和指导性两类,前者是必须遵照执行的,后者是参照执行的,以表格的形式表达。

(A) 规定性指标一般为以下各项:

A)用地性质(含土地使用兼容性);

B)建筑密度(建筑基底总面积/地块面积);

C)建筑控制高度;

D)容积率(建筑总面积/地块面积);

E)绿地率(绿地总面积/地块面积);

F)交通出入口方位；

G)停车泊位及其他需要配置的公共设施。

(B) 指导性指标一般为以下各项：

A)人口容量(人/公顷)；

B)建筑形式、体量、风格要求；

C)建筑色彩要求；

D)其他环境要求和规划设施建议。

②主要指标控制要求

(A) 建筑间距：

正向间距按不小于南向建筑高度的0.8倍退缩，最小不小于9m，侧向间距低层为6m以上，多层为8m以上，高层为13m以上，低层与多层之间侧向间距6m以上，多层与高层之间侧向间距9m以上。

建筑密度：

(B)低层区为35%~40%，多层区为25%~30%，高层区为20%~25%。

(C) 容积率：

低层区为1.0以下，多层区为1.0~2.0，高层区为2.0~4.0。

(D) 绿地率：

新区开发不小于30%，旧区改建不小于25%。

5)建设用地分区图则应根据典型地区管理政策和各专项规划的要求，结合路网格局，对近期重点建设地区进一步细分。根据典型地区规划管理政策和各专项规划的要求，结合路网格局，对近期重点建设地区进一步细分地块单元，并进行独立编码。地块编码采用三级六位编码方法，由类型码、街区号、地块号组成。

其中，类型码应反映该地块单元的分区特征，由两个汉语拼音组成(如 BH 表示保护地区);街区号由两位数字组成,表示中心镇主干道围合的街区;地块号用两位数字表示,由设计单位赋予,编号次序为从左到右,从上到下顺序编号。

例如,BH0102 代表保护地区第 01 号街区第 02 号地块。

6) 根据典型地区规划管制政策和各专项规划的要求,进一步明确近期重点建设地区各地块单元的用地性质(含土地使用兼容性)、人口规模、开发强度(容积率、建筑密度、建筑高度、绿地率等)、公共服务和市政公用设施配套、绿化配置以及城市设计要求。

7) 提出其他规划设计要求和规划实施的措施、建议等。

(3) 主要成果

建设用地分区图则的成果包括规划文件和规划图纸。

1) 建设用地分区图则的主要内容

①总则,包括适用范围、规划依据等;

②典型地区划分及规划管制政策;

③主要的专项规划,包括道路交通、绿化系统、公共服务设施、市政公用设施、城市设计等;

④明确近期重点建设地区,并细分地块单元,提出相应的规划控制要求,有关标准和指标可根据各地实际情况和管理细则适当调整,以表格形式为主;

⑤规划实施措施等。

2) 建设用地分区图则的主要图纸包括:

①现状及发展分析图;②典型地区分区规划图;③主要的专项规划图;④近期重点建设地区的地块划分与用地编码图;⑤近期重点建设地区主要地块单元的规划控制图则等。图纸比例一般为 1/2000~1/5000。

6.1.4.3 控制性详细规划

(1) 主要任务

根据规划深化和规划管理的需要，城镇化程度较高的中心镇应当编制控制性详细规划。控制性详细规划的主要任务是：详细规定建设用地的各项控制指标和其他规划管理要求，指导修建性详细规划的编制。

(2) 主要内容

中心镇控制性详细规划的主要内容包括：

1) 详细规定规划范围内各类不同使用性质用地的界线，规定各类用地内适建、不适建或者有条件地允许建设的建筑类型。

2) 规定各地块建筑高度、建筑密度、容积率、绿地率等控制指标；规定交通出入口方位、停车泊位、建筑后退红线距离、建筑间距等要求。

3) 提出各地块的建筑体量、体型、色彩等要求。

4) 确定各级支路的红线位置、控制点坐标和标高。

5) 根据规划容量，确定工程管线的走向、管径和工程设施的用地界线。

6) 制定相应的土地使用与建筑管理规定。

(3) 主要成果

控制性详细规划的成果包括规划文件和规划图纸。

1) 控制性详细规划文件的主要内容

(A) 总则，明确规划的依据和原则、规划行政主管部门和管理权限；

(B) 土地使用和建设管理通则，包括各类用地的适建要求、建筑间距的规定、建筑物后退道路红线的规定、相邻地段的建筑规定、容积率奖励和补偿规定、市政公用设施、交通设施的配置和管理要求、有关名词解释和其他规定；

(C) 地块划分以及各地块的使用性质、规划控制原则、规划设计要点；

(D) 各地块控制指标一览表(控制指标分为规定性和指导性两类)；

(E) 规划实施细则等。

2) 控制性详细规划的主要图纸

(A) 位置图，标明控制性详细规划的范围及与相邻地区的位置关系；比例尺视总体规划图纸比例尺和控制性详细规划的面积而定；

(B) 用地现状图，分类标明各类用地范围，标绘建筑物现状、人口分布现状、市政公用设施现状。比例尺 1/1000 ~ 1/2000；

(C) 土地利用规划图，标明各类用地的性质、规模和用地范围及路网布局。比例尺 1/1000 ~ 1/2000；

(D) 地块划分编号图，标明地块划分界限及编号(与文本中控制指标相一致)。比例尺 1/5000；

(E) 各地块控制性详细规划图，标明各地块的面积、用地界限、用地编号、用地性质、规划保留建筑、公共设施位置，标注主要控制指标；标明道路(包括主、次干路和支路)走向、线型、断面、主要控制点坐标和标高、停车场和其他交通设施的用地界线，比例尺 1/1000 ~ 1/2000；

(F) 各项工程管线规划图，标绘各类工程管线平面位置，图纸比例一般为 1/1000 ~ 1/2000。

6.1.4.4 修建性详细规划

(1) 主要任务

中心镇修建性详细规划的主要任务是：以总体规划和建设用地分区图则(控制性详细规划)为依据，直接对各项建设做出具体的安排和规划设计，指导各项建筑和工程设施的设计和施工。

(2) 主要内容

中心镇修建性详细规划的主要内容包括：
1)建设条件分析及综合技术经济论证。
2)做出建筑、道路和绿地等的空间布局和景观规划设计，绘制总平面图。
3)道路交通规划设计。
4)绿地系统规划设计。
5)工程管线规划设计。
6)竖向规划设计。
7)估算工程量、拆迁量和总造价，分析投资效益。

(3) 主要成果

中心镇修建性详细规划的成果包括规划文件和规划图纸。

1) 修建性详细规划文件的主要内容

① 现状条件分析；

② 规划原则和总体构想；

③ 用地布局；

④ 道路系统规划；

⑤ 绿地系统规划；

⑥ 各项专业工程规划及管线综合；

⑦ 竖向规划；

⑧ 主要技术经济指标，包括总用地面积、总建筑面积、平均层数、容积率、建筑密度、绿地率、工程量及投资估算等。

2) 修建性详细规划的主要图纸

① 规划地段位置图，标明规划地段在城镇中的位置以及和周围地区的关系；

② 规划地段现状图，标明自然地形地貌、道路、绿化、工程管线及各类建筑的范围、性质、层数、质量等；

③ 规划总平面图，标明规划建筑、绿地、道路、广场、停车场、河湖水面的位置和范围；

④ 道路交通规划图，标明道路的红线位置、横断面、道路交叉点坐标与标高、停车场用地界限；

⑤ 绿地系统规划图，标明各类绿地的位置、面积、类别等；

⑥ 竖向规划图，标明道路交叉点、变坡点标高，室内外地坪规划标高；

⑦ 工程管网规划图（根据需要可按单项工程出图或出综合管网图），标明各类市政公用设施管线的走向、管径、主要控制点标高，以及有关设施和构筑物位置；

⑧ 表达规划设计意图的模型或鸟瞰图等。图纸比例一般为 1/500～1/2000。

6.2　广东省中心镇规划的实施管理

6.2.1　规划实施管理的基本原则

根据规划目标，结合中心镇的特点，在中心镇规划的实施与管理中应贯彻以下 5 项基本原则：

(1) 明确市(区)与镇两级政府及规划管理机构之间的事权划分

强化市(区)政府及市、区规划国土管理部门的宏观管理协调的职能；村镇规划管理，必须由专门的规划国土管理分局行使集中统一的管理权。

(2) 改革现行中心镇规划管理机制，推行规划国土的三级垂直管理机制

从乡镇建设行政主管部门中通过考试选拔一批懂业务有实践经验的规划管理人员，由县(市)规划行政主管部门组织成立乡镇规划国土分局，直接归口县(市)规划行政主管部门的管理，代表县(市)规划行政主管部门行使《规划法》赋予的权利，负责全县建制镇、集镇、村庄规划区内单位和个人建设的

规划实施管理工作,查处违法建设。

(3) 加强政府财政对规划管理工作的经费支持,保证规划管理工作有序展开

国土与规划机构合并后,除了财政统一负担的日常行政开支外,其他规划管理所需经费,如规划编制经费,从国土出让费中划拨出一定比例的经费,以支持相应规划管理工作的展开。

设立一定的经费划拨的标准(如以规划管理部门的管辖区人口总量或以其管辖区内的年度建设总量),每年由当地政府将规划管理经费从财政中单独列支。

规划管理机构在其为社会所提供的规划技术服务项目中收取一定的服务费用用以补充规划管理经费的不足。

(4) 建立各项规章制度,健全规划、管理、监督机制

提高规划编制的起点,加大对规划的储备。在规划管理部门内部成立规划编制专项基金,每年由规划部门申报一年的规划编制所需经费额度,经政府审批后,由财政统一将该经费划入专项基金中,供当年规划编制工作支出,支出情况报市财政备案,供审计机构监督。通过合法的程序,建立有效的村镇规划的监督及反馈机制,以便于对规划的及时调整,满足不断变化的市场发展对规划的要求。

(5) 建构公众参与中心镇规划的机制

明确公众参与的合法地位,构建合理的公众参与组织,普及城镇规划知识。

6.2.2 规划的组织编制与审批

6.2.2.1 规划的组织编制

中心镇规划应在市、县人民政府中心镇规划行政主管部门指导下,由镇人民政府负责组织编制,编制任务由具备相应资质的规划编制单位承担。在编制中心镇总体规划,应当同期编制建设

用地分区图则和近期建设规划。在中心镇规划的制定和实施过程中，必须开展公众咨询，反映公众意见，接受公众监督。

6.2.2.2 规划的审批

广东省中心镇规划审批可分3种类型规划审批：

(1) 中心镇总体规划的审批

1) 规划初步成果评审。中心镇总体规划初步成果编制完成后，由地级以上市人民政府中心镇规划行政主管部门和县(市、区)人民政府联合组织有关部门和专家，对规划初步成果进行审查并提出评审意见。镇人民政府应同时公开展示规划初步成果，收集整理公众意见。

2) 规划成果审查。规划编制单位根据规划初步成果评审意见和公众意见，修改初步成果，开展正式成果的编制。完成规划成果的编制后，报镇人民政府审核。镇人民政府将规划成果报请镇人民代表大会审查。

3) 规划成果审批。镇人民代表大会审查通过后，由镇人民政府报县(市、区)人民政府审查，再报地级以上市人民政府审批。市人民政府正式批复规划前，报省建设厅会省计委、省国土资源厅核定中心镇人口和建设用地规模。

4) 规划成果发布。规划成果审批通过后，镇人民政府应选择适当的方式向公众发布、展示规划成果。

(2) 中心镇建设用地分区图则和近期建设规划的审批

中心镇建设用地分区图则和中心镇近期建设规划，与总体规划一并报经镇人民政府审查同意并征求镇人民代表大会的意见后，由镇人民政府报县(市、区)人民政府审查，再报地级以上市人民政府审批。市人民政府正式批复后，镇人民政府应选择适当的方式向公众公布。

(3) 中心镇建设规划的审批

1) 规划初步成果申报。规划初步成果编制完成后，由镇人民政府将规划初步成果报送县(市、区)人民政府中心镇规划行政主管部门。

2) 规划初步成果评审。县(市、区)人民政府中心镇规划行政主管部门组织有关部门和专家，对规划初步成果进行审查并提出评审意见。

3) 规划成果审批。规划编制单位根据评审意见，修改初步成果、开展正式成果的编制。完成规划成果的编制后，报镇人民政府审核。镇人民政府审核同意后，报县(市、区)人民政府中心镇规划行政主管部门审查，再报县(市、区)人民政府审批。

4) 规划成果发布。规划成果审批通过后，镇人民政府应选择适当的方式向公众发布、展示规划成果，并接受公众对规划实施的监督。

6.2.2.3　中心镇规划的修编与调整

(1) 中心镇总体规划的修编与调整

中心镇的性质、规模、发展方向和总体布局发生重大变更时，可对现行中心镇总体规划进行修编。开展总体规划修编，必须提交修编报告，征得地级以上市人民政府的同意。规划修编报告应总结上版规划的实施情况，说明本次规划修编的背景和原因，并提出规划修编的指导思想及技术框架。规划修编的成果，按总体规划审批程序报原批准机关审批。

对现行中心镇总体规划以及建设用地分区图则和近期建设规划进行局部调整，必须征得地级以上市人民政府中心镇规划行政主管部门的同意。规划调整的成果，由镇人民政府报县(市、区)人民政府中心镇规划行政主管部门审查同意后，报地级以上市人民政府中心镇规划行政主管部门审批，并报市人民政府备案。

(2) 中心镇建设规划的修编与调整

中心镇建设规划的修编与调整，必须征得县(市、区)人民政府的同意。规划修编、调整的成果，报县(市、区)人民政府审批。

6.2.3 规划的实施

中心镇规划的实施主要通过执行强制性要求和通过对项目选址、用地规划、工程规划的管理来实行。

6.2.3.1 规划实施的强制性要求

(1) 规划区内的土地利用和各项建设必须符合中心镇规划，服从规划管理。任何单位和个人必须服从中心镇人民政府根据中心镇规划作出的调整用地决定。

(2) 规划区内的建设工程项目在报请计划部门批准时，必须按建设项目计划审批权限，附有同级人民政府中心镇规划行政主管部门出具的选址意见书。

(3) 在规划区内进行建设需要申请用地的，必须持建设项目的批准文件，向县(市、区)人民政府中心镇规划行政主管部门申请定点，由县(市、区)人民政府中心镇规划行政主管部门根据规划核定其用地位置和界限，并提出规划设计条件的意见，报县(市、区)人民政府中心镇规划行政主管部门审批，核发建设用地规划许可证。建设单位和个人在取得建设用地规划许可证后，方可依法申请办理用地批准手续。

(4) 在中心镇规划区内新建、扩建和改建建筑物、构筑物、道路、管线和其他工程设施，必须持有关批准文件向县(市、区)人民政府中心镇规划行政主管部门提出建设工程规划许可证的申请，由中心镇人民政府规划管理部门对工程项目施工图进行审查，并提出是否发给建设工程规划许可证的意见，报县(市、区)人民政府中心镇规划行政主管部门审批，核发建设工程规划许可证。建设单位和个人在取得建设工程规划许可证件和其他有关批准文件后，方可申请办理开工手续。

6.2.3.2 建设工程项目选址规划管理

(1) 建设项目的选址应本着节约用地的原则，尽量不占或少占耕地，尽可能挖掘现有城镇土地的潜力。

(2) 建设项目的选址应与中心镇总体布局、各专项规划（如道路交通、文物古迹与历史风貌区保护、环境保护、综合防灾规划等）相协调和衔接。

(3) 建设项目的选址应充分考虑项目自身情况和特殊要求，合理选择建设用地，必要时应征询环保、消防、铁路、军事等其他专业部门的意见。

(4) 建设项目的选址必须在非农建设区内确定。

6.2.3.3 建设用地规划管理

(1) 控制土地使用性质和土地使用强度

根据已批准的总体规划和建设用地分区图则，审核设计方案，控制土地使用性质和土地使用强度。

(2) 审核建设用地范围

审查建设用地布局是否符合"三区六线"规划控制体系。

审核建设工程设计总平面图，确定用地范围。

按土地使用出让合同，审核通过有偿出让的建设用地范围。

规模较小的单项工程可同时审定建筑设计方案。

(3) 核定土地使用的其他规划管理要求。

根据已批准的总体规划和建设用地分区图则，核定其他规划设计要求。

根据已批准的专项规划对建设用地的其他要求和有关专业部门的意见，综合核定土地使用的其他规划管理要求。

6.2.3.4 工程规划管理

(1) 建筑物使用性质的控制

根据已批准的总体规划和建设用地分区图则确定的建筑物使用性质与土地使用兼容性要求，以及保障公共利益和相关方面权益的原则，审核建筑平面使用功能，对建筑物使用性质予以控制。

(2) 建筑容积率的控制

建筑容积率的审核应注意区分同一项目的不同性质和不同

类型的建筑,单项建筑工程与地区开发建筑工程等不同情况,以及应计入和不计入容积率的建筑面积范围。

建筑容积率奖励应坚持公共性、开放性、永久性以及与建筑工程同步实施的原则。

(3) 建筑密度的控制

根据已批准的建设用地分区图则和有关建设规划,以及建设用地规划管理实际情况,核定建筑密度。

(4) 建筑高度的控制

根据已批准的建设用地分区图则和有关建设规划,并综合考虑文物保护、飞行限高、微波通道、视觉效果等要求,核定建筑高度。

(5) 建筑间距的控制

根据已批准的建设用地分区图则和有关建设规划,以及本地规划管理实施细则,核定建筑间距。

(6) 建筑退让的控制

根据已批准的建设用地分区图则和有关建设规划,以及国家相关技术标准,审核建筑退让地界距离、建筑退让道路红线距离、建筑退让铁路线的距离、建筑退让高压电力线距离、建筑退缩河道蓝线距离等。

(7) 建设基地绿地率的控制

建设基地绿地率控制除要求满足中心镇规划和相关技术标准外,还应审核各类绿地的比例,人均公共绿地面积及绿化配置情况。

(8) 建设基地出入口、停车和交通组织的控制

以不干扰城镇交通为原则,审核基地机动车、非机动车出入口方位,以及人流、机动车、非机动车的交通组织方式和停车泊位的位置和容量。

(9) 建设基地标高控制

建设基地标高必须符合竖向规划要求，与相邻地基标高、城镇道路标高相协调。

(10) 建筑环境的管理

分析建筑与周围环境的关系，对建筑高度、体量、造型、立面、色彩等进行审核。

(11) 公共服务设施配套的控制

根据建筑物及周边地区对公区服务设施的使用要求，对公共服务设施和无障碍设施的配套进行审核。

(12) 市政公用设施配套的控制

根据建筑物的具体情况，征求消防、环保、卫生防疫、交通、园林绿化等其他专业部门的意见，对市政公用设施的配套进行审核。

6.3 《广东省中心镇规划指引》的各类用地规划建设标准❶

6.3.1 居住用地

6.3.1.1 居住用地规划标准

(1) 居住用地内各项用地所占比例的平衡控制指标，应符合表6-2的规定：

居住用地内各项用地所占比例的平衡控制指标　　表6-2

用地构成	居住区（%）	小区（%）	组团（%）
住宅用地	50~60	55~65	70~80
公建用地	15~25	12~22	6~12
道路用地	10~18	9~17	7~15
公共绿地	7.5~18	5~15	3~6
居住区用地	100	100	100

---

❶广东省经济发达、城镇化水平高，《广东省中心镇规划指引》各类用地规划建设标准一般较高。参考应用必须结合本地实际，适当调整。

(2) 人均居住用地控制指标，应符合表6-3的规定。

人均居住用地控制指标　　　　表6-3

	居住区（m²/人）	小区（m²/人）	组团（m²/人）
低　　层	28～40	26～37	21～30
多　　层	18～25	18～25	14～20
中高层	—	14～20	12～16
高　　层	—	10～15	8～11
多层、高层	17～26		

(3) 居住小区与组团规划控制指标，宜参照表6-4执行。

居住小区与组团规划控制指标　　　　表6-4

用地性质			容积率		建筑密度(%)		绿地率(%)	
用地类别	代码	建设特征	小区	组团	小区	组团	小区	组团
居住用地	R1	别墅	0.4	0.6	12	16	50	53
		低层	0.8	1.3	35	40	45	48
	R2	多层	1.6	2.0	25	32	32	35
		中高层	2.0	2.6	23	30	32	35
		10～18层	2.5	3.0	23	26	32	35
		19层以上						

注：容积率和建筑密度为上限指标，绿地率为下限指标。

6.3.1.2　居住区道路

(1) 居住区内道路可分：居住区道路、小区路、组团路和宅间小路4级。

1) 居住区道路：红线宽度不宜小于20m。

2) 小区路：红线宽度6-9m。

3) 组团路：红线宽度3～5m。

4) 宅间小路：红线宽度不宜小于2.5m。

(2) 小区内主要道路至少应有两个出入口；居住区内主要道路至少应有两个方向与外围道路相连接；机动车对外出入口数应控制，其出入口间距不应小于150m；人行出入口间距不宜超过80m，当建筑物长度超过80m时，应加设人行通道。

(3) 居住区内道路与城镇道路相接时，其交角不宜小于75°；

当居住区内道路坡度较大时,应设缓冲段与城镇道路相接。

(4) 进入组团的道路,应方便居民出行和利于消防车、救护车的通行,同时满足维护院落的完整性和利于治安保卫的要求。

(5) 居住区内应设置残疾人通行的无障碍通道。通行轮椅车的坡道宽度不小于 2.5m,纵坡不应大于 2.5%。

(6) 居住区内尽端式道路的长度不宜大于 120m,并在尽端设不小于 12m×12m 的回车场地。

(7) 居住区内车行道路应与地下车库、地面停车场结合考虑,宜避免与大量人流交汇。

(8) 居住区内车行道路设置路边停车场位时,停车位应采用嵌缝植草等绿化。

6.3.1.3 居住区绿地

(1) 居住区内绿地应包括公共绿地、宅旁绿地、配套公建附属绿地和道路绿地。

(2) 居住区绿地规划应根据居住区(组团或小区,以下同)规划结构、布局方式、环境特点及用地条件,充分保留和利用原有树木和绿地,形成以宅旁绿地为基础,公共绿地为核心;道路绿化为网络;集中与分散结合;点、线、面并重的绿地系统。

(3) 新区建设绿地率不应低于 30%,旧区改建绿地率不宜低于 25%。

(4) 公共设施屋顶花园不参与用地平衡,也不计入绿地面积,但对提供绿地的开发项目,其开发强度可作适当补偿:每提供 $1m^2$ 开敞公共绿地,补偿 $1.5\sim 2m^2$ 建筑面积;每提供 $1m^2$ 非开敞公共绿地,补偿 $0.5\sim 1m^2$ 建筑面积。

(5) 覆土厚度大于 1m 的地下或半地下停车场上的绿地,应计入绿地面积。

(6) 应根据规划组织结构类型,设置相应的中心公共绿地,包括居住区公园、小游园和组团绿地,以及儿童游戏场和其他的块状、带状公共绿地等。

(7) 中心公共绿地的设置应符合下列规定：

1) 居住区公园至少应有一个边与相应级别道路相邻；小游园、组团绿地如不与相应道路相邻，也应便于居民到达。可将周边建筑作底层架空处理或通过便捷的步行道和带状绿化与相应级别的道路相连。

2) 绿化面积(含水面)不宜小于70%。

3) 绿地应便于居民休憩、散步和交往利用，宜采用开敞式，以绿篱或其他通透式栏杆作分隔。

4) 组团绿地应至少确保1/3的面积位于标准建筑日照阴影线范围之外，并便于设置儿童游戏设施和适于成人游憩活动。

5) 绿地面积计算应按下列规定确定：

(A) 宅旁绿地面积：按宅间道路红线或人行道边线至住宅外墙1.5m(即扣除建筑散水的宽度)所围合空间计算。

(B) 组团绿地面积：道路红线围合的组团绿地，如绿地周边设有人行道，其绿地面积应扣除人行道的宽度，以实际绿地面积计算。若有一边与住宅相邻，则应按距外墙1.5m宽处开始计算。

6) 公共绿地和宅旁绿地绿化应以自然式栽植为主。

7) 公共绿地的位置和规模应根据规划的镇级公共绿地的布局综合确定。

8) 居住区内公共绿地的总指标，应根据居住人口规模分别达到：组团不少于0.5m²/人，小区(含组团)不少于1.0m²/人，居住区(含小区与组团)不少于1.5m²/人，并应根据居住区规划布局形式统一安排、灵活使用。旧区改建可酌情降低，但不得低于相应指标的70%。

6.3.2 公共服务设施

公共服务设施配套要求见表6-5。

公共服务设施配套要求

表6-5

类别	项目	一般规模			服务规模（万人/处）	镇级、街道、居住区级	小区级	设 置 要 求 备 注
		建筑面积（m²）	用地面积（m²）					
教育设施	托儿所	450～800	4班≥1200 6班≥1400 8班≥1600		<0.5 0.5～0.8 0.5～1.2		▲	收1～3岁儿童，按16座/千人计算，每0.5～0.8万人需要一处，每处设3～4个班，每班25座，建筑面积6～8m²/座，每处最小规模建筑面积不少于450m²
	幼儿园	1500～2500	6班≥2000 9班≥3000 12班≥3600		<0.5 0.5～0.8 0.5～1.2		▲	按45座/千人计算，每0.5～1.2万人需设一处，幼儿园规模为9班、12班、18班，每班30座，建筑面积6～10m²/座，用地面积8～15m²/座，不足0.5万人的独立地段宜设一处幼儿园，规模为6班。幼儿园的服务半径一般为100～300m
	小学	3500～7000	18班≥7000 24班≥9000 30班≥12000		1～1.5		▲	每所18～30班规模；用地面积7.81～12.86m²/座，建筑面积3.39～4.22m²/座，服务半径500m，校舍平均层数4层，设置篮球、排球（兼羽毛球）场地和器械场地，一般宜设250～400m环形跑道的田径场
	中学	8000～10000	18班≥13500 24班≥18000 30班≥22500		2～2.5	△		每所18～30班规模（18班为下限）：用地面积9.6～20.1m²/座，建筑面积6.15～7.02m²/座，每班50座，每校服务半径1500m，校舍一般4～5层，设置篮球、排球（兼羽毛球）场地和器械场地，设400m环形跑道田径场

6.3 《广东省中心镇规划指引》的各类用地规划建设标准

续表

类别	项目	一般规模 建筑面积（m²）	一般规模 用地面积（m²）	服务规模（万人/处）	镇级、街道、居住区级	小区级	备注 设置要求
社会福利设施	敬老院	1500～2000（100床）	2500～3000（100床）	5～10	▲		每镇建一所100床的敬老院，每居住区（街道）建一所托老所，规模30～50床，每床建筑面积15～20m²/人，用地独立用地，每床建筑面积25～30m²/人。直独立用地，可与老年人活动中心合并设置
社会福利设施	托老所	450～1000（30～50床）	800～1500（30～50床）	3～5	▲		
社会福利设施	残疾人康复中心	500		3～5	△		根据需要设置，独立用地或结合其他服务设施设置
医疗卫生设施	综合医院	9000	12000	5	▲		独立占地，宜设于交通方便、环境安静、无污染的地方。建筑面积按45～55m²/床计算，用地面积按60～75m²/床计算
医疗卫生设施	社区卫生服务中心	1500～2000	1500～2000	3～5	▲		一般每居住区（街道）一所，宜独立设置。医疗服务、预防控制、社区卫生服务、妇幼卫生服务于一体的综合性机构
医疗卫生设施	卫生站	300	500	1～1.5		△	
文化娱乐设施	图书馆	3000	3000	6～10	▲		
文化娱乐设施	影剧院	2000～3000		3～5	▲		每千人25～30座，宜独立设置，也可分几个小型影院建筑体内设置。考虑大型文艺活动，会议的需要
文化娱乐设施	社区文化活动中心	7000～9000	5000～8000	3～5	▲		含青少年活动中心、老年活动中心、科普知识宣传与教育、科技活动、影视厅、舞厅、游艺厅、球类、棋类活动室、各类艺术训练班等。宜结合或靠近同类中心绿地安排
		2000～3000	4000～5000	3～5	▲		独立设置

6 地方中心镇规划标准与实施要求

续表

<table>
<thead>
<tr><th rowspan="2">类别</th><th rowspan="2">项目</th><th colspan="3">一般规模</th><th colspan="2">设置要求</th><th rowspan="2">备注</th></tr>
<tr><th>建筑面积(m²)</th><th>用地面积(m²)</th><th>服务规模(万人/处)</th><th>镇级、街道、居住区级</th><th>小区级</th></tr>
</thead>
<tbody>
<tr><td rowspan="5">文化娱乐设施</td><td>文化宫</td><td>30000</td><td>30000</td><td>20~30</td><td>▲</td><td></td><td></td></tr>
<tr><td>青少年宫</td><td>12000~18000</td><td>12000~18000</td><td>20~30</td><td>▲</td><td></td><td></td></tr>
<tr><td>文化活动站</td><td>150~300</td><td></td><td>0.7~1.5</td><td></td><td>▲</td><td></td></tr>
<tr><td>青少年活动中心</td><td>1000</td><td></td><td>3~5</td><td>▲</td><td></td><td>宜与文化活动中心合设，也可附设于其他建筑内，应设阅览室和目修教室，其规模不宜少于50座</td></tr>
<tr><td>老年活动中心</td><td>500~800</td><td></td><td>3~5</td><td>▲</td><td></td><td>宜与文化活动中心合设</td></tr>
<tr><td rowspan="3">体育设施</td><td>体育中心</td><td></td><td>80000~100000</td><td>20~30</td><td>▲</td><td></td><td>含标准运动场、体育馆、游泳池</td></tr>
<tr><td>运动场</td><td>300</td><td>10000~13000</td><td>3~5</td><td>▲</td><td></td><td>包括200m跑道、小型足球场、篮球场、排球场、网球场</td></tr>
<tr><td>游泳场</td><td>300</td><td>2000~3000</td><td>3~5</td><td>▲</td><td></td><td>设50m×25m游泳池1~2个，宜与运动场联合设置</td></tr>
<tr><td rowspan="3">行政管理设施</td><td>镇政府</td><td>10000~20000</td><td>10000~20000</td><td>全镇</td><td>▲</td><td></td><td>根据实际情况设置</td></tr>
<tr><td>街道办事处</td><td>800~1000</td><td></td><td>3~5</td><td>▲</td><td></td><td>每行政街设一处，宜与有关机构形成综合楼</td></tr>
<tr><td>公安派出所</td><td>1000~1500</td><td></td><td>3~5</td><td>▲</td><td></td><td>每行政街设一处，宜与有关机构形成综合楼</td></tr>
</tbody>
</table>

6.3 《广东省中心镇规划指引》的各类用地规划建设标准

续表

类别	项目	一般规模		服务规模(万人/处)	镇级、街道、居住区级	小区级	备注设置要求
		建筑面积(m^2)	用地面积(m^2)				
行政管理设施	社区服务受理中心	500		3~5	▲		每行政街设一处，宜与有关机构形成综合楼
	工商所	100		3~5	▲		每行政街设一处，宜与有关机构形成综合楼
	税务所	100		3~5	▲		每行政街设一处，宜与有关机构形成综合楼
	市政管理所	300		3~5	▲		每行政街设一处，宜与有关机构组合设置，包括环卫、绿化管理用房
商业服务设施	各类商业设施	2000~10000		3~5	▲		宜与文化、金融等形成居区中心
	肉菜市场	2000~2500		1~2	▲		新区独立用地，旧城区允许结合非居住建筑设置。凡设综合商场的居住区不重复设置肉菜市场
	中西药店	200~500		2.5~3	▲		
	书店	300~1000		3~5	▲	△	
	综合市场	1000~1200 500~1000		3~5 0.7~1.5	▲	△	
市政公用设施	邮政支局	1500~3000		3~5	▲		平均服务半径镇中心区为0.5km；郊区为1.5km；远郊区为3km；农村为4km

续表

类别	项目	一般规模		服务规模（万人/处）	镇级（街道）居住区级	小区级	备注 设置要求
		建筑面积 m²	用地面积 m²				
市政公用设施	液化气供应站（或煤气站）	200~300	750~1000	3~5	▲		独立设置
	垃圾转运站	大于100	200~500	3~5	▲		小型转运站每0.7~1km设置一座，大、中型转运站每10~15km设置一座
	社会停车场	3500~5500		3~5	▲		服务半径在300~500m之间，停车泊位100~150辆
	公共厕所	30~60	60~100	0.5		▲	宜设于人流集中处
	消防站	1000	2000	5~10	▲		
	公交总站	1500~3000		3~5	▲		用地面积大于20公顷的居住区，应设置一处

注：1. ▲表示该级别必设设施，△表示该级别宜设设施。
2. 小区级公共配套设施根据有关规定在详细规划阶段落实。

6.3.3 交通设施

6.3.3.1 社会停车场(库)

(1) 建设规模

1) 社会停车场(库)的服务半径一般地区不应大于300m，最大不超过500m。镇中心区不应大于200m。

2) 公共停车场用地总面积可按规划人口 0.8~1.0m²/人计算，注意停车场的型式，以及计算泊位时应采用扣除道路退缩和绿地之后可利用的净用地。

3) 地面停车场用地面积为每个停车位 25~30m²；停车楼和地下停车库的建筑面积宜为每个停车位 30~35m²。

(2) 设置要求

1) 出入口应符合行车视距的要求，并应右转出入车道。

2) 停车场的出入口不宜设在主干道上，可设在次干路或支路上并远离交叉口，出入口应距离交叉口、隧道坡道起止线50m以上的距离；社会停车场宜布置在中心区、商业区、大型公共活动场所、交通枢纽和城镇主要出入口道路附近，或者作为小型公共建筑(建筑面积2000m²以下)配建停车场的联合建设，以弥补已有建筑用地的配建停车场不足。公共停车场应与服务对象位于主干路的同侧。

3) 少于50个停车位的停车场，可设一个出入口，其宽度宜采用双车道；50~300个停车位的停车场，应设两个出入口；大于300个停车位的停车场，出口和入口应分开设置，两个出入口之间的距离应大于20m。

6.3.3.2 公交站场

(1) 建设规模

1) 公交总站每处用地规模一般为 1500~3000m²。

2) 公共汽车和电车的规划拥有量按每1200~1500人一辆标准车，首末站的规划用地面积可按1000~1400m²计算。

3) 公交停车场的规划用地宜按每辆标准车150m²计算；保养场的规划用地按所承担的保养车辆数计算，每标准车用地为200m²，乘以一个用地系数（K_y）；修理厂的规划用地按所承担的年修理车辆数计算，宜按每标准车250m²进行设计。

(2) 设置要求

1) 公交总站主要设置在商业中心区、工业区、居住区和交通转换地段，公交总站的距离控制为8~10km。

2) 首末站的设置应选择在紧靠客流集散点和道路客流主要方向的同侧。在火车站、码头、大型商场、公园、体育馆、剧院等集散点，宜设置几条线路共用的交通枢纽站。不应在平交路口附近设置首末站。

3) 公交停车场、保养场、修理厂、停车场用地应符合总体规划要求，可与公交总站合在一处布置。

6.3.3.3 公路汽车站场

(1) 建设规模

1) 货运方式的选择结合自然和环境特征，合理选择道路、铁路、水运和管道等方式。

2) 公路汽车站场包括客运站、货运站、技术站、混合站等。

3) 货运站的规模与布局宜采用大、中、小相结合的原则。

(2) 设置要求

1) 客运站的设置应符合总体规划的要求，与城镇干道联系密切。地点适中，方便旅客集散和换乘。当年平均旅客发送量超过25000人次时，宜另建汽车客运分站。

2) 货运站的选址应靠近主要货源点,并与货运流通中心相结合。

6.3.3.4 加油站

(1) 建设规模

公共加油站用地面积如表6-6。

表6-6 公共加油站用地面积

昼夜加油的车次数	300	500	800	1000
用地面积(万m²)	0.12	0.18	0.25	0.30

注:1. 附设机械化洗车的加油站,应增加用地面积160~200m²。
  2. 汽车加油站用地面积一般为2500~3000m²。

(2) 设置要求

1) 公共加油站的服务半径宜为0.9~1.2km,城镇道路同方向2.4km范围内不宜重复设置加油站。加油、加气站布置应符合国家质量监督检验总局、国家建设部联合发布的《汽车加油加气站设计与施工规范》(GB 50156—2002)。

2) 建成区内不应建一级加油站、一级液化气加气站和加油、加气合建站。城镇规划发展区内只允许设二级或三级加油站,并应采用直埋地下卧式油罐。

3) 加油、加气站的选址应符合现行国家标准《小型石油库及汽车加油站设计规范》的有关规定,应符合城镇规划、环境保护和防火安全的要求,应选在交通便利的地方,宜靠近城镇道路,不宜选在城镇干道交叉口附近。

6.3.4 市政公用设施

6.3.4.1 给水设施

(1) 水厂

1) 建设用地

如表6-7。

水厂建设用地 表6-7

建设规模(万 m³/d)	地表水水厂(m²·d/m³)	地下水水厂(m²·d/m³)
5~10	0.70~0.50	0.40~0.30
10~30	0.50~0.30	0.30~0.20
30~50	0.30~0.10	0.20~0.08

注：1. 用地指标对大型水厂取下限，小型水厂取上限；
    2. 地表水水厂建设用地按常规处理工艺进行，厂内设置预处理或深度处理构筑物以及污泥处理设施时，可根据需要增加用地；
    3. 地下水水厂建设用地按消毒工艺进行，厂内设置特殊水质处理工艺时，可根据需要增加用地。

2) 设置要求

（A）地表水水厂应根据给水系统的布局确定，宜选择在交通便捷以及供电安全可靠和水厂废水处置方便的地方；地下水水厂的位置根据水源地的地点和不同的取水方式确定，宜选择在取水构筑物附近。

（B）水厂厂区周围应设置宽度不小于10m的绿化带。

(2) 供水加压站

1) 建设用地

见表6-8。

供水加压站建设用地 表6-8

建设规模(万 m³/d)	用地指标(m²·d/m³)
5~10	0.25~0.20
10~30	0.20~0.10
30~50	0.10~0.03

注：1. 用地指标对大型加压站取下限，小型加压站取上限；
    2. 加压站设有大容量的调节水池时，可根据需要增加用地；
    3. 本表指标未包括站区周围绿化地带用地。

2) 设置要求

（A）镇区内，每15~20km输水管线宜设置一个加压泵站。

(B) 用户接管处，服务水头不满足 10m 时，宜设置一个加压泵站。

(C) 加压泵站周围应设置宽度不小于 10m 的绿化带，并宜与城镇绿地相结合。

(D) 加压泵站位置宜靠近用水集中地区。

(3) 供水管理用地

1) 建设规模

用地面积 1000m²。

2) 设置要求

规划面积每 40km² 预留一处供水管理用地，用以堆放抢修设备、收取水费及预备分质、分压供水系统等。

6.3.4.2 排水设施

(1) 生活污水处理站

1) 建设用地

用地 1 公顷/万 t·日。

2) 设置要求

设于城镇集中污水处理厂收集范围以及二级饮用水源保护区之外。

(2) 工业污水处理站

1) 建设规模

用地 1hm²/万 t·日，污水量根据工业门类、规模确定。

2) 设置要求

设于成片工业区。

(3) 污水处理厂

1) 建设规模

污水处理厂规划用地指标宜根据规划期建设规模和处理级别，按照表 6-9 的规定确定。

污水处理厂规划用地指标　　　表6-9

建设规模	污水量（m³/d）				
	20万以上	10~20万	5~10万	2~5万	1~2万
用地指标 (m²·d/m³)	一级污水处理指标				
	0.3~0.5	0.4~0.6	0.5~0.8	0.6~1.0	0.6~1.4
	二级污水处理指标（一）				
	0.5~0.8	0.6~0.9	0.8~1.2	1.0~1.5	1.0~2.0
	二级污水处理指标（二）				
	0.6~1.0	0.8~1.2	1.0~2.5	2.5~4.0	4.0~6.0

注：1. 用地指标是按生产必须的土地面积计算。

2. 本指标未包括厂区周围绿化带用地。

3. 处理级别以工艺流程划分：

一级处理工艺流程大体为泵房、沉砂、沉淀及污泥浓缩、干化处理等。

二级处理（一），其工艺流程大体为泵房、沉砂、初次沉淀、曝气、二次沉淀及污泥浓缩、干化处理等；

二级处理（二），其工艺流程大体为泵房、沉砂、初次沉淀、曝气、二次沉淀、消毒及污泥提升、浓缩、消化、脱水及沼气利用等。

4. 本用地指标不包括进厂污水浓度较高及深度处理的用地，需要时可视情况增加。

2）设置要求

（A）在城镇水系的下游并应符合供水水源防护要求；

（B）在城镇夏季最小频率风向的上风侧；

（C）与城镇居住区、公共设施保持一定的卫生防护距离；

（D）靠近污水、污泥的排放与利用地段；

（E）应有方便的交通、运输和水电条件；

（F）污水处理厂周围应设置一定宽度的防护距离，减少对周围环境的不利影响。

（4）排水泵站

1）建设用地

当排水系统中需设置排水泵站时,泵站建设用地主要按建设规模、泵站性质确定。

(A) 雨水泵站用地指标按表6-10规定:

雨水泵站用地指标　　　　　　表6-10

建设规模	雨水量（L/s）			
	20000以上	10000~20000	5000~10000	1000~5000
用地指标 ($m^2 \cdot sL$)	0.4~0.6	0.5~0.7	0.6~0.8	0.8~1.1

注:1. 用地指标是按生产必须的土地面积;
　　2. 雨水泵站规模按最大秒流量计;
　　3. 本指标未包括站区周围绿化带用地;
　　4. 合流泵站可参考雨水泵站指标。

(B) 污水泵站用地指标按表6-11规定:

污水泵站用地指标　　　　　　表6-11

建设规模	污水量（L/s）			
	2000以上	1000~2000	600~1000	300~600	100~300
用地指标 ($m^2 \cdot sL$)	1.5~3.0	2.0~4.0	2.5~5.0	3.0~6.0	4.0~7.0

注:1. 用地指标是按生产必须的土地面积;
　　2. 污水泵站规模按最大秒流量计;
　　3. 本指标未包括站区周围绿化带用地。

2) 设置要求

排水泵站结合周围环境条件,应与居住、公共设施建筑保持必要的防护距离。

(5) 排涝泵站

1) 建设用地

用地面积大于3000m^2。

2) 设置要求

(A) 规划发展区内的地面标高较低,容易受涝,且地面标高不易提高或不能提高时，一般应设置排涝泵站。

(B) 排涝泵站一般应设在河涌出口，宜与防潮闸门同时布置。

6.3.4.3 消防设施

1) 消防站建设规模

(A) 1级消防站 3000m²/座；2级消防站 2500m²/座；3级消防站 2000m²/座。

(B) 各类消防站建设标准见表 6-12。

消防站建设标准　　　　　　　　表 6-12

类　别	建筑面积（m²）	用地面积（m²）	责任区面积（km²）
标准型普通消防站	1600~2300	2400~4500	不大于 7
小型普通消防站	350~1000	400~1400	不大于 4
特勤消防站	2600~3500	4000~5200	不大于 7

2) 消防站设置要求

(A) 发生火灾时，消防队接到火警在 15 分钟内要能到达责任区最远点；

(B) 普通消防站的布局应以接到报警 5 分钟内消防队到达责任区边缘为原则；

(C) 首脑机关地区、化工和仓储单位及高层建筑集中地区、商业中心区、重点文物建筑集中地区、三级、四级耐火建筑和易燃建筑集中地区、人口和街道狭窄地区及其他火灾危险性大的地区，为甲类责任区，应设一级消防站；工厂企业、科研单位、大专院校、高层建筑较多的地区为乙类责任区，应设二级消防站。

6.3.4.4 邮政设施

(1) 邮政支局

1) 建设用地

见表 6-13。

邮政支局建设用地 表 6-13

类 别	建筑面积（m²）	服务人口（万人）
一等邮政支局	2000	5~6
二等邮政支局	1500	4~5
三等邮政支局	1000	3~4

注：邮政支局的建设，还必须另有 250~500m² 作为邮件运输装卸场地。

2）设置要求

（A）每一支局（所）平均服务半径：中心区为 0.5km；郊区为 1.5km；农村为 4km。

（B）每 1.5~3 万人的居住（小）区、街道，宜设邮政所一处；每 3~6 万人的居住区、街道、城镇除按规定设邮政所外，还应按人口数量设置一二三等邮政支局。

(2) 邮政所

1）建设用地

建筑面积 200~300m²。

2）设置要求

每 3 万人设一处，服务半径不大于 500m。

6.3.4.5 电信设施

(1) 电信枢纽中心

1）建设用地

用地面积 15000m² 以上。

2）设置要求

（A）新建电信枢纽中心和综合电信母局必须满足 30 年的业务需求。

（B）电信用地（大型的电信枢纽中心、综合电信母局、端局）均应设置在远离有关危及通信的设施，如：要求距离 110kV 变电站 150m 以上；距离 220kV 变电站 300m 以上；距离煤气站 150m 以上。

(2) 综合电信母局

1) 建设用地

用地面积 4000m² 以上。

2) 设置要求（略）

(3) 电信端局

1) 建设用地

见表 6-14。

电信端局建设用地指标　　　表 6-14

交换设备容量（万门）	>8	4~6	2~4	<2
建筑面积（m²）	≥10000	≥8000	≥7000	≥5000
用地面积（m²）	>5000	>3000	>2000	>1000

注：一般 4 万门以下可采用模块局的形式。

2) 设置要求

电信端局应配备不少于 2000m² 的配套设施和材料堆放地。

6.3.4.6 移动通信设施

(1) 交换局

1) 建设用地

用地面积 3000m²，当设立 A、B 两系统时，用地指标应乘以系数 1.5。

2) 设置要求

(A) 用户普及率规划期末取 70%；

(B) 每 32 万人应配置 1 个交换局；

(C) 选址应以通信网络规划和通信技术要求为主，结合水文、地质、地震、交通等因素及生活设施，综合比较确定。宜选在建管线方便，并与需要连接的市话汇接局和长途局靠近的地点。

(2) 基站

6.3 《广东省中心镇规划指引》的各类用地规划建设标准

1) 建设用地

建筑面积应不小于 30m²。

2) 设置要求

(A) 每个基站可服务 3500 个移动用户；

(B) 每 5000 人应配置 1 个基站；

(C) 基站站址宜选在有适当高度的建筑、高塔和有可靠电源的地点；

(D) 不宜设在易燃、易爆仓库和材料堆场及易发生火灾、爆炸危险的企业附近。

6.3.4.7 电力设施

(1) 500kV、220kV、110kV 变电站

1) 建设用地

见表 6-15、表 6-16。

35～110kV 变电所规划用地面积控制指标　　　表 6-15

变压等级（kV）	主变压器容量（MVA/台组）	变电所结构形式及用地面积（m²）		
		全户外式净用地面积	半户外式净用地面积	户内式净用地面积
110 (66) /10	20　63/2　3	3500　5500	1500　3000	800　1500
35/10	5.6～31.5/2～3	2000～3500	1000～2000	500～1000

注：变压等级（kV）表示：一次电压/二次电压（第三绕组电压）。

220～500kV 变电所规划用地面积控制指标　　　表 6-16

变压等级（kV）	主变压器容量（MVA/台组）	变电所结构型式	用地面积（m²）
500/220	750/2	户外式	98000～110000
330/220 及 330/110	90～240/2	户外式	45000～55000
330/110 及 330/10	90～240/2	户外式	40000～47000
220/110 (66, 35) 及 220/10	90～180/2～3	户外式	12000～30000
220/110 (66, 35)	90～180/2～3	户外式	8000～20000
220/110 (66, 35)	90～180/2～3	半户外式	5000～8000
220/110 (66, 35)	90～180/2～3	户内式	2000～4500

注：变压等级（kV）表示：一次电压/二次电压（第三绕组电压）。

2) 设置要求

（A）应结合城镇生态防护带规划预留500kV电力骨干传输走廊，并围绕城区形成大功率500kV架空双环网络，在架空双环网附近布置500kV枢纽变电所；

（B）规划最终开发用地面积为15万m^2时，预留220kV变电所；5万m^2时，预留110kV变电所；

（C）220kV大型枢纽变电所应在镇区边缘或深入负荷中心布置，并配置四回及以上的可靠的220kV电源线路；中心区应采用220kV变电所深入负荷中心布置；

（D）110变电站在达到3万~4万kW负荷时，设1处，每座容量3万~4万kW；超过4万kW时，按预测总负荷确定；

（E）500kV架空线走廊宽度60~75m；220kV架空线走廊宽度36m；110kV架空线走廊宽度24m。

6.3.4.8 燃气设施

（1）气源厂

我省燃气气源多由油制气、瓶装液化石油气、小区管道液化石油气、焦炉煤气、液化石油气混合气构成，规划期内将发展天然气，最终形成以天然气为主、液化石油气为补充的城镇燃气气源架构。

（2）门站

1) 建设用地

用地面积10000m^2。

2) 设置要求

（A）门站与周围建筑物的防火间距，必须符合《建筑设计防火规范》（GBJ 16—87）(2001年修订)的有关规定；

（B）门站应靠近城镇用气负荷中心地区；

（C）门站站址应具有适宜的地形、工程地质、供电、给排水和通信等条件。

(3) 调压站

1) 建设用地

高中压调压站,用地规模 2000~5000m^2/处。

2) 设置要求

宜布设在规划建成区或发展地区。

(4) 液化石油气供应基地

1) 建设用地

(A) 独立瓶装组间用地规模 254~2640m^2/处。

(B) 燃气区域气化站在混气站用地规模不小于 7500m^2/处。

2) 设置要求

(A) 储存站、储配站、灌瓶站的布局应远离城镇居住区、学校、工业区、影剧院、体育馆等人员集中的地区。站址应选择在全年最小频率风向的上风向,且地势平坦、开阔、不易积存液化石油气的地段,同时避开地震带、地基沉陷、雷区等地区。

(B) 在市政管道气供应范围内不得新建或扩建液化石油气灌瓶站。

(C) 总容积大于 4m^3 时,宜采用液化石油气气化站或混气站。

(D) 总容积小于 4m^3 时,宜采用液化石油气独立瓶装组间。

(5) 液化石油气汽车加气站

1) 建设用地

(A) 用地面积 1256~15386m^2;在原有汽车加油站内扩建加气站,应增加 500m^2 的用地面积。

(B) 按照储气罐容积划分等级:储气罐容积 51~150m^3 为一级加气站;储气罐容积 31~50m^3 为二级加气站;储气罐容积小于、等于 30m^3 为三级加气站。

2) 设置要求

(A) 应选择在交通便利的地方设置。在城镇建成区建设加气站应靠近城镇交通主干道或车辆出入方便的干道上;在城镇规划建成建设加气站应靠近公路或城镇交通出入口附近。城镇建成区不宜建一级别加气站。

(B) 服务半径为 0.9~1.2km,高速公路同方向 5km 范围内不宜重复设置加气站。

(C) 城镇建成区内不宜建设一级加气站,镇区加气站的储气罐宜采用地下安装方式。

(6) 液化石油气抢险点

1) 建设用地

用地规模 1000m²。

2) 设置要求

每个镇应至少设置一个抢险点。

6.3.4.9 环卫设施

(1) 垃圾转运站

1) 建设用地

见表 6-17。

垃圾转运站建设用地　　　　　　　　表 6-17

转运量(t/d)	用地面积(m²)	附属建筑面积(m²)
150	1000~1500	100
150~300	1500~3000	100~200
300~450	3000~4500	200~300
>450	>4500	>300

2) 设置要求

(A) 垃圾转运站一般在居住区或工业、市政用地中设置;

(B) 小型转运站每 0.7~1km 设置一座,用地面积不小于 100m²,与周围建筑物的间隔不小于 5m;大、中型转运站每 10~15km 设置一座。

(2) 垃圾压缩站

见表 6-18。

垃圾压缩站建设用地 表 6-18

类 别	一厢式垃圾压缩站	二厢式垃圾压缩站
净用地面积（m²）	>75	>150
服务人口（万）	1.5	3

(3) 垃圾填埋场

1) 建设用地

垃圾填埋场用地面积按下列公式计算确定：

$$S = 365 y (Q_1 / D_1 + Q_2 / D_2) L c k_1 k_2$$

式中　S——垃圾填埋场的用地面积(m²)；

　　　365——一年的天数；

　　　y——填埋场使用期限，年；

　　　Q_1——日处理垃圾重量，t/d；

　　　D_1——垃圾平均密度，t/m³；

　　　Q_2——日覆盖土重量，t/d；

　　　D_2——覆盖土的平均密度，t/m³；

　　　L——填埋场允许堆积(填埋)高度，m；

　　　c——垃圾压实(自缩)系数，$c = 1.25 \sim 1.8$；

　　　k_1——堆积(填埋)系数，与作业方式有关，$k_1 = 0.35 \sim 0.7$；

　　　k_2——填埋场的利用系数，$k_2 = 0.75 \sim 0.9$。

2) 设置要求

(A) 填埋场要求交通方便，运距较短，征地费用少，施工方便，充分利用天然的洼地、沟壑、峡谷、废坑等，并满足人口密度底、土地利用价值低、地下水利用的可能性低、在当地夏季主导风向下方、距人畜居栖点 800m 以外等要求。

(B) 填埋场不应设在下列地区：专用水源蓄水层与地下水补给区、洪泛区、淤泥区、居民密集居住区、距公共场所或人畜供水点 800m 以内的地区，直接与航道相通的地区，地下水

6 地方中心镇规划标准与实施要求

水面与坑底距离2m以内，活动的坍塌地带、地震区、断层区、地下蕴矿区、灰岩坑及溶岩洞区，珍贵动植物栖息养殖区和国家大自然保护区，公园、风景、游览区，文物古迹，考古学、历史学和生物学研究考察区，以及军事要地、基地、军工基地和国家保密地区。

6.3.5 绿化用地

绿化用地规划要求，应符合表6-19的规定：

绿化用地规划　　　　　　　表6-19

类别		建设用地	设置要求
全镇性公园		用地不少于5公顷/处	服务半径2000m
居住区公园		每处用地不少于1公顷	服务半径300~500m，按居住人口人均0.5~1m²确定居住区公园总用地规模，居住区公园须单边以上临20m以上小区干道设置
生产绿地		根据上层次规划确定	
防护绿地	工业、生活隔离带	根据上层次规划确定	设于工业区、仓库区与公共设施区、生活区之间
	铁路	主线两侧各不小于30m，支线两侧各不小于20m	
	高速公路	高速公路沿线建筑退缩100m，并控制50m的低密度建筑区	
	快速路	快速路及对外出口一般公路沿线建筑退缩20m	
	水源保护河流	根据专项规划确定	
	高压走廊	500kV 宽度不小于60m；220kV 宽度不小于36m；110kV 宽度不小于24m	

6.3 《广东省中心镇规划指引》的各类用地规划建设标准

6.3.6 工业用地

6.3.6.1 工业区选址布局原则

(1) 工业区的选址应尽可能不占良田,选择交通便捷、方便运输、有良好基础设施的地段设置。

(2) 应根据镇域现状工业用地情况,通过用地调整,集中设置镇级工业区,严格禁止新设村级工业区,逐步迁转村办企业到镇工业区集中办厂。

6.3.6.2 工业区规划布局

(1) 工业用地

1) 一类工业用地布局

(A) 一类工业用地是指对居住和公共服务设施等环境基本无干扰和污染的工业用地,如电子、电器工业、印刷业、文体用品制造业、小型机械工业、缝纫工业、工艺品制造工业等用地。

(B) 一类工业用地可集中组成工业区,也可以和居住用地、混合用地布置在同一片区,但宜成相对独立的组团。

2) 二类工业用地布局

(A) 二类工业用地是指对居住和公共服务设施等环境有一定干扰和污染的工业用地,如食品工业、医药制造工业、纺织工业等用地。

(B) 二类工业用地应相对独立设置,不得和居住用地混杂,工业用地与居住用地之间的距离,应符合防护距离的有关标准。

(C) 有污染物排放的企业,其污染物排放应达到国家相关标准,不得在城镇上风向布置有大气污染的工业;不得在饮用水源保护区布置有水体污染物的企业。

3) 三类工业用地布局

(A) 三类工业用地是指对居住和公共服务设施等环境有严

重干扰和污染的工业用地，如采掘工业、冶金工业、大中型机电制造工业、能源与化学工业、造纸工业、制革工业、建材工业等用地。

（B）三类工业用地与居住用地的距离应符合卫生防护距离标准。

（C）三类工业严禁布置在城镇水源区和历史文物古迹附近。

（2）管理、公共设施用地

1）管理、公共服务设施用地指为工业生产和生活配套服务的设施用地，包括行政办公、商业服务、文化娱乐、体育科研、医疗卫生等用地及交通设施、市政配套设施等用地。

2）管理、公共服务设施用地应结合生活配套用地布置。

3）管理、公共服务设施用地应考虑服务半径，遵循集中布置与分散布置相结合的原则。

4）生活配套用地包括工业区职工住宅用地及与之相配套的部分公共服务设施用地。

5）生活配套用地宜结合现有居住用地布置和靠近镇区布置。

6）工业区职工宿舍及其配套设施应集中设置、统一管理。严格限制在厂区内建设职工宿舍。

（3）工业区道路交通

1）道路宽度

（A）主要通道：机动车道宽度不小于15m（双向四车道），两侧人行道宽度不小于3.5m，道路总宽度不小于22m。如两侧设有非机动车道，则道路总宽度不小于32m。

（B）次要通道：机动车道宽度为8m，两侧人行道宽度为3.5m，道路总宽度为15m。

（C）防火通道及服务通道宽度为9m。

2) 转弯半径

(A) 为满足拖车和货柜车等大型运输车辆的行驶，主要通道的转弯半径应不小于30m。

(B) 次要通道的转弯半径应不小于20m。

(C) 厂区内主要道路的转弯半径应不小于15m。

3) 纵坡

主要通道纵坡应控制在5%以下。5%~8%坡度的道路，单段长度应不超过100m；8%以上坡道的道路，单段长度应不超过50m。

4) 停车场

(A) 工业区必须配建机动车停车场。

(B) 标准厂房工业区停车位，按每1000m^2配0.8~1个车位为标准。专业厂房工业区可参照上述标准，由详细规划确定。

(C) 每个工业区的停车场地中，50%的车位应用于小汽车和轻型货车的停车；50%应用于货车的停车和装卸。停车位标准如下：A) 小汽车和轻型货车：转向圆外直径7.5m，停车处2.5m×5m，最小净空2.4m；B) 货车：转向圆外直径11.5m，停车处3.5m×11m，最小净空4.2m；C) 货柜车：转向圆外直径11.6m，停车处3.5m×16m，最小净空4.5m。

(D) 建筑面积大于1500m^2的厂房，应设一处装卸位，每增加4000m^2，应增设一处，装卸位长度应不小于13m，宽度应不小于4m，净空应不小于4.2m。

(4) 工业区绿地

1) 工业区绿地由公共绿地、防护绿地、厂区附属绿地组成。

2) 应结合生活配套、公共管理设施用地设置工业区集中公共绿地，面积不小于10000m^2，服务半径不大于500m；工业用地与居住用地之间，高压走廊、河涌、公路、铁路、水源、历史文物古迹等地带应根据相关防护标准设置防护绿带。

3) 厂区附属绿地包括厂区公共绿地、厂区道路绿地、厂旁绿地。

4) 厂区内应设置成片公共绿地或辟建厂区小游园，供职工工作之余休憩、娱乐并美化环境。厂区公共绿地面积应不小于 $400m^2$，短边宽度不小于 8m；厂区公共绿地面积应不小于厂区总用地面积的 10%。厂区绿地面积的比例应符合表 6-20 要求：

厂区绿地面积的比例　　　　表 6-20

工厂类型	绿地率（%）
一类工业	≥30
二类工业	≥25
三类工业	≥20
高科技工业	≥35

5) 工业区内绿化树种应选择抗污滞尘力强、无飞絮且具防火和美化功能的树种。

6) 产生有毒气体的工厂，可选择下列抗污染树种：高山榕、印度胶榕、大叶榕、细叶榕、菩提树、台湾相思、樟树、柠檬桉、麻楝、芒果、扁桃、人参果、鸡蛋花、夹竹桃、米兰、九里香、红背桂、油茶、散尾葵、鱼尾葵、蒲葵等。

(5) 工业用地标准

1) 工业区用地规模

(A) 工业区的用地规模应考虑经济发展速度、规划人口规模、城镇性质、自然条件、区位条件、建设条件等因素，综合确定。

(B) 为适应市场需求，使规划更具弹性，工业区可预留 10% 的用地作为机动用地。

2) 工业区用地构成

工业区内各类用地的比例,应参照表 6-21 执行。

工业区内各类用地的比例　　　　　表 6-21

用地类型	工业与仓储	管理、公共设施	生活设施	道 路	公共绿地
用地比例	30%~60%	3%~5%	5%~10%	10%~15%	10%~15%

3) 工业人均厂房建筑面积

人均厂房建筑面积,应符合表 6-22 的规定。

人均厂房建筑面积　　　　　表 6-22

工 厂 类 型	工人人均厂房建筑面积(m^2/人)
一类工业	15~25
二类工业	20~30
三类工业	≤50

4) 开发强度

各类标准厂房工业区的建筑密度和容积率,应符合表 6-23 的规定。

各类标准厂房工业区的建筑密度和容积率　　表 6-23

工 业 类 型	建筑密度(%)	容 积 率
一类工业	≤30	1.0~1.5
二类工业	≤35	0.5~1.5
三类工业	≤40	0.5~1.2
高科技工业	≤25	1.0~1.5

有特殊工艺要求的专业厂房工业区,建筑密度和容积率根据实际情况确定。

5) 建筑间距

(A) 工业区内的各类建筑南北向应保持 0.8h 以上间距,东西向布置时,各方向都应保持 0.5h 以上间距。

(B) 各类建筑物长边与长边的间距应不小于 10m,长边与短边的间距应不小于 8m,短边与短边的间距应不小于 6m。

(C) 各类建筑物间距应符合有关消防规范要求。

(D) 具体确定建筑物间距时,应在取以上(A)、(B)、(C) 三项中的最大间距要求为基本间距。

6.3.7 历史文化保护区

6.3.7.1 文物保护单位

(1) 历史建筑、文物古迹的保护应体现其整体性,不允许改变文物的原状,更不能改建或拆毁。

(2) 各类文物保护单位应划定保护范围和建设控制地带,对有重要价值或对有特别环境要求的文物古迹,在建设控制区的外围应划定环境协调区。

1) 文物保护范围

根据文物保护单位的历史沿革和现状,一般以现有围墙为界划定保护范围,如没有围墙的文物保护单位,以主体建筑外墙向外延伸 5~15m 为保护范围。古墓葬以封土堆外缘 10m 为保护范围。古遗址视其具体情况划定保护范围。

根据文物法规定,在文物保护单位的保护范围内,不得拆除、改建原有文物建筑及其附属建筑物;不得破坏原有文物,不得添建新建筑和进行其他建设工程;不得在建筑物内及其附近存放易燃、易爆及其他危险品。因特殊情况需要兴建其他工程,改建、迁建或拆除原有文物建筑及其附属建筑物时,须经文物行政管理部门同意并报文物行政管理部门批准。

2) 建设控制地带

一般将从保护范围外缘起向外延伸 30~50m 的范围,确定为建设控制地带。个别的古塔及特别的古建筑和纪念性建筑等可根据实际情况作适当调整。

建设控制地带内,不得兴建危及文物安全的设施,不得修建与文物保护单位的环境风貌不相协调的建筑物或者构筑物。在建设控制地带内新建建筑物、构筑物,其设计方案应经文物行政管理部门同意后,报县(市、区)中心镇规划行政主管部门批准,如表 6-24。

建设控制地带建筑高度控制要求　　　　表 6-24

距离保护范围(m)	可建高度
1~3	绿化地带
3~10	4~7m(1 至 2 层)
10~20	10m(2 层)
20~30	13m(4 层)
30~40	16m(5 层)
40~50	25m(8 层)
50~60	22m(7 层)

3) 环境协调区

为保护文物保护单位的人文景观,在建设控制地带外缘起 50m 之内,兴建 12 层以上的高层建筑,须在征得地级(以上)市或省文物行政管理部门同意后,报地级以上市规划管理部门批准。

(3) 文物保护单位一般应保持原有的用途。

(4) 为了更加有效地保护和利用文物保护单位,视不同情况与需要可改变文物保护单位的原有用途,但一般应限于作为博物馆或历史陈列室等利用方式,或者作为图书室(馆)、文化办公场所等。不能或不宜继续承担以上功能的各类文物保护单位可留作观光与纪念场所。

6.3.7.2　历史地段

(1) 对能反映城镇传统特色、个性的街区,其布局与功能性质、空间景观应保持其基本格局不被改变。在不破坏建筑外观的历史、风貌特征的前提下,为满足现代生活的要求,可对其平面布局和内部设施进行适当的改造。

(2) 历史保护地段的新建建筑应与街区原有的环境相协调,尽可能与相邻的传统建筑形成协调连续的立面,并符合《保护规则》对建筑风格、体量、色彩、屋顶高度、建筑材料的控制要求。

(3) 为保护历史地段的环境特征,原则上不应拓宽原有街道,并将交通流尽量疏解到历史地段保护区的外围。

(4) 历史地段的绿化除了满足美化环境和提供休闲场所的一般要求外,还要强调其与环境的协调的功能。各保护层次的绿地布局都应在充分、严格尊重现有保护格局的基础上进行控制。历史地段的公共绿地不必过分强调地块规模和系统的完整性,但其总的绿地率不宜低于20%。除绿地之外,历史地段还应加强对公共开敞空间(全天候开放供公众使用的空间)的建设。

(5) 高度控制的依据为两个方面:一是不同类型保护区与保护范围的要求;二是各景观视线通道的要求,主要的景观风貌要求以及建筑容量的规定。原则上可进行两个层次的高度控制,即重点保护区(包括核心保护区和景观保护区)为12m,外围(即环境保护区)为21m。

6.3.8 自然保护区

(1) 镇域范围被划定的自然保护区内除绿化生产建筑外,不得随意建造其他性质的永久性建筑及构筑物。

(2) 镇域自然保护区可以用作绿化生产用地(苗圃、花圃、草圃),有条件的可以向社会开放。

(3) 禁止在自然保护区内开采土石资源,以保护自然地貌景观的完整。

(4) 饮用水源应采用一级、二级和准保护区进行保护。一级水域保护范围为水厂上下游各1000m的水域(含滩涂地)以及流入上述范围支涌,一级陆域保护范围为相应一级水源保护区水域两岸河堤面中心线向陆域纵深300m的陆域范围;二级水域保护范围为除一级保护区外其余河段(含滩涂地)及流入上述范围的支涌,二级陆域保护范围为相应二级水源保护区水域两岸河堤面中心线向陆纵深700m的陆域和一级保护区两岸300m起外延至700m的陆域范围；准保护区则包括全河段两岸河堤面中心线向陆域纵深700m起至1000m的陆域范围。各级水源保护区执行国家饮用水源保护的相关规定。

(5) 滨江等水体的绿化保护区应结合地形与岸线设计，形成具有地方特色的滨水绿带。

6.3.9 基本农田保护区

(1) 基本农田，是指根据一定时期人口和国民经济对农产品的需求以及对建设用地的预测而确定的长期不得占用的耕地和基本农田保护区规划期内不得占用的耕地。基本农田保护区，是指为对基本农田实行特殊保护而依照法定程序划定的区域。

(2) 基本农田保护区一经划定，任何单位和个人不得擅自改变或者占用。国家能源、交通、水利等重点建设项目选址确实无法避开基本农田保护区，需要占用基本农田保护区内耕地的，必须依照《中华人民共和国土地管理法》规定的审批程序和审批权限向县级以上人民政府土地管理部门提出申请，经同级农业行政主管部门签署意见后，报县级以上人民政府批准。建设项目占用一级基本农田500亩以下的，必须报省、自治区、直辖市人民政府批准；占用一级基本农田超过500亩的，必须报国务院批准。

(3) 设立开发区，不得占用基本农田保护区内的耕地；因特殊情况确需占用的，必须附具省级以上人民政府土地管理部门和农业行政主管部门的意见。

(4) 非农业建设经批准占用基本农田保护区内耕地的，除依照《中华人民共和国土地管理法》和有关行政法规的规定缴纳税费外，并应当按照"占多少，垦多少"的原则，由用地的单位或者个人负责开垦与所占耕地的数量和质量相当的耕地；没有条件开垦或者开垦的耕地不符合要求的，必须按照规定向省人民政府确定的部门缴纳或者补足占用基本农田保护区耕地造地费。占用基本农田保护区内菜地，已按照国家有关规定缴纳新菜地开发建设基金的，免缴占用基本农田保护区耕地造地费。以国家投资为主兴建的能源、交通、水利、国防军工等大中型建设项目，经国务院批准，可以免缴基本农田保护区耕地造地费。造地费必须专款专用，用于新的基本农田的开垦、建设和中低产田的改造。新的基本农田的开垦、建设和中低产田的改造，由县级以上地方人民政府指定的部门组织实施。

(5) 禁止在基本农田保护区内建窑、建房、建坟或者擅自挖砂、采石、采矿、取土、堆放固体废弃物。禁止擅自将基本农田保护区内的耕地转为非耕地。

(6) 禁止任何单位和个人闲置、荒芜基本农田保护区内的耕地。已办理审批手续的开发区和其他非农业建设占用的基本农田保护区内的耕地，一年内不用而又可以耕种并收获的，应当由原耕种该耕地的集体或者个人继续耕种，也可以由建设单位组织耕种；一年以上未动工兴建而闲置未用的，应当按照规定缴纳闲置费；未经原批准机关同意，连续两年未使用的，由县级人民政府土地管理部门报本级人民政府批准，收回用地单位的土地使用权，注销土地使用证。承包经营基本农田保护区内耕地的个人弃耕抛荒的，由农村集体经济组织收回承包经营权。

(7) 因特殊情况确需占用基本农田保护区内耕地兴建国家重点建设项目的，必须遵守国家有关建设项目环境保护管理的规定。在建设项目环境影响报告书中，应当有基本农田环境保护方案；环境保护行政主管部门在审批时，应当征得同级农业行政主管部门对基本农田环境保护方案的同意。

参 考 文 献

1. 《中华人民共和国城市规划法》(中华人民共和国主席令[1989]23号)
2. 《城市规划编制办法》(建设部[1991]14号)
3. 《村庄和集镇规划建设管理条例》(国发[1993]116号)
4. 《建制镇规划建设管理办法》(建设部[1995]44号)
5. 《城镇体系规划编制审批办法》(建设部[1994]36号)
6. 《村镇规划编制办法(试行)》(建村[2000]36号)
7. 《国务院关于加强城乡规划监督管理的通知》(国发[2002]13号)
8. 《近期建设规划工作暂行办法》、《城市规划强制性内容暂行规定》(建设部[2002]218号)
9. 《关于进一步加强小城镇规划建设管理工作的通知》(粤府办[1998]14号)
10. 《中共广东省委、广东省人民政府关于推进小城镇健康发展的意见》(粤发[2000]10号)
11. 《广东省始兴县小城镇规划建设和管理暂行办法》
12. 《广东省城市规划指引 GDPG—002 村镇规划指引》(广东省建设委员会)
13. 《广东省中心镇规划指引》(广东省建设委员会)
14. 《小城镇规划标准》GB 50188—93(建设部[1994])
15. 王宁等.小城镇规划与设计.北京:科学出版社,2001
16. 王庚绪.城市规划建设管理监察执法实务全书(上,中,下).北京:中国物价出版社,1999
17. 金兆森,张晖.村镇规划.南京:东南大学出版社,2001
18. 中国城市规划设计研究院等.小城镇规划标准研究.北京:中国建筑工业出版社,2002
19. 袁中金,王勇.小城镇发展规划.南京:东南大学出版社,2001
20. 肖建莉.简论我国城市规划法制建设的演讲.城市规划汇刊.1998(5):23~28
21. 王兴平.我国城市规划编制体系研究综述.城市问题.2001(5):16~20
22. 何兴华.小城镇规划论纲.城市规划.1999(3)

7 国外小城镇对比

7.1 国外小城镇发展概述

7.1.1 国外城市化进程和特点

从农业社会向工业社会的转变,必然要经历城镇化,这是社会发展的一条客观规律。为了更好地完成加快我国小城镇的城镇化进程的历史任务,研究欧美发达国家城镇化的历史经验,能为我国的城市化提供有益的借鉴。

从历史上看,最早实现工业化、城镇化的欧美各国,在从农业社会向工业社会转型的过程中,经济和人口重心不断向城镇转移,城镇数量和城镇人口迅速增加,其发展历程反映了城镇化发展的一般规律。一般认为,城镇化机制反映了社会发展中种种"合力"的结果,是城市的"吸引力"和农村的"离散力"共同作用的结果。一方面,城市较高的生活水平、娱乐和文化上的便利,稳定的较高的收入和良好的发展前景吸引着农民;另一方面,大量农民的破产,失去赖以生存的土地资源,较低的生活水准和较低的受益迫使农民背井离乡,走向城镇。大量农民的涌入,不仅为工业的发展提供了稳定可靠的劳动力,也促使了社会经济和人口重心的改变,使人类社会迈入更高一级的社会形态——工业社会。

透过人口迅速向城镇聚集的表象,我们可以发现工业化带来的巨大作用。大部分人都认为工业化是城镇化的发动机，甚至有人认为城镇化是工业化的结果。实际上，作为社会现代化重要标志的城镇化，是受社会、经济、政治和文化等众多因素作用的结果，工业化是推动城镇化发展的重要条件之一，城镇化的产生并不一定必然伴随着工业化。事实上，我国的城镇化滞后于工业化，拉美国家的城镇化超前于工业化，都说明了城镇化与工业化的发展并不一定是同步过程。从世界范围内，"同步城镇化"、"过度城镇化"、"滞后城镇化"的各种发展模式都说明，城镇化的结果是各种因素共同作用的结果。

城镇化是各种因素共同作用的结果，必然会产生各国城镇化进程的差异，特别是各国的自然条件、社会经济条件、资源供给能力、生产组织形式、生产力发展水平、社会制度、交通运输条件和地理区位的不同，西方各主要发达国家进入城镇化的水平、进程有很大的差别。

7.1.1.1 英国城镇化的主要阶段和特点

英国作为工业革命的发源地，工业化最早实现，其城镇化开始的也最早，也是最早实现城镇化的国家。其城镇化发展主要经历三个阶段。第一是工业革命开始前的城镇化起始阶段。英国从16世纪末开始海外的殖民掠夺，到18世纪中叶成为世界上最大的殖民帝国。殖民扩张开拓了国外市场，刺激了手工业和城镇化的发展，到工业革命前的1750年城镇化水平就达到25%左右。二是工业革命后的城镇化加速阶段。18世纪下半叶到19世纪中叶，英国经过工业革命，迅速发展的第二、第三产业使社会经济结构发生了根本变化。随着城镇化进程的加快，城镇化水平从1750年的25%左右迅速提高到了1801年的33.8%，到1851年达到了50.2%，基本实现了城镇化。到19世纪末的1881年达到了72.05%，成为了高度城镇化的国家。三是高度城镇化后的调整阶段。从19世纪末到20世纪末,英国城镇化水平提高速度明显变慢。1911年其城镇化水平仅上升到78.1%。经历了两次世界大战,城镇化水平有所波动,但是一直维持在75%左右,二战后城镇化水平一直维持着缓慢增长态势,到1990年其城市化水平达到89.1%。

7.1.1.2 美国城镇化的主要阶段和特点

美国的城镇化过程从19世纪20年代起步到20世纪60年代末实现高度城镇化大约经历了160年。城镇化进程与工业化和农业现代化同步,大体分为四个阶段:第一阶段是内战前的起步阶段。其城镇化主要局限于东部较早的英国殖民地地区,城镇化水平从1810年的7.3%提高到1860年的19.8%,经历了50年,年均仅增长0.25个百分点。第二阶段是从19世纪70年代到20世纪20年代的城镇化加速发展阶段。南北战争后,黑人农奴得以解放,生产力的水平得到极大的提高,掀起了历史上农村人口城镇化的第一次高潮,城镇化水平30年间由1890年的35.1%提高到1920年的51.2%,从而从根本上改变了农村的城乡结构,初步实现城镇化。第三阶段于20世纪50年代掀起了城镇化的第二次高潮,到60年代高度实现城镇化,导致城镇人口达到顶点。第四阶段是城镇化的缓慢发展阶段,从20世纪70年代到90年代一直维持在72%左右。但是从70年代开始,城市人口开始出现郊区化现象,人口开始从大城市市区流向中小城市和乡村地区,出现了逆城镇化现象。

7.1.1.3 法国城镇化的主要阶段和特点

法国于19世纪初进入工业革命,但是其城镇化和现代化的进程呈现出与其他发达国家不同的特点,具有起步早、时间慢、时间集中的特点。其城镇化历程分为三个阶段:一是从法国大革命开始到二次世界大战结束后的城镇化缓慢提高阶段。19世纪末,法国城镇化水平达到1806年的17.3%,其后发展缓慢,到1851年仅达到25%,又经过几十年的发展,到1901

年达到41%；1931年城镇化水平才达到50.8%，历经一百三十多年的发展才基本实现城镇化。二是从二战后到20世纪60年代末的城镇化高速发展阶段，城镇化水平从1946年的53.2%迅速提高到1968年的71.3%，年均增长0.8个百分点，其中在60年代后，年均增长达到2个百分点。到了20世纪70年代，法国进入了高度城镇化后的调整完善阶段。

7.1.1.4 小结

从以上欧美发达国家的城镇化历程中可以看出，各国的城镇化历程都大致经历了三个阶段：城镇化的起步阶段，城镇化的加速发展阶段，城镇化高度发展后的调整完善阶段。一般认为当一个国家城镇化水平达到35%左右会有一个城镇化水平的加速阶段，期间有一个或者多个加速期。但是由于各个国家的具体条件不同，各个阶段经历时间并不相同。

7.1.2 国外小城镇发展

国外小城镇经过几百年的发展，已经达到很高的水平，特别是发达国家的小城镇，已经基本上实现了现代化。小城镇的基础设施和服务水平与大城市相差无异，大部分小城镇空气良好、环境优美，吸引了大量的人口。比如美国，虽然整体的城市化水平达到了70%以上，其实有60%的城市人口居住在小城镇，超过了居住在大城市的人口。

虽然，西方发达国家城镇化水平已经非常高，大多数国家都已超过70%以上，但这并不意味着他们的城镇化进程已经结束，或出现根本的"逆转"。事实上，西方国家人口迁移的总体趋势仍然是由农村向城镇迁移，只是人口迁移的方向有所变化，不再更多地向大城市或规模以上城市的市中心迁移(尤其是从人口的净迁移量来看)，而是向大城市的郊区，或由乡村向规模更大一些的小城镇转移。

7.1.2.1 国外小城镇发展的两种途径

国外小城镇的发展,基本上体现了两种途径:一种是大城市的人口和产业的转移促进了附近的乡村发展成为小城镇。另一种是乡村的人口和生产要素的集聚发展成为小城镇。从国外城镇化发展的历程来看,前一种发展成为小城镇得以形成和发展的主要动力。这主要是因为大城市的发展经过上百年的发展已经达到顶峰,甚至出现了一些负面现象,如交通拥挤、环境恶化、犯罪率不断攀升,促使人们向环境更为优越的地区迁移。

下面分别论述两种不同发展方向的小城镇的发展。

(1) 大城市人口转移造成的小城镇的发展

世界城镇化的历史清楚地表明,城镇化的进程始终受到集聚和分散两个相反的力量所左右。城镇化初期以集聚作用为主,而向外的分散作用处于次要地位。随着城镇化的发展,在技术和空间环境容量等因素的影响下,集聚作用将会由强变弱,而分散作用则会由弱变强。一般说来,当城镇化率达到50%的时候,城市的分散作用开始超过集聚作用,从而会出现城市的人口向城外净流出的现象。当然,这种城市人口的外迁,主要是流向离城市中心地区不太远而生态环境相对较好的郊区,或大都市地区的中小城镇或卫星城。有人将这种城镇人口外迁的现象称为"反城镇化"或"逆向城镇化",实际上这种说法是不确切的,严格地说应该称为城镇人口的"郊区化",是城镇化深化的一种表现,而不是任何意义上的城镇化的"倒退",因为从大城市转移的人口从事的并非农业生产。

事实上,这种发展趋势主要发生在经济较为发达的大城市以及大城市规模以上的城市周围。也就是说,城镇化的郊区化发展方向与经济发展水平以及城市自身的规模大小有关。一般说来,只有当经济发展水平达到人均3000美元(1990年)时,大城市以及大城市规模以上的城市周围才有可能出现以"富人"外迁和大量工业企业外移到郊区的小城镇的现象。

世界上，最早发生城镇人口向郊区转移的大城市是英国的伦敦。英国工业革命后，城镇化迅速加快，到19世纪中叶，城镇化率就已达到50%的水平，城市开始出现过分拥挤的现象，人口和工业布局萌发郊区化的苗头。到19世纪末20世纪初，英国城镇化率已超过70%，郊区化进入快速发展时期。这时，在霍华德（E. Howard）的"田园城市"理论以及稍后一点的昂温（R. Unwin）的城郊居住区（所谓"卧城"）和卫星城理论的指导下，伦敦开始了积极的郊区化（在此之前是被动的，或没有规划指导的自发郊区化）的尝试。这种尝试主要沿两个方向进行：一是建立城乡要素结合的"田园城市"。如先后在伦敦周围建设的两个最早的"田园城市"：Letchworth 城和 Welwyn 城。二是建设卫星城。主要目的在于分散中心城市的人口和经济活动。最初的卫星城功能单一，仅仅在于分散居住人口，将居民区建设在郊区，日常的基本生活在郊区，而工作和文化活动则要回城里去。如伦敦西北郊区所建的 Hampstead Garden Suburb（虽然称为田园区，但实际上只是一个居民区）。法国巴黎也在郊区规划了28个居住区。当时，将这种建设在郊区的居住区称为城郊居住区，也被形象地称为"卧城"。卫星城理论提出后，这种城郊居住区被称为第一类卫星城。之后，在芬兰建筑师沙里宁（E. Saarinen）的有机疏散理论的影响下，又出现了半独立性的郊区城镇，被称为第二类卫星城。这类城镇除居民区外，还建有一些工业和服务项目，可使部分居民就地工作，其他居民则依然进城上班。

发展具有一定规模的功能相对独立和完善的卫星小城镇是控制大城市盲目扩张的比较理想的选择。这类卫星城已成为促进西方发达国家小城镇发展的一种重要的形式。这类小城镇的发展吸引了大量的人口前来定居，成为发达国家人口转移的主要方向。

(2) 乡村继续集聚形成的小城镇的发展

在西方发达国家在大城市向郊区小城镇迅速发展的同时，城镇化的一般进程，即人口由农村向城镇迁移的总体态势并没有改变，城镇化率还在不断提高，只是速度相当慢了。目前，西方国家农业的集约化还在继续发展。西方国家的农业组织形式主要是上规模的家庭机械化经营，单个家庭农场的土地经营规模可以比较灵活地随市场需求和技术进步而不断地扩大。如美国家庭农场土地经营平均规模，每年都在以平均5%的速度递增，农业劳动力的就业比重已降到3%左右，并还在继续下降。农业集约化的不断发展，必然使传统的人口城镇化过程不断发展，城镇化水平不断提高。

一般城镇化的另一个发展方向，就是乡村人口向小城镇的转移。包括两个方面：一是随着农业集约化水平不断提高，单个家庭农场的平均经营规模扩大，一般乡村已难以满足大规模农业对产前、产中和产后的各种农业物资和资金条件的要求，以及市场、技术、信息等服务的需求。农民们更多地求助于规模更大的城镇，来满足这些需求。因此，使农业地区具有更大规模的城镇的地位提高，人口更多地向这类城镇集中。二是一些小城镇自身不断发展，规模不断扩大形成中等规模的城镇。城镇本身也有一个不断动态发展的过程。一般说来，大城市是由中等城市演变而来，而中等城市又是由小城镇发展而来。同时，随着经济水平的提高，城镇平均人口规模也在不断提高。在一个城镇体系中，有一些处于中间层次的城镇，虽然在数量上比小城镇少，但是由于他们一般都具有较好区位条件，在城镇间的竞争中，能够争取到更多的各种经济要素到这类城镇，因而能够得到较快的成长。

7.1.2.2 国外小城镇发展的方向——适当规模的小城镇

在城镇体系中,城镇人口是以一定规模的城镇占多数。这些位于中间层次上的各类规模的城镇,在城镇人口中占有量有很大的比重。欧盟认为,适度规模的小城镇既可获得规模经济效益,同时又可避免城市人口过多在环境和经济社会方面过度膨胀压力过大的特点。在大城市的分散化过程中,适当规模的小城镇成为吸收新的组织和公共机构的中心,它们给许多地方带来了新的开发或再开发的机会。因此,适当规模小城镇已成为满足人们对现代舒适生活追求的最好地方,也是供给新的创新活力与传统生活交汇融合的理想场所。目前,欧盟人口在5万人以上的城镇有458座,欧洲已经形成了一个较为密集的一定规模的小城镇网络。一定规模的小城镇已成为欧洲人口和经济最为集中的地区,但由于地域相对宽阔,并不存在大城市中的各种拥挤现象。

从功能上看,适度规模的小城镇在整个城镇体系中处于承上启下的位置,虽然其空间辐射影响范围局限于一个特定的区域之内,但它上为大城市分担不堪重负的过于饱和的集聚功能,成为大城市的"离散力中心",下为广大的乡村地区规模较小的城镇提供进一步聚集的桥梁和渠道,成为乡村的"吸引力中心",在整个城镇体系中起着平衡和稳定的作用。一般说来,随着经济的发展和城镇体系不断完善,中间层次的城镇人口规模会越来越大,重要性将越来越重要。

在北美,同样是随着大城市地区的产生和许多条件优越的小城镇的规模扩张,适度规模的小城镇的地位越来越重要。目前,美国人口在2万人以上的8600多座城镇中,具有一定规模的城镇仅为200多座,但它们却集中了美国人口的近40%,美国的主要制造业也大都集中在这些城市。

在此我们并不是一味地强调适度规模的小城镇的重要性,而有意忽视城市及超小城镇的重要作用。事实上,大城市仍然是全国性的甚至是世界性的市场中心，仍然具有许多不可替代的功能和作用，是区域性中心城市许多必要需求的满足来源；而小城镇也同样具有覆盖全部空间地域，满足全部人口的最基本需求的独特的功能和作用，是中等规模的小城镇的必要延伸(也许还是未来相当长的一段时期后，人口最为集中的地方)。因此，在一个结构完整的城镇体系中，大中小城镇都有其相互不能替代的功能作用，应当依据经济社会发展阶段的客观要求，促进各规模城镇的协调发展。当然，城镇体系的协调发展并不会自动产生，必须在充分认识城镇化发展的客观规律的基础上，制定相应的政策措施，特别是确定经济社会发展的某一特定时期应当重点发展的城镇类型，以促进城镇体系协调发展的尽快实现。

根据中等规模小城镇产生的途径，将其分为大都市周围的中等规模的小城镇、小城镇群中心的中等规模的小城镇和组合式中等规模的小城镇三类。

(1) 大都市周围的适度规模的小城镇

大都市地区的出现和形成，主要是大城市周围上规模的具有相对独立性的卫星城的大量出现而形成的，这些上一定规模的卫星城是区域性中心城市的一种主要的形式。因此，大都市地区实质上就是大城市或几个大城市与其周围的众多的具有一定规模的小城镇有机分散与结合的集中分布区。美国、欧洲和日本是城市地区或大都市地区最为发达的国家和地区，也是适度规模的小城镇最为发达的国家和地区。在这些国家不仅大都市地区已层出不穷，而且，有许多大都市区已连成一片形成了更大规模的都市绵延带(或区)，其中适度规模的小城镇起着重要的连接和沟通的作用。

美国早在20世纪60年代就已形成了世界著名的三大都市绵延区：一是波士顿—华盛顿大都市绵延带。从缅因州南部到弗吉尼亚州，长900多公里，宽100多公里，面积约14

万 km²。带内有 200 多座中小城市，人口占全美国的 20% 左右，集中了全国制造业的 70%，是世界上最大的工业和城市群地区。带内具有独立性的适度规模的区域性城镇承担着主要的制造业的职能，有力地分散了大城市的人口压力，同时也保持了制造业完整的配套设施，是整个都市绵延带的重要的制造工业区。其中比较有名的区域性中心城市，有 Columbia 新城和规模更大的 Toroid 新城等。二是芝加哥—匹兹堡大都市绵延带。沿美国五大湖南岸，并与波士顿—华盛顿大都市绵延带以及加拿大的多伦多—魁北克的大都市绵延带相连。带内煤炭资源丰富，是美国的重工业区，美国钢铁工业的 80%、汽车工业的 50% 分布于此。经过多年的布局调整，目前带内主要工业区多集中在区域性中心城市周围。三是圣迭戈—旧金山大都市绵延带，沿加利福尼亚中南部的西海岸分布。这里是众多新兴工业的中心，这些中心都为规模适中的小城镇，世界著名的美国硅谷就位于该带内。

在欧洲，著名的大都市绵延带有德国的鲁尔地区。它是德国乃至欧洲的重要煤炭、钢铁、机械和化工基地，面积 4600 平方公里，钢铁产量占全国的 70%，机械所占比例更高。区内有 100 多座城镇，基本没有大城市，主要是中等规模的区域性中心城市，如埃森、多特蒙德得、杜伊斯堡、杜塞尔多夫等等。还有英国南部以伦敦为中心的城镇群。整个大伦敦就是在不断地建设卫星城的过程中形成的，目前已基本形成了几十个以大中城市为主体的高度发达的工业制造带。

在日本，主要是著名的日本南部太平洋沿海城市工业绵延带。在近千公里的地带里分布着近百座城市，集中了全日本一半以上的工人和工业企业，工业产值占全国的 70% 以上。该地带经过几次日本国土综合整治后，大城市周围的工业集中区多已搬迁至中等规模的小城镇。因此，带内的规模适中的小城镇已成为制造业的集中区。

(2) 小城镇群中的适度规模的小城镇

小城镇群中的适度规模的小城镇实际上就是指没有大城市的城市群中的区域性中心城市，也就是以区域性中心城市为主体的城镇群中的适度规模的城镇。

德国南部城市群是在德国著名地理学家克里斯泰勒(Walter Christaller)的中心地理论的指导下建设起来的。克里斯泰勒的中心地理论的要义是，按行政管理、市场经济和交通运输等3个方面对城市体系的分布、等级和规模提出了理想的正六边形的城市体系模型。在实践中，人们逐步发现，在这个模式中，处于中间层次上的规模适中的小城镇具有特殊的重要作用，不论是建成区面积，还是人口和经济要素都占有最大的比例，是整个城市体系平衡稳定发展的主导力量。20世纪70年代，德国南部的拜恩州运用中心地理论，将全州分为最小中心、低级中心、可能的中级中心、中级中心、可能的高级中心和高级中心6级，其中对可能的中级中心和中级中心给予了最大的重视，形成了以中等规模的区域性中心城市为主体的城镇群。事实上，80年代以来，世界各国都将城市发展的重点转向了所谓次级城市。例如，泰国将全国分为1个中央区和3个边缘区，每区选择1~2个区域增长中心，并加以重点扶持。

(3) 组合式城市群中的适度规模的小城镇

组合式城市群是指以若干处于具有一定规模的小城镇形成相互分工合作的紧密关系，与周围的其他小城镇构成的城镇体系。在这种城镇体系中各式适度规模的小城镇起着主导的作用。

荷兰的西部具有典型的组合式适度规模的小城镇体系，这就是著名的兰斯塔德马蹄形环状城镇群。荷兰的3座主要城市阿姆斯特丹、海牙和鹿特丹都分布在这个城镇群内，这3座城市都是欧洲城市体系具有一定规模的城镇。该城镇群是西欧人口最稠密的地区之一。面积占全荷兰的 18.6%，人口占 45%。主要城市除以上 3 座外，还有乌德勒支、哈勒姆和 Leiden 等。

该城市群的主要特点是，把一个全国性或国际性城市的多种功能，分散到各具有一定规模的小城镇中去，形成在较大空间范围内相互分工协作的有机整体。如海牙是荷兰中央政府的所在地，阿姆斯特丹是全国金融经济中心，鹿特丹是世界吞吐量最大的港口，Utrecht 是荷兰的交通枢纽等。

7.2 国外小城镇规划建设概况

7.2.1 国外小城镇建设模式和经验

7.2.1.1 国外小城镇建设的典型模式

国外小城镇的发展，大都结合本身的地域特点，选择了适合本国国情的发展道路。如美国选择了"都市化村庄"的道路，法国选择了"卫星城"的发展道路。在小城镇建设中，注重质量的提高，小城镇从数量上的增加转向人口增加，经济实力的增强，环境优化方面的发展。但是这些小城镇的发展也形成了鲜明的个性地域，下面介绍几种小城镇建设模式。

（1）英国小城镇建设发展模式——新城运动

英国新城的运动源自 19 世纪末英国人霍华德所创导的"田园城市"的理论和实践。二次大战后，出于经济、政治等多方面的考虑，且明显受"田园城市"理论和实践的影响，英国政府把新城建设纳入国策，主要目的在于疏解人口和产业，使人民有好的居住环境。在"物质性规划"的层面，英国新城运动的侧重点在于强调对建筑与环境质量的严格把关。

1) 新城规划的几个阶段

英国的新城在总体规划设计的思想上，经历了几个阶段性的变化。早期的规划受霍华德田园城市的影响很大。新城运动下第一阶段建立的城镇是单核心城市。它的主要特点是居住、工作和游憩等功能地块用景观带细化分区，各自独立，各个区域由主要道路的网络连接。工业紧邻铁路线布置在城市的另一边，与区域性的道路有便捷的联系。住房按邻里单位布置，各自布置购物和服务设施。城市中心设有集中的商业、娱乐等建筑群，形成新城空间设计的焦点。第二阶段新城的主要特点在于通过道路分层次和独立步行系统的设计来满足小汽车增长的需求，在设计上也有新的探索，即同一层次住房的建筑形式统一，以获得一个整体的城市形象。其建设的新城，大多又回到了以低密度为特征的城市模式，第一代新城的那种严格的用地功能区划被弱化，景观被更深刻地认识到是一项重要的设计因素，对交通系统的考虑也更加成熟。到了新城规划的第三阶段，其规划理念基于公共交通和私人交通的平衡使用。那时的新城已和旧城一样面临着公共交通不足的问题。这一时期的新城规划将交通作为规划中的一项主要因素。

2) 新城的住宅与社区环境

英国的新城建设中，第一代新城大多建筑密度偏低，与拥挤的大城市形成鲜明的对照。后来的新城居住密度逐渐加大，以创造一个紧凑的、以步行系统为主的生活环境。第一代新城中的邻里单元十分明确，居住区呈极强的内向性，每个小区都把学校、操场、诊所、社区中心等全部放在邻里单元的内部，而后期的新城则朝着相反的方向发展，充分强调社区的外向性和新城与整个城市体系的有机结合。此外，历代新城中有一个贯穿始终的要素，那就是新城周围总有一条绿化带。

3) 新城中心区的规划设计

许多新城中心采取多样化的方式将其建设成为城市生活的

焦点。大多都建成了为地区服务的商业购物中心，并大量开发办公街区。建筑的大体量、空间的多样化和人流的聚集使城市的中心感得以显现。新城中心区规划设计概念的改变反映了购物形式的改变和人们对商业街功能看法的转变。与传统模式相比，现代城市中心区的规划设计概念有了新的发展，其规划设计的主要特点为：

(A) 以公交为主。小汽车交通需要大量造价昂贵的高速公路系统。同时，兴建小汽车停车场也需要大量的空间和资金，且势必削弱城市中心的紧凑性。所以，目前西方发达的主要城市都在严格控制进入城市中心区的小汽车数量，并大力投资公共交通，尤其是大容量的轨道交通，提倡公交优先。(B) 多功能混合。市中心区应该具有多功能或混合功能，并建有一定量的居住和相配套的商业和文化娱乐设施。这不但可以更有效地利用空间，为步行者提供便利，还能增加城市中心区的活力和亲和力。最好的城市中心区往往是由很多各具特色的名街、名坊组成。(C) 人性化的城市设计。城市中心区为各种商业、社会、文化活动提供场所，是吸引人流的地方，因此，步行系统在城市中心区占有特别重要的地位。街道断面、公共空间、广场绿地、各项公共设施等的规划设计都应体现"以人为本"的原则。(D) 完善的绿化景观环境。完善的绿化系统能增加城市的魅力，创造丰富的环境空间。凡是具有水域的中心区，城市设计均应充分利用水面的优势，城市中心区的滨水岸线往往可以改建成为有多种功能的公共空间。

(2) 日本小城镇建设发展模式——村镇开发计划

日本随着城市化的稳步发展，农村的城镇化也在迅速提高。从1990年的城市化水平为77.4%增长到2000年的78.6%。农村的城镇化率(建制镇人口占农村总人口的比率)，也从1990年的88.5%增长到2000年的91.0%。

7 国外小城镇对比

日本小城镇的发展主要得益于政府的村镇立法和村镇开发计划。日本政府先后制定了多层次多种类型的城镇发展计划。这些计划分为全国计划、大城市圈整备计划和地方城镇开发促进计划等三大类、14小类，共有200余项计划。如《全国综合开发计划》、《国土利用计划》、《大都市圈整备计划》、《地方城镇开发建设计划》等等。这些计划着力于展示出各地方城镇未来发展蓝图，确定重点政策，便于各城镇调整建设投资的方向。计划还提供了政府对国内外政治经济形势分析，尤其是城镇发展的形势分析，引导各城镇适应国际化环境，与国际经济接轨。日本政府制定并实施的《第四次全国综合开发计划》(1986~2000年)，就是要建设国际化的"多极分散"型的国家。其方针主要有两条：一是进行大规模的地区开发；二是搞活地方城镇经济。在促进小城镇发展方面的主要途径有：建设地方新产业城市；发展"高技术工业聚集区"；实施"高科技园区构想"；以及在后进地区建设工业开发区等等。例如，日本政府根据各都道府县的申请，指定15个市镇及地区为重点发展的地方新产业城市。对这些地区，在工业用地、工业用水、确保劳动力和运输设施整备等方面给予政策倾斜，促进工业开发和城镇发展，逐步缩小地区间的经济差距。

1) 小城镇的政策策略

(A) 颁布城镇建设立法。日本城镇发展建设的立法，有几个突出的特点：其一，是政府每隔10年左右针对新的情况制定或修改一次立法；其二，是目标明确，措施具体；其三，具有鼓励和限制的双重功能。如日本政府为推进城镇化，在颁布《新城镇村建设促进法》(1956)、《关于市合并特例的法律》(1962年)的基础上，在1965年又颁布了《关于市镇村合并特例的法律》，以后还在1975、1985、1995年先后修改了3次。又如日本政府颁发的一系列城镇开发促进法，都明确地提出了城镇发展的方向和目标。同时,紧接着便发布"施行令"或具体的相关法规。在日本政府制定城镇建设立法时,既制定鼓励性法规,又制定限制性法规。从总的情况看,战后日本政府制定的各项城镇发展建设立法都要求,无论内阁如何更替,都必须承认和遵守法律的规定。

(B) 扩大政府公共投资。日本政府通过扩大公共投资,在城镇发展建设上起了重要作用:第一,政府公共投资为城镇发展创造了有利的社会经济条件。因为政府公共投资主要用于铁路、公路、港口、机场、工业用地等基础建设,这些设施的建成,极大地促进了城镇的企业迁入、人口增加和商业繁荣,加速了城镇经济集聚的进程。第二,影响和调控了城镇发展建设的方向。据统计,在战后日本历年的全国资本形成总额中,政府投资所占比率一般保持在20%~25%左右。政府的这一巨额投资,是按产业政策实施的。因此,对各地城镇发展起了制约和诱导的作用。第三,为地方城镇资本积累提供了重要来源。在日本地方城镇发展中,资本积累主要有两个来源:一是当地工商业的资本积累和集中;二是政府的公共投资。第四,大力增加教育投资,加紧培养人才,对城镇发展也起了重要作用。在1950~2000年的50年间,日本财政支出中的教育经费,从15.98亿日元增加到55039亿日元,猛增3443倍。教育经费的增加,为城镇发展培养出大批各类技术、管理人才和熟练劳动者。因此,日本的有识之士认为:"人才资源是第一资源","人才的集聚,是城镇发展建设成败的重要因素"。

(C) 改革社会保障制度。日本社会保障制度的改革,主要集中在两个方面:(a) 养老金制度改革。日本国会通过了《厚生养老金保险法》、《国民养老金法》等7部有关养老金制度改革的法案。厚生省也制定了《养老金制度改革方案》。其主要设想是:第一,增加财政对国民养老金的投入。先将财政承担的国民养老金比例由现行的 1/3 提高到 2/3。财政用于国民养老金的支出,拟通过提高消费税和其他途径解决。第二,控制养老金的支付额。从 65 岁开始支付养老金,其金额不再随平均工资的增加而上浮,但随物价上涨而增加。65~70 岁仍在工作的老人,其收入超过平均工资,不仅不支付养老金,还要继续缴纳保险费。第三,开拓新的"自我负责"的积累方式,逐步将"后代人抚养前代人"的义务式,改为"自我负责"式。(d) 引进护理保险制度。随着城镇高龄老年人的增加,一方面影响到养老保险基金的开支;另一方面也带来发病率升高和不能自理的老年人增加,据日本国立社会保障与人口问题研究所推算:日本 65 岁以上的高龄人口比率,1995 年为 14.5%,2005 年为 19.6%,到 2015 年将增加为 25.2%。为此,日本政府在 1997 年 12 月制定了《护理保险法》,决定建立护理保险制度,并于 2000 年 4 月开始实施。制度规定,40 岁以上的人,都将加入护理保险,缴纳一定的保险费。当被保险人需要护理时,以护理保险支付其费用。投保金的负担比例为:国家承担 25%,都道府县 12.5%,市镇村 12.5%。65 岁以上的被保险者交纳 17%,40~64 岁被保险者交纳 33%。提供的服务包括:可以自由选择家庭护理员的巡回服务,或入居福利设施的护理服务;在需要服务时,可自由将保健、医疗、福利的服务项目搭配享用;设立"福利经纪人制度",为被保险者提供计划安排;设置"社会福利情报中心",提高管理和服务的透明度等。制度的实施,对解除高龄人口的后顾之忧、稳定农村中青年安心小城镇建设,都有积极地促进作用。

2) 小城镇的发展策略

日本小城镇之所以获得稳步发展,是与其选取比较符合本地实际并能发挥优势的道路密不可分的。

(A) 纳入大城市圈,瞄准城市大市场。纳入大城市圈的整备计划,是小城镇稳步发展的道路之一。在日本首都圈的《整备计划》中,纳入"近郊整备地带"的有五日市镇等53个镇;纳入"都市开发区域"的,又有内原镇等55个镇,总共包括108个农村小城镇。这些小城镇在首都圈内由于有政策优惠和城市大市场,城镇经济取得长足的发展。例如,纳入首都圈的群马县大泉镇,工业品上市额1995年为8296.8亿日元,被列为镇村前60位排序的第4位;到1998年已增至8417.6亿日元,跃居排序的第1位。在近畿圈,滋贺县粟东镇,1999年民营企业从业人员达到32754人,占当年全镇居民(52812)的62%,居镇村前60位排序之冠。在中部圈,爱知县三好镇,新建住宅户数也从1995年的635户增至1998年的901户,在镇村排序中位居榜首。

(B) 与中小城市联合,共同发展。奈良县的"南和广域市镇村联合",是农村小城镇与中小城市联合共同发展的一个典型。20世纪90年代中期以来,日本政府为实施《第四次全国综合开发计划》,振兴城市、农村、渔村,在全国设定44个定住圈,奈良县南和,就是1997年3月被设定的一个定住圈。其中包括:五条市、吉野镇、大淀镇、下市镇以及天川村等1市3镇10村。整个南和定住圈,面积达到2347平方公里,人口约10.4万人。设定南和定住圈的宗旨是:第一,充分利用当地自然环境和森林资源,以木材的综合利用和创建日本最大的柿子生产基地为中心,振兴区域经济;第二,建设工业团地,增强市镇村的经济实力;第三,为增进居民健康,整备医疗、道路、上下水道等生活环境设施,建成舒适的居住区。通过与五条市的联合,吉野、大淀、下市三镇的经济实力得到稳步增长。吉野镇的批发业销售额,在1994年比1988年增长107.1%的基础上,到1997年又增长6.6%。零售业销售额1997年也比1994年增长4.2%。大淀镇的地方财政人均岁出额，从 1995 年的 49 万日元增至 1998 年的 58 万日元，3 年间增长 18.5%。下市镇的工业品上市额，1998 年也比 1995 年增长 1.5%。

（C）运用地方资源，创建特色城镇。大分县早在 80 年代初就发起了"一村一品"运动，旨在鼓励人们运用地方资源，生产"本地产品"，行销国内外。所谓"本地产品"既有农产品，也还包括历史遗址、文化活动和旅游名胜等。汤布院镇位于大分县首府大分市西北 20 多公里，有铁路、国道直通县首府，交通发达，温泉多处，是该县开展"一村一品"运动成功的典型之一，也是日本较受欢迎的旅游胜地之一。汤布院镇充分利用丰富的自然资源，在保持土地原始形象的基础上，开发特色鲜明的旅游活动和旅游贸易。如每年照例举办两样特色活动："在一个没有影院的镇举办电影节"和"在一片布满星辰的天空下举办音乐会"。同时，每年还要举办一次烧烤会，促销汤布院镇生产的牛肉。每年吸引游客约 380 万人，其中 60% 为回头客。随着旅游业的发展，带动了全镇经济的增长，也促进了城镇建设。在 1998～1999 年，该镇工业品上市额从 12.52 亿日元增至 93.21 亿日元，增长 6.4 倍；农业粗生产额从 12.79 亿日元增至 16.2 亿日元，增长 26.8%；零售业销售额增长 86%；批发业销售额增长 157%。

(3) 韩国小城镇的发展建设——新村运动

20 世纪 70 年代，韩国政府发起了以"脱贫、自立、实现现代化"为目标的建设新农村运动，其成功经验，对于我国继续深化农村改革，繁荣农村经济，增加农民收入，扩大内需，实现农业现代化，有着重要的借鉴意义。

1）韩国新村运动的政策内容

城乡发展不均衡的状况，使韩国出现较为严重的社会问题。为改善农村的生产和生活条件，促进农业发展，增加农民收入，缩小城乡差距，韩国总统朴正熙于1970年倡导以"勤勉、自助、协同"为基本精神的建设新农村运动。

韩国新村运动是以政府行为和开发项目促进农民自发建设农业现代化的活动。从1970年开始，大致每三年作为一个阶段。首先以改革居住条件修建公路、改良农牧业品种为基础，调动农民建设家乡的积极性。其后迅速向城镇扩展，发展成为全国性运动，开始大力兴建各种公共设施。在发展畜牧业、加工业以及特产农业的同时，积极推动农村金融、流通和保险业的发展。到了80年代末，农民的经济收入与生活水平已接近城市水平，初步实现了农村现代化和城乡一体化。

韩国政府新村运动制订了阶段性的目标，具体实施大致分为三个阶段：第一阶段是试行、打基础阶段（1970～1973年），主要任务是提倡新村精神，改善农村环境；第二阶段是自助发展阶段（1974～1976年），着力于发展多种经营，增加农民收入；第三阶段是自立完成阶段（1977～1981年），大力发展农村工业，进一步提高农民收入。新村运动前后进行了十年多的时间，涉及韩国农村政治、经济、文化、社会的诸多方面。概括而言，主要工作集中在以下三方面：

一是进行农村启蒙，改变农民的精神面貌。韩国农民在历史上一直处于社会最底层，生活贫困，同时他们在"天命论"的影响下，认为贫困是命运的安排，个人的努力是无法改变命运的。韩国农民的这种精神状态，使他们安于现状，对自己生活环境的改变不太关心，同时，也使韩国农村改革缺乏基本的精神动力。韩国政府通过向农村无偿提供水泥、钢筋等物资的方式，激发农民自主建设新农村的积极性和创造性，帮助他们树立信心，培养农民自立自强的精神和意识，同时把城市的价值观念推向农村，鼓励社会个性和开拓精神。这极大地提升了农民的生活水平，为促进农村的发展打下了坚实的精神基础。

二是改善农村环境,缩小城乡差别。包括生活环境和生产环境的全方位改善。主要做法是:一是改善农民最迫切的居住生活条件,从改善屋顶、建设新房到重建村庄,从安装自来水、改造排污系统到修建公共澡堂、游泳池,从设置公用电话到扩张农村电网和通讯网,这些措施都很大程度上改善了农民的生活环境,也使农民积极参与到新村运动的各项活动中来,二是对生产环境作全面的开发,政府组织修建桥梁、改善农村公路,并修建农用道路、建设小规模灌溉工程、设置公共积肥场、整理耕地、治理小河川,这一系列措施使农业生产基础设施大大改善,为农村经济建设提供了必要的物质基础。

三是从事经济开发,增加农民收入。韩国政府自新村运动初期开始,在全国范围内推广"统一号"水稻高产新品种,不仅推广科学育苗、合理栽培的技术,使水稻每公顷单产由1970年的35t增加到1977年的49t,而且为保护"统一号"水稻的价格,提供相应的财政补贴。得益于粮食增产和高粮价政策,农民收入增加较快。同时,鼓励发展畜牧业、农产品加工业和特产农业,并通过政府投资、政府贷款和村庄集资的方式建立各种"新村工厂",大力发展农村工业,扩大生产,把原来家族式的小农经营转化为以面、邑为单位的生产、销售、加工为一体的综合经营,使非农业收入大大增加。由于农业收入和非农业收入的增加,韩国农民人均收入由1970年的137美元升至1978年的700美元,增加了4倍多。

通过开发创业精神、改善生活环境和增加收入三位一体的新村运动,韩国很大程度解决了农业发展缓慢、城乡收入差距明显扩大和农村人口无序流动的问题,使韩国经济基本走上良性循环的发展道路。

7.2.1.2 国外小城镇建设主要经验

(1) 小城镇建设重视规划工作

7.2 国外小城镇规划建设概况

小城镇发展历程表明小城镇绝不仅仅是许多个人的集合体和各种设施的人工构筑物，而是有其自身固有的秩序，需要通过规划加以维系。规划所以重要，是因为它不仅是一门科学，而且是一项政策性的运动，它设计并指导城镇建设的和谐发展，以适应社会与经济发展的需要。有的专家还提出，社会化、现代化程度越高，越需要规划的指导。

从国外小城镇的形成历史来看，大体上有两个过程：最初在生产力落后、分工简单的古代社会，村庄和小城镇的发展，处于自发形态；随着社会的进步、生产力的发展，村庄和小城镇的发展，日益受到人类规划的控制。现在，国外的小城镇规划，大体上有三种情况：一是小城镇建设仍处于自发和自流的状态，乱建乱占现象不见普遍；二是有简单的规划，以安排生活为主。这样的规划一般以教堂为中心展开，仅仅从解决水、电、路等基础设施着手，创造生活环境；三是在大部分经济比较发达的国家，则具有高质量的规划。许多国家在长期的实践中，形成了一套固定而有效的程序。一般是这样几个步骤：提出规划草案，组织民众评议，邀请专家论证，再经议会批准。经过这样几个环节，既充实了规划的内容，又提高了规划的质量，也较好地体现了规划的民主性、科学性、法律性，从而避免了人为的随意性，也为建设和管理提供了依据。这些规划特别重视民众参与规划。并且认为以人为本是规划工作中应当遵守的一个重要原则。只有通过规划设计过程的民主化，才能更好地创造现代化社会；只有民众参与规划，才能克服规划设计师的高傲情绪和帮会式的关门主义。法国的蒙贝利尔镇在制订规划时，曾举办了3个展览会，分别介绍当地的历史和特点、规划要点和未来前景，并且广泛征求民众的意见和建议。这样做，对于促使群众关心和支持市镇规划的实施，很有益处。

7 国外小城镇对比

国外小城镇的规划、建设经验揭示小城镇在发展建设方面主要存在三个问题：

一是没有处理好小城镇与大城市及广大农村居民点之间的相互依存的关系。随着现代交通的发展，小城镇与大城市的经济联系与日俱增，农村居民要求享有公共服务设施的愿望也日益迫切。而过去，在规划和建设上，对这些具有规律性的因素，未予充分重视，是个教训。

二是在小城镇的规划设计中，完全采用了大城市的指标、定额，忽视了小块镇与大城市的差别，致使小城镇的公共服务设施的规模过小，不能满足当地居民和周周农村的需要。

三是规划的原则、方法老化。机械的功能分区，既不能充分反映小城镇应有的特色，又不能适应现代化居民点发展的要求。

国外在总结经验基础上提出：第一，城市与乡村必须注意协调发展。在商品经济条件下，中心城市的增长是不可避免的，但如果无限度地恶性成长，又会导致空间结构的失衡。应当通过地区发展规划的干预，既能够充分发挥中心城市的优势，又能够带动乡村的进步，使城乡协调发展；第二，小城镇的规划应当在区域规划的指导下进行。现代市镇的空间概念，已经不局限于一个孤立的点，只有在区域范围内进行布局，才能取得最佳效果；第三，规划中应当十分重视交通条件的作用。现代交通运输条件的发展，彻底改变了旧的时空观。高速的交通和信息系统，不仅可以降低大城市的聚集性对工业的吸引力，而且经济增长的利益和集约化的效果，在较小规模的城镇甚至农村地区也可获得。美国在战后初期，资产在 10 万美元以下的公司，还不足 40 万家，到 1976 年猛增到 121.5 万家；在日本，全国 484 万个私营企业中，中小企业占 99.4%；在意大利，全国 15 万家工业企业中，99% 以上是中小企业。这些中小企业所以能够迅速发展,除其他原因而外,交通的便捷,为工业的分散布局提供了巨大的可能性。因此,在规划中应当十分重视交通和通讯事业的发展。第四,小城镇的规划,不宜过繁,以简明为好,但要注意突出个性,增强科学性。对于未来的发展,则应当避免过分具体化。应当允许地方根据当地的情况加以调整,把余地留在实施的过程中,以求规划更符合实际。第五,小城镇的规划,不仅是技术性的,同时也体现一种公共政策。最重要的是,要同经济的发展相结合。其中的关键是要首先解决人们生产性的就业问题,因为小城镇的各种设施只能为人们提供广泛的服务,而不能解决人们的基本生活。只有解决好生产性的就业问题,才能推动经济的发展。历史的经验说明,经济的发展是小城镇的起点和形成点,也是推动小城镇发展的重要因素,如果忽视这种因素,小城镇也将失去生命力。

(2) 小城镇建设具有鲜明的个性特色

建筑物是一种社会性的象征,它是物质、智力、心理三者的综合体现。通过建筑物不仅应当满足居住的基本功能,并且应当使人们感受到社会生活的丰富多彩。因此,建筑物的布局,应当力求排除机械的、呆板的行列式的布置,建筑物的外形,应当尽可能保持素雅、质朴而又为居民所熟悉的环境景观。建筑的风格和特色,也不要简单地追求新奇、独特,重要的在于和谐、自然。国外的许多小城镇,布局严谨,群体协调,各式新老建筑,丰姿异彩,相互并存,相互衬托,有机地构成了一幅幅颇有韵律、又具时代特色的画面,令人神往。关于建筑材料,应当根据气候、地理等条件,尽可能采用传统的材料,使人们的乡土情感通过建筑物有所反映。但是,室内设施,则应当充分运用一切现代化手段,提高舒适度,以使人们在古朴的环境中,享受现代化的文明。关于建筑技术,强调应当尽可能提供各种标准化的构件配件，使人们充分发挥自己的聪明才智，以自己的喜好、情趣，组合形式各异、多姿多彩的建筑。建筑的个性越突出，也就越有普遍价值，更会受到人们的赞赏和推崇。这些论点，虽无深奥之处，但它对启示我们改变当前小城镇建设中呆板单调、千人一面的枯燥格局会有一定的实际意义。

小城镇的建设，同样需要装点、美化，但不要丢掉地方特色。在处理这个关系时，小城镇建设的立意要体现"小、素、新"的原则。小，就是不要贪大，切忌照搬大城市的那一套，要在较小的空间设计功能齐全、布局合理、环境舒适的空间效果；素，就是房屋建筑的造型与风格，应当吸收当地民居的传统特色，使之具有"乡味"。色彩不要五光十色，街道不可追求笔直，建筑用材尽可能使用当地的，使人置身其境，倍感素雅之味；新，就是要体现时代感，而不是照搬的旧模式，要使小城镇具有浓郁的乡土气息，又有崭新的时代特征。

(3) 小城镇建设重视基础设施和社会服务设施

衡量村庄和小城镇建设的质量、水平，并不在于房屋建筑面积越大越好，而在于创造一个方便、舒适、优美的环境。这既是经济发展和社会进步的一个重要标志，也是推动"乡村城市化"的一种卓有远见的实践。联合国亚太经济社会委员会建筑中心主任马休指出："住宅的概念正在逐渐地从提供栖身之所，扩大到设置服务设施和改善环境条件上来。"许多国家围绕这个目标做了巨大努力，建设了大量的完善的设施，为人们提供了一个良好的生产、生活环境。现在许多国家的村庄和小城镇，不仅具有畅通的道路和电信设施，而且有完善的上、下水和污水、污物的处理设施。农村供水是各国在小城镇建设中的一个重点。经济发展水平比较高的国家，多数是通过管道系统供水，人口分散的地区则采用水井供水。葡萄牙94%的村庄系用井水；西班牙用井水的村庄也占60%；瑞士的农村则大量利用冰川和雪水。他们还特别重视社会服务设施的建设，到处都有设施良好的小学校、幼儿园、文化中心、医疗卫生中心，而小餐厅、酒吧、购物中心则到处可见。他们认为"社会服务是社会经济发展过程中的一个重要部分，它不仅为社会提供福利，而且也有利于刺激经济的活动，是社会经济发展的内在因素。"许多国家，对农村教育十分重视，给予了特殊的关注。即使是一些偏僻的山村，也要创造条件让儿童上学。还有不少国家，中小学实行免费教育。国外十分重视教育，认为过去的财富和权力属于物质的拥有者，今天的财富并不属于土地的征服者，而属于受运教育的思想解放者，例如瑞士的生活水平高，不是由于它的优美的风景。瑞士的繁荣在于人民受过良好的教育，能把知识用于工业、金融、旅游业。应当提及的是在西方承担了大量社会工作的邮政服务。这种工作通常包括上门服务，为居民办理各种票证，购买商品，走访老年人，残疾人。西方有的老人感慨地说：在目前"社会关系有些淡薄的时代，邮政职工成了我们十分亲近的人"。波兰还为老年人办了储蓄俱乐部，以保障上了年纪的人，生活水平不致过分下降。还有一些国家，为满足老年人的不同要求，建了多种形式的住宅，供老年人选用。国外特别重视创造一种具有家庭气氛的居住环境，以便使老年人享有精神上的自尊和自主，并按照自己喜爱的方式继续独立生活。西方国家的成年子女很少与父母同住。儿孙绕膝、共享天伦之乐的情况几乎是没有的，大多是老年夫妇，相依为命。如果不幸一方逝世，境况就更凄凉了。不少西方国家的朋友，对中国人自觉供养老年父母的道德风尚以及中国亲人之间感情上的维系表示十分羡慕和赞赏。现在，已经有一些国家，在发展社会服务的过程中，提倡学生在假期参加社会服务。这是学生学习社会学、人文学、心理学和社会论理学的极好机会,在某种意义上,也是了解别人和认识自己的有效办法。在发达国家,由于重视小村、小镇的基础设施和社会服务设施的建设,人们住在乡村,同样也能够享受到城市生活的内容,得到同等水平的社会服务,城乡之间的差别大大地缩小了。英国经济学家科林·克拉克进行过卓有成效的研究,他认为:随着经济的发展,劳动力首先由第一产业向第二产业移动;当人均收入进一步提高时,劳动力便向第三产业移动。所以许多国家都十分重视第三产业的发展,在日本,1950年第三产业的就业人数占全部就业人数的比例为26.65%,1960的达到39.7%,1970年达47.35%,1982年达到54.1%,第三产业的产值在全国生产总值中也占到59.1%,第三产业如此重要,因而有些国家,为了提供完善的社会服务,还规定了市镇总人口中,服务人口应占有的比重。

亚太经济社会委员会还提出了农村中心服务事业应当分级设置的项目和内容。县城是最大的农村中心,是城乡结合体系的关键,它应当为农业活动提供市场、储存设施和加工工业,也应当提供文教、医疗等设施,还应当为农村剩余劳动力提供就业机会;乡镇应当向农庄和分散的农户提供基本的服务,并建立正规和非正规的设施,为周围农村服务。亚太经济社会委员会还指出:经济越发达的地方,越需要提供广泛的社会服务;不发达或不完全发达的地方,绝大多数是农业人口,服务职能往往是单一的。以南亚为例,尼泊尔在农业中的就业人数占劳动力总数的比例为93%,而从事二、三产业的劳动力极少。这一点,似乎也符合我们国家的情况。我国西部地区,农业特征表现得最充分、最典型。甘肃定西是最有代表性的贫困地区之一,1985年从事第一产业的劳动力占小城镇总劳力的89%,第二产业占5.3%,第三产业占5.7%。而在经济发达的东部沿海地区,小城镇产业结构中农业份额下降趋势很明显,据江苏省7个县190个集镇的调查看,第一产业占25.2%,其余75%的劳动力从事二、三产业。看来随着经济的发展,小城镇的服务职能也相应提高,是一个客观的要求。

(4) 小城镇建设重视生态环境

国外居民最关心的环境问题是三件事:一是要求有安静的居住环境;二是希望有悠闲的散步空地;三是渴望得到清新的空气。一些国家把居民的这些要求和愿望,视为居民点舒适性的三大要素,展开了相应的环境建设。居民点的布局,力求"把自然环境引入生活",有的依山就势,有的伴水构筑,使人们充分享受幽美的自然风光;建筑物则以多种形式加以组合,形成丰富而活泼的空间面貌。在环境建设中,特别重视道路和绿化的建设。过境交通一般不穿街而过,进村的道路也有一定的弯曲度,迫使车辆减速,避免干扰住户。一些古老的街道,至今仍是小方石路,古色古香,别具风味。在建筑物周围广植花木,许多单幢住宅被绿围红绕的花丛所覆盖,显得宁静而优美,个人心旷神怡。而建筑物之间的空地,不仅广种草坪,而且以小巧的格局、精美的小品加以点缀,提高了整个环境的艺术境界。人们在百忙之中,还可以得到悦情之趣,在空闲之余,又可获得养生之道。而各家各户,则广植花卉。匈牙利的每个居民院几乎都有大、小不一的花坛。日本的大部分家庭都养花育草,真是"家家堂前吐香蕊,户户门旁置鲜花",给人们增添了无穷的生活情趣。在澳大利亚,差不多家家户户都有自己的庄园,里面种植着各种奇花名卉,清雅别致的气氛,体现了人与自然的温馨和谐。加拿大是个多湖的国家,所谓"一城山色半城湖"之景比比皆是。沿湖有许多色彩多样、风格各异的小别墅,每座别墅前都有各色鲜花,色调雅而不俗;阳台也布满各种形体的小花盆,翠叶粉花,给人以清新鲜艳之感。

(5) 小城镇建设重视历史和文化的延续性

许多国家在小城镇建设中，对有一定历史价值的名胜古迹、古代建筑、名人故居、古树名木、民居街巷，都悉心进行了维修、保护。在古建筑的维修过程中，一定要尊重历史，保存原状，避免使原有的艺术和历史失去真实性。根据这种要求，一些国家对古建筑的损坏部分并不轻率地用现代材料修补、翻新，而是大力研究保护技术，使其在原状不变的情况下，减少损坏。有一些历史名人的故居，则按照当年的情景，经过整理、修葺，对公众开放，供人们观瞻；还有一些有历史意义的小城镇，经过修复，已发展为旅游点，成了人们怀古抒情的胜地。荷兰有一个保存得十分完整的古村落，有田园、牧地、水渠、风车、渔船、码头、店铺、作坊、小街、教堂以及亭、桥、房舍。还在院落中保存了水井、沼气池、鸡舍、牛棚以及各式农具、炊事用具和古老的陈设。这里，再现了17世纪荷兰的古村风貌，引来不少游人。有些乡村餐馆，也保留了古老的特色，墙面的颜色乌黑，像是一座被烟熏黑了的老房子，墙上挂着成串的玉米、红辣椒，甚至装面包的筐子也是用柳条编的，显得很别致，使人们茶余饭后，情不自禁地引起了历史的回忆。日本为了保存历史遗留下来的传统建设，还建了一些供人们展示的"建筑博物馆"。"四国村"，就是一个以展示民居为主的博物馆，反映着各地区居民特有的生活方式；位于大阪附近的"民家聚落博物馆"，集中展示着各地特殊形式的民居。而在"明治村"，则主要展示明治时代日本的住宅以及一些公共设施。有趣的是，在村里还铺设了一条明治时代的铁轨，使用当时的电车，让参观者能够亲身体验那个时代的气息。多瑙河两岸，山清水秀，小城镇古色古香，教堂的尖塔矗立在古镇的中央，两层或三层的各种不同色彩的房屋和用小石块铺砌的市街，显得古意盎然，安宁静谧，在小城镇的背后,也还保留了一些残破的城堡和古老的磨坊,人们可以通过低矮的城门洞走进城里,感受中世纪小镇的风味。

国外所以重视古建筑的保护,原因是:那些具有时代典型性和代表性的古建筑,是一种最好的历史见证,它生动地记录了人类发展的业绩。爱护古建筑,也是一个国家、一个民族文明水平、文化素质的体现,并有广泛的社会意义。既可激起人们对历史文明的追忆和崇敬,又可触发人们的民族自豪感和自信心。还会使人们在观赏中产生"感觉中有乐、情操中有得、艺术中有美、推理中有真、交往中有爱"的共鸣和实感,从而丰富人们的精神生活。古建筑还可为发展旅游事业提供条件。人是感情的实体,人在不同的场合,会有不同的精神需求。人们在异国他乡观光、旅游,不仅需要探寻丰富的地方文化,也希望了解当地的古代文明,而古建筑的展现,则可满足人们探古寻幽的心境。

(6) 小城镇建设重视管理工作

国外许多小城镇都建设得很有秩序,管理得非常严格,而且有许多成功的经验。主要表现在以下几个方面:

1) 政府在小城镇建设中有明确的组织、领导和管理的责任。西方农村基层政权的基本格局是:议会与政府并行,议会立法,政府执行,各自独立,相互制衡。政府一般不介入微观的经营活动,主要精力用于:第一,创造社会经济发展的外部条件。如:兴办道路、运输、供水、供电、供暖、照明和文化、卫生等社会福利事业;第二,推行自建公助的住宅政策,改善居民的居住条件。让居民拥有房产权,是最为宝贵的投资。因而采取多种有效措施,最大限度地吸引居民,建设自己的家园;第三,负责人员培训、传播适用技术。

2) 建立相应的机构,具体地从事小城镇建设的管理。国外有四种方式:第一种是设立半官方的组织,代行政府的部分职能，从事小城镇建设的管理。例如，英国的"乡间委员会"专门负责小城镇建设的管理和乡村自然风光的保护，并对乡村的道路、绿化、水面利用、露天娱乐设施、野营点的建设，加以规划和组织管理。第二种是建立专管机构，实施小城镇建设的管理。朝鲜就是这种方式，中央设有农村建筑管理局。道，设有农村建筑管理处。郡，设有农村建筑管理科。作业班设有建设指导员，负责农村居民点的规划、设计、施工、维修、管理，并制定了相应的法规，有的已与农民的生活融为一体。第三种是政府直接派出工作人员深入基层，直接组织农民开展建设，泰国内务部的农村发展办公室和社区发展局，就直接派出2万多人，长期在农村从事小城镇建设的组织、管理，并在实施发展计划、监督投资使用、传递信息方面起了重要作用。第四种是通过培训人员，推动小城镇建设。例如荷兰住宅研究所，多年来在荷兰政府的资助下坚持举办了《规划·建筑国际培训班》，为发展中国家培养了大批从事农村规划建设的技术骨干，为推进农村建设的发展做出了重要贡献。

社会的发展，既需要社会发展计划，也需要社会管理，生产和生活的社会化程序越高，也越需要与之相适应的管理形式，不然，社会秩序就无法控制，国家也不能前进。

3) 重视民众参与管理

一些国家在小城镇建设中，十分强调邻里互助，以培养和弘扬民间互助、互济的精神，在村庄和小城镇的管理上，也倡导民众参与管理。美国就有许多形形色色的邻里互助组织，协助政府，参与居住区的管理。例如，组织居民分摊费用，建设公用设施；推选管理委员会，负责对公益事业机构进行监督指导；组织科技活动，让科技进入普通人的生活领域。如在冬日取暖季节，组织有技术才能的居民，帮助贫困户改进炉灶，提高燃效。这些技术人员在从事公益性的互助活动时，不计报酬，不辞劳苦，热心服务，乐此不疲。邻里之间的互助，往往是在本能和情感的领域内进行的，互助的方式，往往也是直接的，不假思索的，从而大大融洽了邻里关系。邻里互助组织的问世，不仅是一种社会需要，也是人们的一种生活需要，受到了居民的热忱欢迎。日本的农村则有管理委员会，由管理委员会雇用一些人负责清扫卫生、美化环境、维修设备。其费用，由各户分摊。国外还十分提倡居民参与住房的设计、施工、维修、改造，并力求使之成为居民生活内容的一个组成部分，以便通过共同的劳动，激发人们内在的社会调节功能，从而加强人们的互助合作精神。

4）依据法律管理乡村建设事业。小城镇建设中的许多问题，光靠政策引导、道德约束，难以有效控制。而法律是具有压倒一切的理性原则，具有强制约束力和特殊的调节功能，只有依靠立法、采取法律手段、才能规范人们的行为。例如，英国专门成立了城乡规划立法委员会（BTCPL），依据一系列完备的法规，从事管理，取得了显著成效。英国的城乡规划立法，自1909年诞生，经历了80年的持续发展，已成为世界上最先进、最完善的法规之一，法律不仅具有权威性，而且很有稳定性，许多建设方面的法规长期有效，不因政府更换而半途而废。任何类型的开发活动，都必须得到规划当局的同意，每一寸国土的开发利用都必须受到规划的控制。

7.2.2　国外小城镇规划动态

国外发达国家在小城镇农业现代化建设过程中，为了缩小农村与城市在就业、收入和生活等方面的差距，稳定农村人口，提高农场主的利益，实行了一系列围绕小城镇发展的土地、人口、房产、投资、贸易及税收等政策措施，形成了农场专业化生产、小城镇具备产前社会化服务和产后加工销售的地域分工协作格局,并依靠小城镇把广大农村和城市相联系,实现了城乡协调发展的目标。

发达国家在建设小城镇的过程中,对小城镇做了充分的规划,包括大、中、小城镇合理布局的全局性规划,小城镇的规模设计,环保生活空间设计和支柱产业选择设计等小城镇建设方面的规划。通过规划可以最大限度地控制"城市病",力求使城镇、工业、人口得到合理配置,各种层次城市在各自位置上发挥应有的作用,促进小城镇的健康有序发展。

7.2.2.1 美国小城镇的规划建设

(1) 美国城市规划概述

从17世纪初的殖民地时期,美国开始出现各种原始的设计图,其中包括:①为建设城市而画的设计图,在现在城市总体规划中成为有力的源流。②为了能够使土地分块出售和注册,设计了市区图和区划图,作为土地细分规划。③以公共管理为目的而画的"公图"(土地档案的附图)是利用公图制的规则。

19世纪之前的美国城市发展是在缺少规划和公共控制的状况下进行的,导致了一系列城市问题,诸如拥挤、不卫生、丑陋和灾害。1893年的城市美化运动揭开了美国现代城市规划的序幕。此时的规划工作基本上是在没有任何具体的规划框架的状况下进行的,规划的实施是政府运用征税和发行公债的权力以保证规划项目的资助。1909年最高法院确认地方政府有仅限制建筑物高度而无须作出补偿。1916年纽约市通过了区划条例,至1926年美国大部分城市都拥有了自己的区划法规。1929年大萧条时期及以后联邦政府采取的"新政"(New Deal)进一步推动了城市规划的发展:地方政府配备了规划部门,编制了规划方案,至1936年除一个州外成立了州规划委员会;联邦政府提供低成本住房,形成公共部门对住宅市场的参与；城市更新（Urban Renewal）的概念形成，成立城市不动产公司（City Realty Corporation），使用联邦政府提供的资助和使用国家征地权（Power of eminent domain），以较低成本提供再开发用地；美国第一个州际高速公路系统规划在此时期形成和建设；创立了国家资源规划委员会（NRPC），标志着联邦政府对规划的重视，该规划委员会对地方和州的规划努力起到重要的支持作用；开展了大量的区域规划工作，如田纳西河流域规划。

1920年代后半期，联邦政府制定了关于城市总体规划和区划两个方面的州一级的典型授权法草案。将城市总体规划和区划两者均作为城市规划的重要制度，得到了联邦政府的承认。

区划历来由于存在短期的、零碎的、只用政治的观点来决定问题的倾向而受到批评，联邦政府要求这种区划应与总体规划求得"一致性"，并明确了区划是实现总体规划的一种手段，第一次明确了规划法和区划两个系统相互间的地位。

因此，联邦政府规定，自治体有义务编制总体规划，作为申请补助金的主要条件。同时决定编制总体规划也给予补助金。对总体规划赋予了在自治体的城市规划中相当于"宪法"的地位。这样一来，全国的自治体都编制了总体规划。

但是，到了1960年代后半期，总体规划因过分强调了长远观点，城市的将来蓝图过分固定化，而且，过分用实物和图纸来把总体规划僵硬地固定下来等受到了批评。1970年以后，人们不需要像过去那样，只重视编制好的总体规划，而是开始重视了居民参加编制规划的全过程，并且重视把已有的规划，根据变化的情况加以修改的过程。就是说，"从强调成果的规划，转化为强调程序（过程）的规划"方向发展。

1909年芝加哥规划被认为是美国现代城市规划开始的标

志。20世纪40年代以来，城市规划更多地考虑社会和经济问题。60年代后，产生了城市设计（Urban Design）的概念，主要指城市和城市局部地区的建筑群体规划，侧重于物质和景观的设计。城市规划向综合性、战略性转变。同时国家政府依据各个城市的综合规划（Comprehensive Plan）对城市地方发展予以资助，间接地对城市和地方的规划进行控制和影响。

(2) 美国城市规划的层次

在政府的各个层次上都有各种规划，联邦政府的规划以各种方式影响了人们的日常社会，但是主要的规划形式有综合规划、区划、土地细分规则、法定图则、合同等形式，从层次上递进来加强城市规划。相应的城市规划有关的法律系统：基本上有4个系统。即：

①城市规划法（Planning Code）；

②区划法（Zoning Code）；

③建筑法（Building Code）；

④住宅法（Housing Code）。

下面简要介绍各种规划内容。

1）综合规划（Master Plan）

根据联邦政府各项计划的要求，如果地方政府想获得联邦政府的某一项计划的资助，就必须先编制综合规划，必须首先确立详细地使用特点，妥善安排好交通、卫生、住房、能源、安全设施、教育和娱乐设施、环境保护的方式和其他与地方社会、经济和物质空间结构相关的各项因素。州的立法通常都要求地方编制综合规划（Comprehensive Plan，也有称Master Plan或General Plan等），并确立了该类规划的作用范围。综合规划是在"整体上控制在自治体内的个别的利害关系"，其作用如下：

在控制各种公共事业的时候，表现出自治体的基本政策；

7.2 国外小城镇规划建设概况

成为区划、土地细分规则、公图制等各种规则手法的根据；

通过表现土地利用的将来面貌来诱导土地买卖和开发行为。

综合规划主要规定城市发展的目标，以及达到目标的政策和途径，包含社会、经济和建设等多方面的内容，是社会、经济、文化、建设等各项发展的综合规划。在城市功能上主要分析城市各部分结构的关系（Structural Relationship）。在时间上安排行动的先后，在空间上要指导发展的模式（Pattern）和空间形态（Form）。

综合规划在城市的发展过程中发挥着重要的战略作用，地方政府的行为，城市的开发行为，以及与规划和开发控制相关的法律，是以综合规划为依据的。

2) 区划（Zoning Ordinance）

区划是由自治体把它的区域划分为若干个地区，然后，为了实施公共的健康、安全、伦理以及一般的社会福利等目的，在各个地区内，按照不同的基准，对土地、建筑物等位置、规模、形态、用途等，通过行政权力无偿的规则。这种区划是接受州的授权法之后通过自治体议会，以条例的形式制定的。

区划包括区划图（Zoning Map）和区划文本（Zoning Ordinance）。区划地图将规划控制区范围的用地划分为各种用途类型，并确定公共用地和保留用地。区划文本对各类用地上的开发活动作出详尽的规定，其中包括各类土地使用的适用范围、兼容性和排斥性范围，开发强度，建筑定位，室外环境，以及基础设施等的约束条件。

区划一经批准生效，就具有法律效力，又称法定规划（Statutory Plan）。

在城市开发控制的各个方式中，区划（Zoning）是最重要的法规控制手段。区划条例是美国城市规划法中最基本的法规，又是最实用和最直接的城市规划建设控制法规，其内容和执行都必须符合综合规划的原则和要求。而相应的综合规划在理论上是制定区划法规的中间步骤和工具。区划条例和其他控制方式共同作用，保证综合规划的实施。区划法规从保护既有财产利益出发，具有极强的确定性和肯定性，对任何决策均具有强烈的引导和制约作用。

3) 土地细分规则（Subdivision Control）

所谓土地细分（Subdivision）是原有的一块占地，为了转让或者建筑为目的，分割2个以上的占地行为。这种行为者有义务必须服从自治体既定的开发基准。这就是土地细分规则。从这一点上看，类似开发许可，但是，它突出的不同之处有两点。一是不管规模多大，一律都是对象；二是它与不动产注册制度相联系。

区划制政策性很强，但是，土地细分规则是具有技术性的性质（不是自治体议会制定的条例），经常依照规划委员会的规则办事。另外，作为规划对象的土地，不限于住宅区，规划的着眼点，最终是伴随开发住宅区的各种用地。

4) 法定图则（Official Mapping）

法定图则是确保将来建设公共设施用地的手段。即，保存的用地，或者在规划中的大街等的用地，把这些用地，不但详细而且正确地记录下来的图纸。法定图则经自治体议会通过决议之后，该用地就马上禁止建筑行为。法定图则是考虑就近将来事业的可能性，同时详细地而且正确地指定用地。因为法定图则这个手法，也通过行政权力无偿地限制私权的缘故。

5) 合同（Covenant）

从它的机能上看，可以说是比区划更严格的规则手法。从其产生的过程来看，比区划更早。美国近代规划的形成时期，由它来启发了区划的构想，因此，可以认为它是"区划的母体"。

合同是在不动产所有者之间，或者开发业者和购买者之间签订的一种民事合同。一般的记录在土地、建筑物的档案以及权利书上。通过买卖由新的购买者继承。这种合同，规则对象的范围广，与注册制度有联系，但不参予行政部门等有不同点，也有类似之处。

7.2.2.2 英国小城镇的规划建设

(1) 英国城市规划概述

英国城市规划源于19世纪政府对公共卫生和住房问题的关注。1909年政府颁布的第一个规划法案——"住房与城市规划法案"（Housing, Town Planning Act 1909），显然将卫生问题放在首要位置，强调城市规划是为了确保适当的卫生条件（to secure propersanitary conditions），所以，城市规划事务在1942年以前一直由英国卫生部管。

二次世界大战后，大规模的城市建设给规划的发展提供了契机，工党政府强调计划工作更是为城市规划工作的推进提供了坚强的政治保证。1947年通过的"城乡规划法案"成为英国规划史上的一个里程碑，引入了一个新的城乡规划体系。英国政府参与并干预城市的开发始于19世纪末期，1875年议会通过《改善工匠和劳工住宅法》和《公共卫生法》，授权地方政府编制有关规划，限制道路的宽度、建筑物的高度、城市结构和布局等，从此以后，政府对城市的物质开发进行干预逐步地为人们所接受。

1909年颁布的第一个专业规划法——《住宅与城市规划及相关内容法》要求地方政府编制"方案"，以控制新住宅区的开发。1919年，第一次世界大战结束后不久，《住宅与城市规划法》的实施将城市规划所管辖的内容进一步扩展，由政府补贴工人住宅建设的原则也开始被接受。"政府住宅"方案开始在全国范围内实行。但一直到1932年制定了《城乡规划法》，城乡规划才有权涉及绝大部分土地的使用。1947年的《城乡规划法》是英国城乡规划的里程碑。对世界上许多国家的城乡规划法及规划体系的产生也有过重大影响。该法确立了多层次的规划体系；并规定所有的开发必须首先获得规划的许可。这一规定使开发权控制在规划部门手中。为了解决规划体制问题，1964年专门成立了"规划顾问组"，对当时的规划体系进行审议。"规划顾问组"提出了新的规划体系的建议，即结构规划和地方规划两个层次，他们的设想是：由单一的政府部门同时编制这两个层次的规划。结构规划作为指导性的战略政策，它指导较为详细的地方规划的编制；地方规划作为城乡土地开发规划管理的依据。新的规划体系在1968年的《城乡规划法》中得以确认。到1972年"地方政府法"规定了结构规划由郡政府编制；地方规划由地区政府编制（注：地区政府在城市一般指市政府）。

(2) 英国城市规划的层次

英国城市规划的主管部门是环境部。环境部内住宅、建设、规划与乡村署下设城乡规划司，负责全英国城市与乡村的城市规划管理工作。同时，环境部还设有一个规划监察委员会，设主任规划监察员和副主任规划监察员各一名，下设直属大法官的独立规划监察员小组委员会、住房规划监察员、威尔士规划监察员、发展规划规划监察员。环境保护规划监察员、实施上诉规划监察员、列入保护名单的建筑规划监察员、规划设计（包括规划咨询顾问）的规划监察员，及规划监察员行政处、财务与事务服务处，共184人。该委员会负责全英城乡的各种建设、规划工作的监察和仲裁任务。这些监察员均是由具有城市规划管理和实践经验的资深专业人士担任。

7.2 国外小城镇规划建设概况

环境部法律与法人机构署环境与规划司内还设有特别规划法律处和总体规划法律处，分别负责有关规划制定与管理中的法律工作。

英国规划文本多以政策形式出现，不仅包括法定的《城乡规划法》等，而且也包括国家规划政策指引（Planning Policy Guidance，PPGs），环境部的通告（Circular）等非正规和非法定的规划，以及一些特定区域规划，总的来说，主要有法律、指引、结构规划、特定区域规划、地方规划、综合发展规划、开发申请等。

1) 城乡规划法（1991年）

（略）

2) 规划指导

①国家规划政策指引（PPGs）：

"规划政策指引"是直接影响地方城市规划事务的一种重要制度形式，是各种城市规划和管理制度形式中应用最广泛的一种。"规划指引"是规划主管部门关于城市规划某些专题公布的一系列引导性政策和技术要求，它具备政策法规和技术规范的双重效能，阐明某阶段政府对地方城市规划事务的观点和原则，直接影响较长的时期内地方发展规划的内容，是各地编制和实施规划的实质依据之一。这些"规划指引"虽不是立法，只是政府的一个建议性（Advisory）文件，但地方规划中都能很好地落实。

②国家指令

环境部颁发，如有关农业、历史名胜等的规划指令。

③区域规划指引

区域规划中也有"区域规划指引"（RPGs），如"伦敦策略指引（RPG3）"等，适用于区域范围。

3) 特定区域规划

从国家层次开始，首先就确定对历史、自然环境的保护范围，包括有价值的生态区、风景区、历史文化遗迹等，这些控制区在各个层次的物质规划中均不得更改。

4）结构规划

结构规划是战略性规划，制定所在区域的发展框架与政策设想。结构规划的年限是未来的 10～15 年。任何一个地区的结构规划都以文字形式陈述，可以提供框图、图表说明（但不是制作规划图纸）。

结构规划的编制内容包括以下几个方面：

①陈述本地区土地使用与发展的政策和总体设想方案（多个），包括形态环境改善的措施和交通管理等。①控制结构规划区域范围内具体的发展类型，从而为发展控制提供一个战略性的框架；②表明在结构规划区域范围内发展或开发的强度（程度），指明发展的主要地理区域场所；③指明可能对规划区域范围内具有重大影响的个别发展活动的一般定位场所。

②陈述本地区土地使用与发展政策和总体方案（多个）与其他邻近地区发展政策与总体方案之间的关系。考虑可能影响本地区形态和环境规划的全国性或区域性政策问题。

③阐述由中央负责部长要求的其他单列问题。

④确保结构规划制定的足够透明度与公众参与和听证。

⑤为地方规划提供一个框架。

结构规划侧重于陈述本地区战略性、方向性的问题及发展趋势。除了制定一般性、总体性政策与设想外，还需要编制专项规划纲要（Subject Plan）。要求编制专项规划纲要的专题主要有：新建住宅、绿化带及其保护、战略性交通与道路设施、矿藏开发、娱乐与休憩、土地开垦与再利用、旅游业、废物处理及与土地利用和开发相关的经济与社会问题等。

结构规划通过以后，为了确保地方规划符合结构规划的政策，郡政府通过与地区政府协商，要再先编制"发展规划编制方针"文件，阐明这两个层次的规划各自所覆盖的领域、特点、范围及相互关系。"发展规划编制方针"的内容包括：

①明确政府编制规划和实施规划的责任；
②明确两个层次的规划各自所覆盖的领域；
③明确各规划的主题、特点和范围；
④确定地方规划编制的程序；
⑤阐明两种规划之间的关系；
⑥确定任何规划都应符合结构规划的政策。

5）地方规划

地方规划是城乡土地开发规划管理的依据。地方规划由地方规划部门遵循结构规划，详尽地阐述结构规划的政策含义，提供精确的土地边界划分、土地开发计划和实施措施。地方规划为开发申请管理提供详细的土地使用基础。1991年《规划与补偿法》要求所有非都市地区的规划部门编制覆盖全地区的地方规划。

地方规划包括一份文本文件和一份土地使用建议图。文本文件阐述政府的开发建议和规划区内其他土地使用政策。文件说明改善物质环境和交通管理的具体措施。规划确定了各不同地块的发展、开发方向和使用性质。土地使用建议图限定了规划区域和文本文件所建议的土地开发。

地方规划的主要功能有如下几项：

①将结构规划的政策与建议具体化，并将这些政策和建议与具体的土地位置联系上；
②为开发管理提供一个详细的规划依据；
③为开发与其他的土地使用的协调奠定基础；
④为公众参与开发提供机会。

目前在英格兰和威尔士，地方规划有三种形式：

①法定地方规划：指按照城市规划立法规定的法律程序编制的正规的详细规划。一份完整的法定地方规划的法律文件包括：(A)法定地方规划说明书，规划说明书必须详细说明地方规划局对有关开发规划或本地区范围内其他的土地利用开发意图，其中应着重说明周围地区的社会经济发展或其他因素对本地区的开发的影响。同时也包括说明城区开发的自然环境改善措施和交通管理措施；(B)法定地方详细规划图，所有法定地方规划所列的开发计划必须有相应的详细规划图，以补充完善法定地方详细规划说明书；(C)相关的法定地方详细规划图表，图表仅作为一项补充的说明性文件。

②特殊法定地方规划：指对有关中央政府投资开发的项目编制的详细规划。

③非法定地方规划：指不按照1971年城市规划立法体系规定的法律程序编制的详细规划。其特点是没有固定格式，工作程序可视具体规划内容灵活变动。

6) 综合发展规划

1985年，《地方政府法》又重新规定在大都市地区不再编制结构规划和地方规划，而由单一的综合开发规划取而代之。1991年的法规重申了这项规划。综合开发规划由两部分组成：①概述开发政策问题，其性质与结构规划相同；②叙述开发和土地使用的详细政策，其性质与地方规划相同。

开发申请

在英国，实施具有法律性质的发展规划的基本手段是开发申请管理，规划法详细阐述了这项规定，指出除少数例外，所有的开发必须经地方政府审批。地方政府有权批准，或有条件批准，或拒绝批准。地方政府在审批时，所附加的条件是非常广泛的，只要地方政府认为适合规划政策的条件均可附加。在评估规划申请时，发展规划是主要的依据之一。另外，中央政府的政策，特别是以"通令"、"白皮书"、"规划政策指引"等形式颁布的政策也是依据的因素。

英国规划法对开发的定义是：在开发用地内，土地表面、土地上空所进行的建设工程、开矿及其他的活动，以及对任何建筑或土地使用的改变、材料的变化等都属于开发性质。开发需获得规划许可有两个主要原因：首先，地方规划本身不确定任何开发项目；第二，地方规划不能保证实施规划建议具有足够的资金。

7.3 国外小城镇发展机制借鉴与启示

7.3.1 国外小城镇建设模式和经验

7.3.1.1 发展政策方面的启示

国外小城镇发展模式，无论是发达国家的城乡协调发展模式，还是发展中国家的乡村综合开发模式，都有我们可以借鉴之处。改革开放以来，我国小城镇建设飞速发展，各地从自身的实际出发，选择了具有中国特色的小城镇发展模式。不管采取何种模式，要加快我国小城镇建设的步伐，推进农村工业化、城镇化进程，应从以下几个方面着手和突破：

(1) 充分认识和加强小城镇的地位和作用，完善小城镇在城镇体系中的地位

要加强小城镇在整个社会的工业化、城市化和现代化历史进程中，作为一种与大中城市和乡村不同的社区单位，在缓解大中城市就业压力、农村劳动力转移和促进农村非农产业发展、改善农民生活水平等方面有着不可替代的历史地位。从我国的实际出发，应该把小城镇定为乡镇企业的聚集中心，以及从农村转移出来的从事二、三产业的人口的聚居中心。

(2) 加快小城镇基础设施建设，强化其内外联系

基础设施建设是小城镇发展的一项重要内容，只有良好的基础设施才能吸引企业和人口向小城镇集中。但我国小城镇目前的基础设施薄弱，为此，一方面要建立多元化投入机制，除了逐年增加各级财政对小城镇基础设施建设的投入外，还要将部分税费合理投在基础设施建设上。要面向市场筹集建设资金，打破行业、区域和所有制界限，允许单位和个人以股份制、租赁制和合资经营等形式，开发小城镇，兴建排水、道路等基础设施和旅游、娱乐等公共设施。同时争取各国有银行一定规模的中、长期贷款用于这方面的建设。另一方面要采取分阶段逐步实施的办法进行建设。对小城镇基础设施建设给予更加优惠的政策。如加大中央政府对这类城市基础设施建设的专项补贴的力度；在条件成熟的时候，逐步给予地方政府发行城市基础设施建设债券的权限；帮助小城镇吸引外资和民间资本参与基础设施建设，积极推广 BOT 和 TOT 制度；尽量放开基础设施的经营管理，让市场调节起更大的作用，政府主要采取适当的补贴方式，保障居民对基础设施的基本需求；完善小城镇与城市之间、小城镇与小城镇之间，以及小城镇与其腹地之间的交通通信联系，强化小城镇的特点和分工，增强其与内外交往，不断提高其对外的吸引和辐射能力。

(3) 小城镇建设应走可持续发展道路

小城镇建设不单纯是个经济问题，也不单纯是个城市建设问题，而是涉及经济增长、社会事业发展和生态环境保护的全面发展过程。因此小城镇建设要切实实施经济和社会的相互协调与可持续发展。发展绿色产业，开辟产业新空间。小城镇要实现可持续发展，必须要在规划中自觉融入可持续发展思想，注重环境生态建设，即推行绿色规划，把小城镇环境、生态作为系统工程，与人工环境结合起来进行规划设计，并充分体现

安全性、生活便捷性、环境舒适性、经济性、生态性、持续性五大原则,促进生态小城镇的建设与发展。

(4) 进行制度改革和创新

首先,是改革户籍制度。我国户籍制度根本缺陷和特点是城市和乡村人口分离,导致正常的人口流动受阻,并由此产生一系列的经济社会问题。在城市化快速增长时期,这个矛盾已日益突出。目前,我国户籍制度的改革正在深化,但步伐似乎太慢,满足不了现实发展的要求,而且,有些地方,特别是一些大城市还出现了后退的现象。

其次,在中等规模的小城镇适当放宽对土地制度的限制,鼓励耕地的合理集中。土地集约经营是大规模城市化的前提。目前,由于我国实行的是世界上最严厉的耕地保护制度,耕地的转让、集中和征用都受到许多严格的限制,既影响了城市范围的扩张,同时又限制了农村剩余劳动力的转移。

第三,在中等规模的小城镇尽快扩大社会保障的覆盖面。在我国计划经济时期的社会保障体制打破之后,市场经济条件下新的社会保障体系尚未建立起来之前,我国社会保障的覆盖面还太小,使农民不敢放弃土地进城当市民。

7.3.1.2 财政政策的启示

根据国外的经验,外国政府促进小城镇发展的举措,主要表现在:第一,创造就业机会。小城镇政府利用提供贷款的计划,鼓励小型企业设在小城镇。用建造工作场所、市场和其他设施并以合理价格出租或出售来鼓励小企业。对小企业和迁移者还提供技术上的帮助。第二,提供住房和基本服务,鼓励迁入者在划拨的地基上自建住房,搞好基础设施建设,这类系统的投资不完全由城镇政府负担,高一级的地方政府甚至是中央政府往往都对之进行必要的投资。第三,推行环境保护方式。建立地方与国家的污染控制政策和标准,并在小城镇强制执行。

建立和完善我国小城镇财政管理体制应该注意的问题。

目前，主要存在小城镇收支矛盾突出，财政供给中缺位与越位现象严重，小城镇财政机构设置混乱，财政调控能力弱等问题。而以上这些问题的关键在体制。第一，我国虽然进行了全国性的财政制度改革，建立了新的分税制财政制度，划清了中央与地方财政（省）的关系。但在广大的农村乡镇并未实行分税制，特别是在县与乡镇的财政关系上仍然是统收统支。第二，乡镇财政并未成为相对独立的一级财政。在这种情况下，小城镇财政不能直接掌握足够的财力，并作出较为长远的预期，也就难以对小城镇的长期发展制定出有财政保障的规划和实施方案来。

因此，建立和完善小城镇的财政管理体制，要以政府为主导，多方参与，筹措小城镇发展建设资金。

首先应该明确小城镇财政体制的发展方向同样是公共财政。城市经济成分是以国有和集体经济为主，民营资本、外资、个体和私营为辅。而小城镇的主要投资者则是以乡镇企业、个体经营者和外来投资者为主，即集体、个体和外来的经济成分占主导地位，这对小城镇发展市场经济非常有利。因为其经济基础一经建立，就是按照市场经济原则行事的，政府只需按照市场经济规律进行宏观经济调控，引导小城镇投资建设的发展方向，提供基础公共设施，统一规划建设规模，调配土地资源等，而不用直接参与市场竞争。这体现了市场经济体制下政府主要是提供服务和社会公共产品的主要特征，更有助于建立农村市场经济体制。在目前要建立公共财政的大背景下，小城镇的税源结构虽然层次低，规模小，但其实际架构是比较易于建立小城镇一级公共财政的。

其次，实施分税制财政体制。明确了财政收支、事权和财权相结合，能有效地调动乡镇发展经济、增收节支的积极性，有利于小城镇实施综合财政预算管理。要按照事权与财权相统一的原则，完善小城镇的财政管理体制。合理确定小城镇财政的主体税种，使小城镇建设要有稳定的财源。

第三，要广辟小城镇建设资金来源，建立和完善多元化的城镇投融资体制。一是在进一步完善土地转让、招商引资、"谁投资，谁受益"等优惠政策的基础上，尽快启动民间投资，鼓励和引导多种投资主体筹资建设。二要推进制度创新，鼓励农民到镇区建房、购房，打工经商，为农民的建房、购房提供抵押贷款等。

7.3.2 国外小城镇规划建设借鉴与启示

7.3.2.1 在保存地域特色的基础上，制订科学而稳定的小城镇规划

搞好小城镇的规划设计，是建设好小城镇的前提条件，它有利于协调发展和统筹兼顾，也有利于处理好近期建设与远期发展经济、发挥小城镇的集聚功能。因此，全国各地都应坚持"统一规划，合理布局、综合开发、配套建设"的方针，依据本地区条件制定出合理的和科学的小城镇战略发展规划，为小城镇发展提供依据。同时规划还应体现出民族特点、建筑风格、地方特色和时代特征，保持自己的特色，切不可千篇一律，一个模式。

在小城镇的规划上，要努力引进一些先进的规划思想和方法。发达国家在建设小城镇的过程中，对小城镇作了充分的规划：包括大、中、小城镇合理布局的全局性规划，小城镇的规模设计，小城镇环保生活空间设计和支柱产业选择设计等小城镇各方面的建设规划。通过规划可以最大限度地控制"城市病"，力求使城镇、工业、人口得到合理配置。要在明确功能分区和主要功能的基础上，适当注意各功能区的综合发展，做

到既避免由于功能区功能过于单一,而带来的交通不便和拥挤,同时,又能避免功能区主要功能不突出,或缺乏主体功能,而造成的功能区功能混乱的现象。在功能区的具体规划上,要全面引入社区规划思想,要对城市中的商业、交能、文化以及医疗等公共服务设施实行等级分类,并有层次和空间秩序地融合到城市的城市中心区、各级次中心区、功能区和社区中去,形成合理的空间布局结构。至于整个中等规模的小城镇的宏观布局,是采用集中的"建高层、低密度"形式,还是采取分散的"建低层、低密度"的形式,还是适中的"建低层、高密度"形式,则就需要根据各地的具体地形地貌,以及经济社会的发展阶段和水平来加以确定。

城市规划要稳定连续,一经制订,不得随意改动。例如美国就非常重视市镇建设规划。每个城市都有自己的详细发展规划。规划必须通过专家的论证和市民的审议,一经通过确定,规划就具有法律效力,十分稳定,不得随意更改。如要变动,必须经市民重新审议通过。

7.3.2.2 提高城市管理水平

美国小城镇的组织机构,是由选民通过选举产生的城市委员会(也称市议会),其中一个市长,一个城市开发董事长(也可称市长助理),三个委员;另外选举一个会计、一个书记员。城市委员会主席或称为议长,即是市长。选举产生的市长、委员、董事等成员基本不拿工资,定期开会,商议重大事项,只尽义务,只有市长每月有一定的补贴。城市委员会聘任城市经理或称执行董事长,由其负责7个部门组成城市开发代理董事会:行政办、社区发展办、社区服务、消防、人才资源和风险管理、警察局、公共事务等部门。

美国市民管理城市的民主意识很强,民意对政府决策有相当大的影响力,重大事项没有民众的表态,无论是城市经理,还是市长，都无权单独决定。例如，某市还有不少闲置空地，市政府曾想通过招商引资进行开发，达到增加市政府税费收入的目的，结果在征求市民意见时，民众表示反对开发利用，认为不如作为天然绿地，提高本市的环境水平，从而使整个城市形象改观，达到当地房地产增值的目的，并表示愿意增加现有税费负担，来解决市政府财政平衡问题。

城市建设要克服政府职能转变不到位的问题。许多地方政府的做法，仍然是错位、缺位和越位，没有把政府的主要职能转移到城市建设管理等地方公共事务上来。在具体的城市建设管理方面，还缺乏法制意识、民主意识以及依靠专家的意识。许多城市建设主要凭领导的兴趣和喜好来决策，往往给城市建设和管理带来一些失误。

7.3.2.3 重视教育和人才的培养

近百年来，支撑美国经济发展、城市建设的主要因素是人才。美国各级政府非常重视教育和人才的培养，特别是县级政府，近50%的财政收入都是投入在教育上。如马里兰州蒙哥马利县，1999年财政年度支出的53.95%用于教育事业。据了解，美国公立学校从小学到高中全部实行义务教育，学杂费全免，连铅笔、簿子等学习用品都是免费发的。美国读书的环境是宽松的，但学校设施条件是一流的。

美国政府除有专门管公立学校的教育委员会外，还有一些准政府机构——学区。美国的教育事业主要是由州来管理的。各州都专门制订法律，将全州分为若干"学区"，学区的界限往往和县、市、镇（村）的行政界限不一致。各个学区自成一个单位，主要负责经办中、小学教育。学区内有一个民选的管理委员会，决定有关学制、教材等重大方针事宜，具体日常工作则由一名聘任的学监主管。学区管理委员会有权征税和决定经费的用途。

参 考 文 献

1. 中国小城镇发展报告
2. 卢海元. 实物换保障：完善城镇化的政策选择. 北京：经济管理出版社
3. 罗勇. 西方发达国家小城镇发展的成功经验
4. 吴景龙，袁华军. 国外小城镇建设与发展模式及其对我国的启示
5. 吕旺实，邵源. 国外小城镇发展经验与借鉴. 小城镇建设，2002（1）
6. 李水山. 韩国新村运动对农村经济发展的影响. 当代韩国，2001（2）
7. 徐洁，韩莉. 加大农村公共产品供给促进二元经济结构转化——韩国新村运动对我国农村经济发展的启示. 北京农学院学报，1997（12）
8. 白雪秋. 韩国政府在"新村运动"中的作用及其启示. 长春市委党校校报 2000（8）
9. 杨书臣. 日本小城镇的发展及政府的宏观调控. 现代日本经济 2002（6）
10. 张捷，熊馗. 新城中心区规划设计探索. 规划师．2003（7）
11. 刘勇. 国外中等规模的小城镇的发展及启示. 摘自国研网 2002-9-23
12. 英国新城运动[J]. 金经元译. 国外城市研究，1984（3）：23~27
13. 刘健. 马恩拉瓦莱从新城到欧洲中心——巴黎地区新城建设回顾[J]. 国外城市规划，2002（1）：31~35
14. 孙晖，梁江. 美国的城市法规体系. 国外城市规划 2001（1）
15. 李百浩. 欧美近代城市规划的重新研究. 城市规划汇刊 1995（1）
16. 刘健. 马恩拉瓦莱从新城到欧洲中心——巴黎地区新城建设回顾. 国外城市规划，2002（1）：31~35
17. 美国小城镇的管理体制. 小城镇国际比较赴美考察团
18. 美国小城镇建设对中国的启示
19. 世界城市化的几种模式借鉴. 摘自《城市化动态》
20. 刘勇. 国外中等规模的小城镇的发展及启示. 摘自国研网
21. 柳光强. 借鉴国际经验促进我国小城镇发展. 小城镇建设．2003（7）
22. 王唯山. 密尔顿·凯恩斯新城规划建设的经验和启示．2001
23. 王骏阳. 库里蒂巴与可持续发展规划. 国外城市规划，2000（4）
24. 王月东，郭又铭. 从日本町村发展看我国小城镇发展的政策取向. 小城镇建设，2002（9）

8 小城镇图片资料汇集

8.1 国内小城镇图片资料

1 小城镇工业园区

东莞市长安镇工业园区

东莞市福永镇塘尾村工业园

东莞市清溪镇工业园区

2 小城镇环境基础设施建设

废水处理曝气池

水厂

3 小城镇交通设施

东莞市寮步镇主要道路

东莞市樟木头镇道路绿化

塘龙公路高架桥

4 小城镇城镇景观风貌

东莞市石龙镇城镇景观

东莞市石龙镇滨江绿化带

东莞市麻涌镇滨水景观

深圳市沙井镇城市广场

5 小城镇建设规划

广东某小镇土地利用规划图

广东某小镇景观系统规划图

6 小城镇居住小区

樟木头镇居住小区(一)

樟木头镇居住小区(二)

沙井镇沙一村村民统建楼

塘厦镇林村村民住宅规划(一)

塘厦镇林村村民住宅规划(二)

西乡、石岩镇村民新居(一)

西乡、石岩镇村民新居(二)

7 小城镇建设问题

建设用地的浪费

环境污染

房屋空置

恶劣的居住环境

8.2　国外小城镇图片资料

1 小镇滨水空间与人居环境

荷兰小镇码头

法国 Biarritz(一)

法国 Biarritz(二)

法国 Colmar

比利时 Brugge（一）

比利时 Brugge（二）

比利时 Brugge（三）

比利时 Brugge（四）

比利时 Gent

瑞典 Malmo 游艇码头

瑞典Malmo城市亲水岸线

瑞典 Malmo

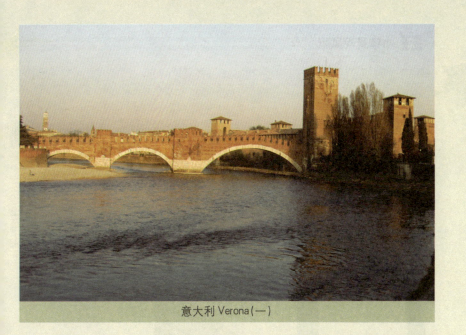

意大利 Verona（一）

意大利 Verona（二）

2 小镇景观风貌

荷兰 Enschede 主要道路

荷兰 Arnhem 教堂和公共建筑

荷兰 Arnhem 附近的建筑高度在教堂控制的天际线以下

澳大利亚堪布拉乡村风貌

澳大利亚 Farrer 郊区

澳大利亚 Tuggeranong 村

希腊 Santorini 地中海山地小镇(一)

希腊 Santorini 地中海山地小镇(二)

意大利 Verona 视线走廊及地标建筑

3 小镇公共空间

荷兰 Enschede 教堂

法国 Cherbourg 街道交汇处形成的公共空间

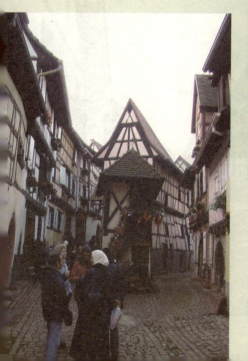

法国 Eguisheim 居住区公共空间

法国Eguisheim临水而建的城镇

法国Eguisheim 街道（一）

法国Eguisheim 街道（二）

法国ST.Jean de Luz 街道

荷兰Tilburg 小型广场

荷兰 Tilburg 街道

德国 TRIER 地标建筑(一)

德国 TRIER 地标建筑(二)

德国 TRIER 小广场

冰岛温泉小镇公共建筑

4 小镇交通设施

法国 Biarritz

比利时 Brugge

法国 Gentilly

法国 Sceaux 自行车道

法国 Sceaux 居住区道路与车道的关系

法国埃维昂游船码头

5 小镇居住空间

日本幕张新都心居住区

西班牙

法国Eguisheim临水居住空间

法国别墅

意大利 Verona

挪威 Holmenkollen
集合住宅

6 小镇绿化空间

比利时 Brugge

法国 Loire 绿色郊野边的城镇

法国 Villandry 城堡花园

德国 TRIER 绿色掩映下的小镇

丹麦小镇绿化(一)

丹麦小镇绿化(二)

法国埃维昂公共绿地

法国薇茨公共绿地

瑞典Malmo居住小区绿地

7 小镇商业空间

荷兰 Enschede 街头酒吧

法国 Basque 小镇旅馆

法国 Cherbourg

法国Riquewiher旅馆和酒吧

法国 Troyes CHAMPAGNE
街头咖啡店

法国薇茨

澳大利亚小镇零售商店

澳大利亚小镇银行